职业院校汽车类专业人才培养改革创新示范教材

柴油机维修理实一体化教程

叶 波 曾小珍 主编

电子工业出版社

Publishing House of Electronics Industry

北京·BEIJING

内容简介

柴油机维修是职业教育汽车类专业的必修课程之一，本书内容包括：柴油机构造和拆装、柴油机供油系统和增压装置的检修、电控柴油机的使用与保养技术、柴油机故障诊断与排除、电控共轨柴油机构造与原理，并附加柴油机维修工作页（实操指导），用于学生实习操作课的学习。因此本书是集理论和实训于一体的教材，特别适合职业教育的师生学习和使用。

图书在版编目（CIP）数据

柴油机维修理实一体化教程 / 叶波，曾小珍主编．—北京：电子工业出版社，2013.9
职业院校汽车类专业人才培养改革创新示范教材
ISBN 978-7-121-21541-4

Ⅰ．①柴…　Ⅱ．①叶…②曾…　Ⅲ．①柴油机－中等专业学校－教材　Ⅳ．①TK42

中国版本图书馆 CIP 数据核字（2013）第 225381 号

策划编辑：杨宏利
责任编辑：杨宏利　　　特约编辑：王　纲
印　　刷：北京七彩京通数码快印有限公司
装　　订：北京七彩京通数码快印有限公司
出版发行：电子工业出版社
　　　　　北京市海淀区万寿路 173 信箱　邮编　100036
开　　本：787×1 092　1/16　印张：15.5　字数：396.8 千字
版　　次：2013 年 9 月第 1 版
印　　次：2024 年 8 月第 9 次印刷
定　　价：29.00 元

凡所购买电子工业出版社图书有缺损问题，请向购买书店调换。若书店售缺，请与本社发行部联系，联系及邮购电话：(010) 88254888，88258888。

质量投诉请发邮件至 zlts@phei.com.cn，盗版侵权举报请发邮件至 dbqq@phei.com.cn。

本书咨询联系方式：(010) 88254592，bain@phei.com.cn。

前　言

进入 2012 年后，电控柴油机的应用越来越广，为适应市场的需求和教学的需要。我们根据目前汽车修理行业的特点，突出柴油机维修的知识和维修技能，按照如下几点特色编写了本书：

① 按模块式教学思路，拟定若干课题，采用左图右文的编排形式，按照企业的技术岗位要求，规范操作技能和技术要求，具有较强的针对性和可操作性。

② 突出专项能力的培养，采用工作过程系统化教学模式，注重理论实践一体化教学，打破传统的章节教学模式。

③ 依据维修企业需要和现代柴油机维修技术的发展，本书突出了电控柴油机的使用与保养技术等内容，加大知识的深度，拓宽知识的内容，简化故障诊断的流程，使得本书知识点多，知识面广，技术含量高，可操作性强，适合职业院校师生开展理论和实践一体化教学。

④ 依据广西玉柴发动机的市场占有量较多以及电控柴油机应用日益增多，本书突出了典型的电控柴油机的故障诊断与排除方法以及博世高压共轨系统的原理和检修，本书案例选取典型，侧重未来柴油机的发展方向，培养符合未来汽车后市场相应岗位的综合人才。本书也可作为柴油机维修技术短期培训班学员教学用书。

本书由湖北工业职业技术学院的叶波和广西柳州市第一职业技术学校曾小珍任主编，叶波编写了第 1 章，曾小珍编写了第 2～4 章，李井清编写了第 5 章。本书得到了柳州市柴油机维修企业的专家和玉柴公司吴显玲工程师的大力支持，在此表示感谢！

由于编者水平有限，书中疏漏之处在所难免，如果读者在阅读过程中产生疑问或存在其他意见，请与编者联系。

编者
2013 年 9 月

目 录

第1章

柴油机构造和拆装

任务

1. 通过本章的学习，使学生了解柴油机的总体构造，熟悉新型柴油机的结构；
2. 掌握柴油机整机的拆装工艺过程和试机的方法。

目标

使学生掌握柴油机的解体、装复与试机的操作技能。

知识要点

1. 柴油机总体结构；
2. 柴油机的解体工艺；
3. 柴油机的装复与调整；
4. 柴油机的试机。

柴油机是压燃式内燃机，因其使用的燃料是柴油，故而得名。

常用的柴油机多为水冷式四冲程机，它的一个工作循环经历了进气、压缩、燃烧膨胀做功和排气四个连续过程，如图1.1所示。

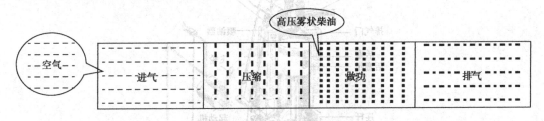

图 1.1 柴油机的一个工作循环

每一个过程活塞都从一个止点向另一个止点运动，人们把这个运动叫"行程"或"冲程"，每一个工作循环，进、排气门都会按一定规律开闭，配合活塞、连杆和曲轴有序地运动，使空气与燃料得以混合燃烧膨胀作功，最终完成能量转换。

1.1 柴油机总体构造

任务 ···

1．通过本节内容使学生了解柴油机的总体结构，柴油机的新结构、新技术；
2．了解柴油机主要部件的构造和工作原理。

目标 ···

掌握柴油机的构造和工作原理，为拆装实习和修理打基础。

知识要点 ···

1．柴油机的作用和基本工作原理；
2．曲柄连杆机构的构造；
3．配气机构的构造；
4．进、排气系统的构造，以及增压器和中冷器的构造；
5．燃料供给系统的构造；
6．润滑系统的构造；
7．冷却系统的构造；

1.1.1 柴油机构造和工作过程

1. 水冷式四冲程柴油机的构造

图 1.2 是单缸四冲程柴油机简单结构图，它由汽缸、曲轴箱、活塞、活塞销、连杆、曲轴、进气门、排气门、喷油泵、喷油器、正时齿轮和凸轮机构所组成。

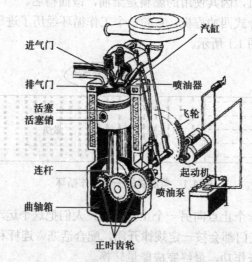

图 1.2 单缸四冲程柴油机简单结构图

常用的水冷式四冲程柴油机，是多缸自然吸气式柴油机，近年来，废气涡轮增压柴油机亦获得了广泛应用。

多缸柴油机通常由两大机构、四个系统组成，即由曲柄连杆机构、配气机构、燃料供给系、冷却系、润滑系和起动系组成。废气涡轮增压柴油机在排气管上串装了废气涡轮增压装置。

2. 柴油机基本术语

柴油机基本术语如图1.3所示。

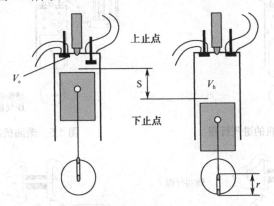

图 1.3 柴油机基本术语示意图

① 上止点：活塞离曲轴回转中心的最远位置。

② 下止点：活塞离曲轴旋转中心的最近位置。

③ 曲柄半径（r）：曲轴旋转中心到曲柄销中心的距离（mm）。

④ 活塞行程（S）：上下止点间的距离（$S=2r$）。

⑤ 燃烧室容积（V_c）：当活塞位于上止点位置时，活塞顶上面的汽缸空间叫做燃烧室容积。

⑥ 汽缸工作容积（V_h）：活塞从上止点移动到下止点，它所扫过的容积 $V_h=\pi D^2 S \times 10^{-6}/4$（L）。汽缸直径用 D 来表示，单位为（mm）。

⑦ 汽缸总容积（V_a）：活塞位于下止点时，活塞顶上部的全部汽缸容积（$V_a=V_c+V_h$）；

⑧ 柴油机的排量（活塞总排量 V_H）：多缸柴油机所有汽缸工作容积［若汽缸数为 i，则 $V_H=i \cdot V_h$（L）］。

⑨ 压缩比（ε）：汽缸总容积与燃烧室的比值（$\varepsilon=V_a/V_c=1+V_h/V_c$）。

3. 四冲程自然吸气式柴油机工作过程

柴油机将热能转变为机械能的过程，是进气、压缩、做功和排气四个连续的过程，每进行一次这样的过程叫做一个工作循环，无数个工作循环连续不断，使柴油机曲轴得以连续旋转，对外输出功率。每个工作循环的工作过程如下。

① 进气行程：进气门打开，排气门关闭，活塞从上止点移动到下止点，吸入新鲜空气。

② 压缩行程：进排气门都关闭，活塞从下止点移动到上止点，空气被压缩，温度升高。

③ 做功行程：进排气门都关闭，喷油器喷入汽缸的柴油在高温的空气中着火燃烧，汽缸内压力升高，推动活塞往下运动，通过连杆带动曲轴旋转，对外做功。

④ 排气行程：进气门关闭，排气门打开，活塞从下止点移动到上止点，排出汽缸内的废气。

4. 废气涡轮增压柴油机工作过程

废气涡轮增压柴油机是在自然吸气式柴油机的基础上，在排气管上串接一个涡轮机，当柴油机的废气流经涡轮叶片时，涡轮旋转起来，带动同一根轴上的压气机一起旋转，旋转的压气机把新鲜空气吸入并加压，将一定压力的空气连吸带压送入汽缸内，增加了柴油机的进气量，使柴油机功率提高。每个工作循环过程如图1.4、图1.5、图1.6、图1.7所示。

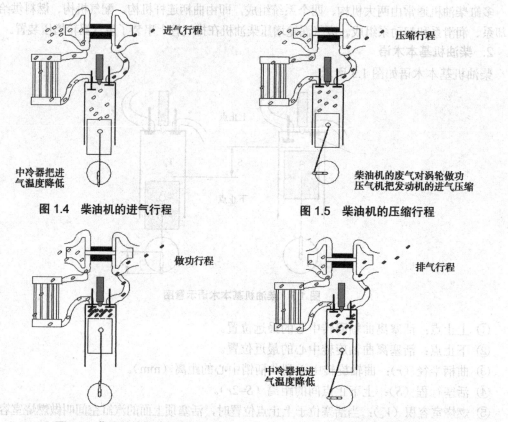

图1.4 柴油机的进气行程   图1.5 柴油机的压缩行程

图1.6 柴油机的做功行程   图1.7 柴油机的排气行程

5. 柴油机型号

按照国家标准GB725—82规定，以玉柴机器股份有限公司产品YC6108ZQB/ZLQB/ZGB为例，说明柴油机型号的含义。

若在"6"之后有"E"，表示该机为二冲程，否则为四冲程；"F"为风冷机，四冲程和水冷无须用字母表示；在"Z"之后冠有"L"表示中冷式增压机；"G"表示该机与工程机械配套；"C"表示船用主机或辅机；"T"表示拖拉机使用。

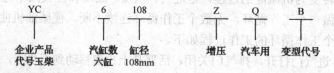

企业产品　　　汽缸数　缸径　　　增压　汽车用　变型代号
代号玉柴　　　六缸　　108mm

6. 柴油机主要性能指标和特性

（1）柴油机的主要性能指标

柴油机的主要性能指标有动力性指标（有效扭矩、有效功率、转速等）和经济性指标（燃油消耗率）。

① 有效扭矩（M_e）：柴油机通过飞轮对外输出的扭矩，称为有效扭矩，单位为N·m。有效扭矩与负荷施加在柴油机曲轴上的阻力矩平衡。柴油机的扭矩是气体作用在活塞上的力通过连杆推动曲轴而产生的，因此，对于一台柴油机来说，有效扭矩的大小主要取决于气体作用在

活塞上的平均压力，而平均压力与充气量、各种内部损失（热量损失、漏气、摩擦等因素）有关。

② 有效功率（N_e）：柴油机在单位时间内对外做功的量，又叫做功的速率，单位为 kW。它等于有效扭矩与曲轴转速的乘积。

$$N_e = 2\pi n M_e \times 10^{-3}/60$$

其中，n 为转速（r/min）。

柴油机产品铭牌上标明的功率及相应转速称为标定功率和标定转速。按内燃机台架试验国家标准规定，发动机的标定功率分为 15min 功率、1h 功率、12h 功率和持续功率四种。鉴于汽车发动机经常在部分负荷下，即在较小的功率情况下工作，仅在克服上坡阻力和加速等情况下才短时间地使用最大功率，为了保证发动机有较小的结构尺寸和质量，汽车发动机经常用 15min 功率作为标定功率。

③ 有效燃油消耗率（g_e）：柴油机每发出 1kW 有效功率，在 1 小时内所消耗的燃料质量，单位为 g/（kW·h）。

$$g_e = G_T \times 10^3 / N_e$$

其中，G_T 为每小时的燃油消耗量（kg/h）。

（2）柴油机的特性

柴油机有效性能指标随调整情况和使用工况而变化的关系称为柴油机特性，通常用曲线表示它们之间的关系，这条曲线称为特性曲线。柴油机外特性代表了柴油机所具有的最高动力性能。以下对外特性曲线进行分析。

图 1.8 为 YC6105ZLQ（140kW）柴油机外特性曲线图。

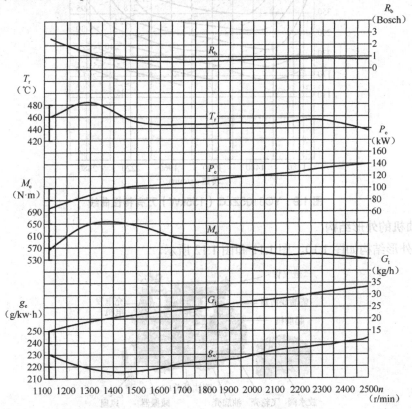

图 1.8 YC6105ZLQ（140kW）外特性曲线图

由图 1.8 可知，柴油机转矩 M_e 随柴油机转速 n 增加而缓慢增加，在转速 1400r/min 左右时转矩最大。在中等转速范围内，M_e 随 n 变化很小；在高速时，由于柴油机进气阻力和内部摩擦功率的损耗，M_e 将随 n 增加而降低，柴油机的转矩曲线平缓下滑，这对柴油机运转的稳定性和克服超载能力是不利的。为此，柴油机必须通过喷油泵调速器中的油量校正装置来改变柴油机外特性转矩曲线。功率 N_e 曲线由于受转速 n 的影响较大，随着转速的升高，输出功率会随之增大，对于提高车辆行驶速度有利。有效燃油消耗率（g_e）又叫比油耗，从图中看出该系列柴油机转速在 1300～1600r/min 区间运行，是比较经济的，开车时只要勤换挡，使各挡车速控制在最低比油耗转速区间运行，可以获得较好的节油效果。

在柴油机特性中，还有负荷特性和万有特性，万有特性是供设计师们选择与机械匹配的柴油机使用的，如图 1.9 所示。

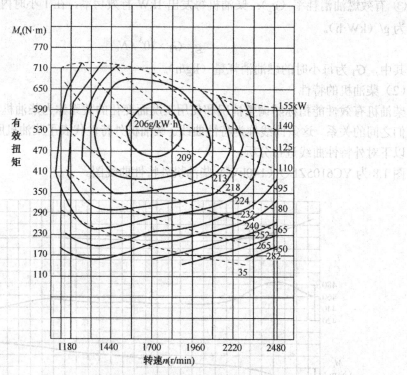

图 1.9 YC6105ZLQ（155kW）万有特性曲线

7. 柴油机的外形结构

柴油机外形结构如图 1.10、图 1.11 和图 1.12 所示。

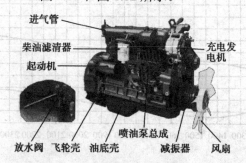

图 1.10 柴油机纵向外形图（一）

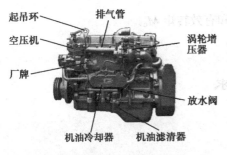

图 1.11　柴油机纵向外形图（二）

图 1.12　柴油机横向外形图

8. 汽油机和柴油机的比较

由于汽油机和柴油机的工作原理和结构不同，柴油机和汽油机各有优缺点，见表1.1。

表 1.1　汽油机和柴油机比较

比 较 内 容	汽 油 机	柴 油 机	比 较 内 容	汽 油 机	柴 油 机
燃料	汽油	柴油	转速	高	低
混合气形成	一般为缸外	缸内	工作平稳性	柔和	粗暴
点火方式	点燃	压燃	启动性	容易	较难
压缩比	低	高	主要排放物	CO、HC、NO	炭烟
热效率	20%～30%	30%～40%	制造成本	低	高
燃料消耗率	高	低	使用寿命	短	长

柴油机还具有以下优点：

① 价格便宜。柴油价格较为低廉。柴油提炼时间短，价格通常比汽油便宜。

② 柴油机节省燃油。柴油机比汽油机燃烧效率高，节油性能好，数据表明，柴油车比汽油车要节省30%左右的燃油。

③ 一氧化碳排放减少。柴油轿车二氧化碳的排放量比汽油轿车低30%～45%。

④ 颗粒物和氮氧化物等气体污染物的排放大为降低。现代轿车柴油发动机可以达到Ⅳ排放标准，若再对汽车尾气进行处理，现代先进柴油轿车甚至可达到欧Ⅴ标准。

⑤ 柴油不易挥发，自燃点低，性能稳定，在保存和运输过程中安全系数高。

⑥ 柴油车具有高转矩的特点，使其动力性要优于汽油车。

小　结

① 柴油机的作用是将柴油通过燃烧后转化为热能，再把热能通过膨胀做功转化为机械能。

② 活塞行程是指上、下两止点间的距离。

③ 汽缸工作容积是指上、下两止点间的容积。

④ 柴油机排量是所有汽缸工作容积的总和。

⑤ 压缩比是汽缸总容积与燃烧室容积的比值。

⑥ 四冲程柴油机的四个行程是进气冲程、压缩冲程、做功冲程和排气冲程。

⑦ 柴油机由曲柄连杆、配气两个机构和燃料供给系、润滑系、冷却系、起动系四个系统组成。

⑧ 柴油机的动力性指标主要有：有效功率 P_e 和有效转矩 M_e。

⑨ 柴油机的经济性指标是有效耗油率 g_e。

实训要求

实训一：柴油机总体结构认识

1. 实训内容

观察解剖柴油机或柴油机模型在转动时，各组成部分之间的连接关系和相互运动关系。

2. 实训要求

认识四冲程柴油机的主要组成部分的名称和结构形状，了解四冲程柴油机的工作过程。

实训二：发动机特性试验（选做）

1. 实训内容

柴油机外特性的测试和特性曲线制作。

2. 实训要求

加深理解柴油机动力性和经济性随柴油机转速变化的规律。

复习思考题

1. 填空题

（1）柴油发动机由_____、_____、_____、_____和_____组成。

（2）四冲程柴油机曲轴转两周，活塞在汽缸里往复_____次，进、排气门各开闭_____次，汽缸里热能转化为机械能一次。

（3）柴油机的动力性指标主要有_____、_____，经济性主要指标是_____。

（4）柴油机每一次将热能转化为机械能，都必须经过_____、_____、_____和_____这样一系列连续过程，称为柴油机的一个_____。

2. 解释术语

（1）上止点和下止点

（2）压缩比

（3）活塞行程

（4）发动机排量

（5）柴油机有效转矩

（6）柴油机有效功率

（7）柴油机燃油消耗率

3. 判断题（正确打√，错误打×）

（1）柴油机各汽缸的总容积之和，称为柴油机排量。　　　　　　　　　　　（　　）

（2）柴油机的燃油消耗率越小，经济性越好。　　　　　　　　　　　　　　（　　）

（3）柴油机总容积越大，它的功率也就越大。　　　　　　　　　　　　　　（　　）

（4）活塞行程是曲柄旋转半径的两倍。　　　　　　　　　　　　　　　　　（　　）

（5）发动机转速过高或过低，汽缸内充气量都减少。　　　　　　　　　　　（　　）

（6）柴油机转速增高，其单位时间的耗油量也增高。　　　　　　　　　　　（　　）

（7）柴油机最经济的燃油消耗率对应转速在最大转矩转速与最大功率转速之间。（　　）

4. 选择题

（1）柴油机的有效转矩与曲轴角速度的乘积称为（　　）。

A．指示功率　　　　　　B．有效功率　　　　　　C．最大转矩　　　　　　D．最大功率

（2）燃油消耗率最低的负荷是（　　）。

A．柴油机怠速　　　　　　　　　　　　　　B．柴油机大负荷时

C．柴油机中等负荷时　　　　　　　　　　　D．柴油机小负荷时

5. 问答题

（1）简述四冲程柴油机工作过程。

（2）试从经济性角度分析，为什么汽车发动机将会广泛采用柴油机（提示：外特性曲线）？

1.1.2 曲柄连杆机构的构造

1. 曲柄连杆机构的功用、组成和工作条件

（1）曲柄连杆机构的功用和组成

曲柄连杆机构是柴油机将热能转换为机械能的主要机构，其功用是：将作用在活塞顶上的燃气压力转变为能使曲轴旋转运动而对外输出动力。柴油机在工作过程中，燃料燃烧产生的气体压力直接作用在活塞顶上，推动活塞作往复直线运动。通过活塞销、连杆和曲轴，将活塞的

往复直线运动转换为曲轴的旋转运动。柴油机产生的动力，大部分经曲轴后端的飞轮输出，还有一部分用以驱动本机其他机构和系统。

曲柄连杆机构的主要部件可以分为三组：机体组、活塞连杆组、曲轴飞轮组。

① 机体组：主要有汽缸体、曲轴箱、汽缸盖、汽缸套和汽缸垫等非运动件。

② 活塞连杆组。

③ 曲轴飞轮组：主要有曲轴、飞轮和减振器等运动件。

曲柄连杆机构的主要零部件以及相互连接关系如图 1.13 和图 1.14 所示。

（2）工作条件与受力

柴油机在工作时，汽缸内最高温度可达 2200℃以上，最高压力非增压可达 5～9MPa，增压中冷可达 20MPa，最高转速达 4600r/min。此外，与可燃混合气和燃烧废气接触的机件（如汽缸、汽缸盖、活塞组、气门组等）还将受到电化学腐蚀。因此，曲柄连杆机构是在高温、高压、高速和有腐蚀的条件下工作的。

由于曲柄连杆机构在高温高压下作变速运动，因此，它在工作时的受力情况很复杂，其中主要有气体作用力、运动质量的惯性力、旋转运动件的离心力以及相对运动件的接触表面所产生的摩擦力等。

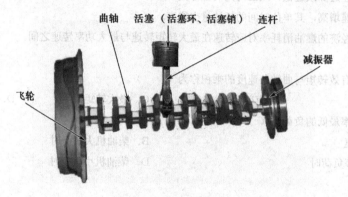

图 1.13　曲柄连杆机构

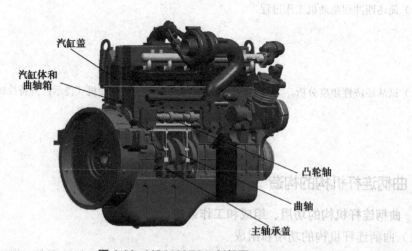

图 1.14　YC6108ZQB 剖视图

2. 机体和汽缸盖的结构

（1）汽缸体与曲轴箱

① 汽缸体与曲轴箱的基本结构与功用。

柴油机中通常将汽缸体与上曲轴箱铸成一体，称为汽缸体—曲轴箱，简称汽缸体，是柴油机的基础件。汽缸体上部有一个或数个为活塞在其中运动作导向的圆柱形空腔，称为汽缸；下部为支撑曲轴的上曲轴箱，其内腔为曲轴运动的空间，如图1.15所示。

图 1.15　YC6108ZQB/ZLQB 的汽缸体

汽缸体承受较大的机械负荷和较复杂的热负荷，汽缸体的变形会破坏各运动件间准确位置关系，导致柴油机的技术状况变坏、使用寿命缩短，所以，要求汽缸体具有足够的强度、刚度和良好的耐热性及耐腐蚀性等。

汽缸体和上曲轴箱根据其工作条件及结构特点，一般采用灰口铸铁、球墨铸铁或合金铸铁制造。

② 汽缸体的结构形式。

汽缸体的结构通常有三种，如图1.16所示。

● 平分式曲轴箱机体——该结构加工方便、拆装方便。

● 龙门式曲轴箱机体——该结构抗弯曲、抗扭转刚度较好，拆装也方便。

● 隧道式曲轴箱机体——该结构刚性最好，但拆装不太方便。

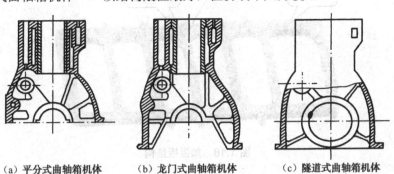

（a）平分式曲轴箱机体　　（b）龙门式曲轴箱机体　　（c）隧道式曲轴箱机体

图 1.16　汽缸体的结构形式

玉柴 YC6112、YC6108、YC6105 均采用龙门式曲轴箱机体，YC6M、YC4F 采用平分式曲轴箱机体。

③ 新型汽缸体的结构特点。

玉柴近年开发的 YC6L 系列柴油机，汽缸体采用了新的结构，其特点如图1.17所示。

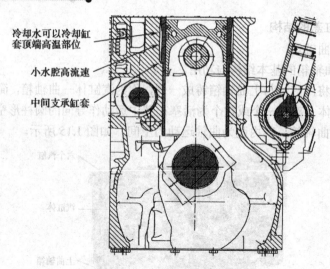

图 1.17　YC6L 系列缸体结构

　　a．采用开式机体结构形式，冷却水可以冷却到缸套上顶端的高温部位，使活塞火力岸及第一道活塞环在上止点附近时得到良好的冷却，消除拉缸故障隐患。

　　b．采用中间支承缸套，使缸套上、下支承距离缩短，提高了缸套的刚性，减少了缸套的振动和受力变形，有效防止和抑制缸套的穴蚀。

　　c．机体与缸套之间水腔小，大流速、大流量的冷却水使汽缸套和活塞组得到良好冷却，同时减少了冷却水带走的热量，使柴油机的热效率大大提高。

　　d．在机体曲轴箱下部，增设了用 HT250 材料铸造的加强板，如图 1.18 所示，进一步提高了整机的刚度，增强了整机强化程度，抑制与降低了噪声。

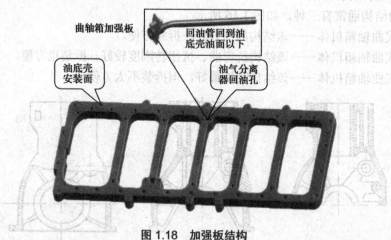

图 1.18　加强板结构

　　YC6M 是 YC6L 的延续，是为适应欧Ⅲ标准而开发的又一新机型，缸体的结构特点如下。

　　a．利用凸轮轴全支承结构，提高汽缸套下支承，进一步优化机体加强筋的布置。采用梯形框架结构曲轴箱，如图 1.19 所示，提高了汽缸体刚度，以适应增压中冷后的高机械负荷，有效减少曲轴箱和汽缸套变形，降低振动及噪声。同时采用 M16 汽缸盖螺栓，M18 主轴承螺栓，加强了柴油机的整体刚度及可靠性。

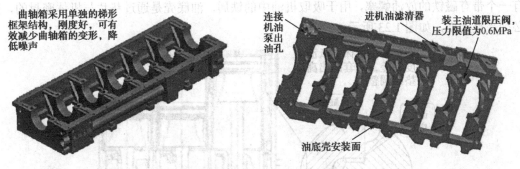

曲轴箱采用单独的梯形框架结构，刚度好，可有效减少曲轴箱的变形，降低噪声

连接机油泵出油孔

进机油滤清器

装主油道限压阀，压力限值为0.6MPa

油底壳安装面

图 1.19 YC6M 整体式曲轴箱

b. 冷却水采用每缸单独进水的横流结构，如图 1.20 所示，保证各缸冷却均匀。

c. 整体式曲轴箱刚度好有效减少变形。

d. 采用湿式合金铸铁汽缸套，汽缸壁厚 8.5mm，强度高，变形小；缸套内壁采用感应淬火技术，耐磨性好，寿命长；由于采用湿式缸套结构，汽缸体铸造更容易，清砂更彻底，水流更畅通。

e. 机体增加副油道，确保活塞冷却。

④ 汽缸套。

柴油机汽缸套有湿式缸套和干式缸套两种。

干式缸套不直接与冷却水接触，湿式缸套则直接与冷却水接触。

大多数柴油机装用湿式缸套，如图 1.21 所示，其优点是散热效果较好，便于修理更换，且缸体铸造较容易，清砂彻底，保证整机内水流畅通，提高冷却效果。YC6105、YC6108 和 YC6L 系列柴油机使用湿式缸套；YC4112 使用过盈配合的干式缸套，YC4110 使用间隙配合的干式缸套；而 YC6112 无缸套。

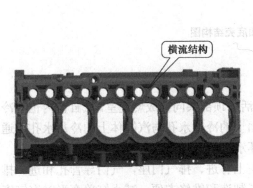

横流结构

图 1.20 YC6M 汽缸体

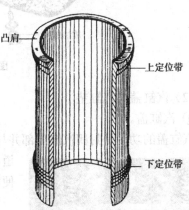

凸肩

上定位带

下定位带

图 1.21 湿式汽缸套结构

为了解决汽缸体支承面的高度误差，有些缸套凸出高度可以用垫圈来调整，如图 1.22 所示。

⑤ 下曲轴箱。

下曲轴箱又叫油底壳，用螺钉装在上曲轴箱下面，柴油机下曲轴箱主要用于存放机油，受力很小，一般用薄钢板冲压制成，有些柴油机为了加强机油的冷却效果，采用了铝合金铸造，外表还铸有散热片。油底壳内还装有稳油挡油板，防止汽车振动时油面波动过大。油底壳下方装有一个带有磁铁的放油螺塞，用于吸取机油中的铁屑。油底壳是通过垫片与机体密封的，垫片必须完整无损，如图1.23所示。

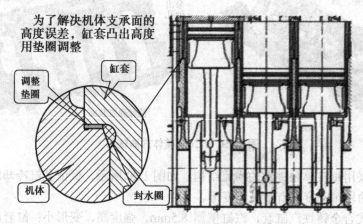

为了解决机体支承面的高度误差，缸套凸出高度用垫圈调整

调整垫圈　缸套

机体　封水圈

图1.22　汽缸套中间支承示意图

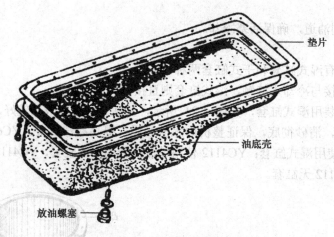

垫片

油底壳

放油螺塞

图1.23　油底壳结构图

（2）汽缸盖与汽缸垫

① 汽缸盖。

汽缸盖的功用是封闭汽缸上部并与汽缸和活塞顶部共同构成燃烧室。汽缸盖内也有冷却水道，其端面上的冷却水孔与汽缸体上的冷却水孔相通，以便利用循环水强制冷却燃烧室等高温部分。

汽缸盖上有进、排气门座，气门导管孔和进、排气通道等。为了制造和维修方便，减小缸盖变形对汽缸密封的影响，缸径较大的柴油机多采用分开式汽缸盖，即一缸一盖、二缸一盖或三缸一盖。如YC6105、YC6108柴油机三个汽缸共用一个汽缸盖，图1.24所示是YC6108Q/ZQ的汽缸盖。

汽缸盖由于形状复杂，一般都采用灰铸铁或合金铸铁铸造。

图1.24　YC6108Q/ZQ的汽缸盖

② 新型汽缸盖的特点。

a. YC6L 汽缸盖结构：

● 采用六缸共一盖的整体式结构。刚性好，密封性能好，配合使用特种不锈钢片整体缸垫，避免了冲缸垫的可能。

● 每缸四气门结构布置，喷油器总成中间布置，使换气充分，喷油更均匀，雾化质量更好，提高燃气能量的利用效率，达到省油和降低排放废气浓度的目的。

● 高强度合金铸铁材料，满足高负荷、高功率、高可靠性和长寿命、低噪声的要求。

● 低涡流的气道，配合四气门和高压供油与喷射，使低油耗、低排放得以很好实现。

● 汽缸盖采用三维设计技术，如图 1.25 所示，经过温度场分析，确保了高温区的温度在安全区域工作，模拟汽缸盖在实际装配和实际工作负荷等综合因素下的影响，通过有限元分析汽缸盖的变形，确保汽缸的可靠密封。

● 气门座圈使用特殊的材料，耐热、耐磨性好，可靠性高。

三维设计汽缸盖

汽缸盖温度场分析

汽缸盖在实际装配、工作负荷、温度综合因素下缸盖变形分析

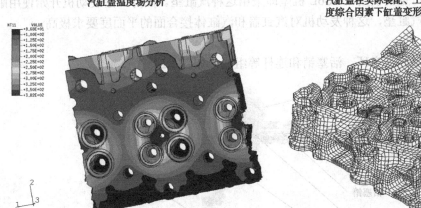

图 1.25　汽缸盖结构、汽缸盖温度场分析和有限元分析

b. YC6M 汽缸盖进行了优化设计，改进了进、排气道和气门座，提高了气体的流动性能，使用废气涡轮增压技术，排气能量利用率提高了，改善了动力性能和经济性。

● 多种方案论证汽缸盖热负荷最重区域的冷却情况，进行了优化设计和制造。

● 计算机 CAE 分析最大爆发压力下汽缸垫密封状况，优化汽缸盖螺栓布置，有效防止冲缸垫。

● 对进、排气道形状和涡流比进行了最优方案的实验论证。

● 高强度铸铁汽缸盖、耐高温、抗振动，不开裂。采用进口复膜砂热射芯技术，保证水腔、气道清砂方便，尺寸准确，汽缸盖上孔壁光滑，水流通畅，水温低，汽缸盖不会过热。

● 采用每汽缸一盖结构，通用性、维修性好。

③ 汽缸垫。

汽缸垫俗称汽缸床，用来保证汽缸体与汽缸盖接合面间的密封，防止漏气、漏水、漏油。它是柴油机上最重要的一种垫片。

汽缸垫接触高温、高压气体和冷却水，在使用中很容易被烧蚀，特别是缸口卷边周围。因此，汽缸垫要求耐热、耐腐蚀，具有足够的强度、一定的弹性和导热性，从而保持可靠的密封。另外，还要求汽缸垫拆装较方便和有较长的使用寿命。

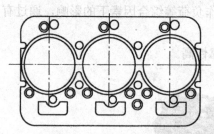

图1.26 汽缸垫的结构

应用较多的是金属-石棉汽缸垫，汽缸垫内填夹有金属丝的石棉，外覆铜皮或钢皮，在缸口、水孔和油道口周围采用卷边加固。金属包皮具有提高强度、耐腐蚀和传热能力，石棉芯有较高的耐热性和一定的弹性。大功率柴油机一般不使用这种垫，容易冲缸垫，目前已用得很少。图1.26为汽缸垫的结构。

另一种是金属骨架-石棉缸垫。这种汽缸垫以编织的钢丝网或冲孔钢片为骨架，外覆石棉及橡胶黏结剂压成垫片，只在缸口、油道口及水孔处用金属包边。这种缸垫弹性更好，但易黏结，一般只能使用一次。

有的强化发动机采用纯金属片作为汽缸垫，采用全金属汽缸垫，杜绝冲垫故障，能彻底解决"三漏"问题，并可重复使用，YC6L机型即采用这种汽缸垫。国外一些发动机开始使用耐热密封胶取代传统的汽缸垫，这种发动机对汽缸盖和汽缸体接合面的平面度要求极高。

3. 活塞连杆组

活塞连杆组由活塞、活塞环、活塞销和连杆等组成，如图1.27所示。

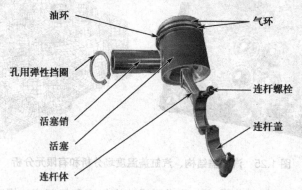

油环　　　　　　　　　　　　　气环

孔用弹性挡圈　　　　　　　　　连杆螺栓

活塞销　　　　　　　　　　　　连杆盖

活塞

连杆体

图1.27 活塞连杆组

（1）活塞的功用与工作条件

活塞用来封闭汽缸，并与汽缸盖、汽缸壁共同构成燃烧室，承受汽缸中气体压力并通过活塞销和连杆传给曲轴。

由于活塞顶部直接与高温燃气接触，燃气的瞬时最高温度可达2227℃以上，其散热条件又较差，致使活塞承受很高的热负荷。高温一方面使活塞材料的机械强度下降，另一方面还会使活塞的热膨胀量增大，致使活塞与其相关零件的配合关系发生变化。

活塞顶部在做功行程时，承受着燃气冲击性的高压力，其气体压力瞬时可达 5～9MPa，增压式柴油机则更高，可达 20MPa，容易引起活塞变形、磨损增加。

活塞在汽缸里高速运动，一般车用柴油机的转速为（2000～4000）r/min。活塞的平均速度可达（9～12）m/s，高速会产生很大的惯性力，它会使曲轴连杆机构的各零件和轴承承受附加载荷。

活塞承受的气体压力和惯性力是呈周期性变化的，因此活塞的不同部分会受到交变的拉伸、压缩或弯曲载荷；并且由于活塞各部分的温度极不均匀，将在活塞内部产生一定的热应力。所以要求活塞应有足够的强度和刚度，质量尽可能小，导热性能要好，要有良好的耐热性、耐磨性，温度变化时，尺寸及形状的变化要小。

柴油机多采用铸铝合金来制造活塞。

（2）活塞的结构

活塞由顶部、头部和裙部三个部分组成，如图 1.28 所示。

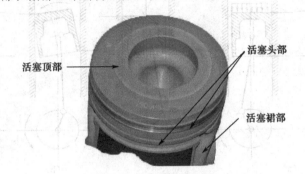

图 1.28　活塞的基本结构

① 活塞顶部。活塞顶部是燃烧室的组成部分，用来承受气体压力。为了提高刚度和强度，并加强其散热能力，背面多有加强筋。根据不同的性能要求，活塞顶部制成各种不同的形状，它的选用与燃烧室形状有关。

② 活塞头部。活塞头部是活塞环槽以上的部分。其主要作用是：承受气体压力，并传给连杆；与活塞环一起实现对汽缸的密封；将活塞顶所吸收的热量通过活塞环传给汽缸壁。

活塞头部一般有 3～4 道环槽，上面 2～3 道用来安装气环，下面一道安装油环。在油环槽底面钻有许多径向小孔，使得油环从汽缸壁上刮下来的多余机油经过这些小孔流回油底壳。

有的柴油机活塞在第一道环槽上面，切出一道比环槽窄的隔热槽。

为了保护环槽，有的柴油机在环槽部位铸入用热材料制造的环槽护圈，可提高活塞的使用寿命。

③ 活塞裙部。自油环槽下端面起至活塞底面的部分称为活塞裙部，其作用是为活塞在汽缸内作往复运动进行导向和承受侧压力。裙部内腔底部可用于调整活塞重量。

为减小铝合金活塞裙部的热膨胀量，目前广泛采用双金属活塞，这种活塞在其销座镶铸有热膨胀系数较低的"恒范钢片"。恒范钢片是含镍 33%～37%的低碳合金钢。其线膨胀系数仅为铸铝的十分之一，可有效地牵制活塞裙部的热膨胀。有些柴油机铸铝活塞的裙部还镶铸有圆筒式钢片。

为了对活塞裙部表面进行保护，通常还对活塞裙部进行表面处理，柴油机铸铝活塞裙部外表面磷化或喷涂石墨处理，这两种做法可以加速活塞的磨合，增大抗拉毛能力，改善铝合金活塞的磨合性。

④ 活塞销座是活塞销与连杆的连接部分，它是一厚壁圆筒结构，用来安装活塞销。其作用是将活塞顶部的气体压力经活塞销传给连杆。为限制活塞销的轴向窜动，活塞在销座孔内接近外端处车有卡环槽，用来安装卡环，即图 1.27 的孔用弹性挡圈。

销座孔的中心线一般位于活塞中心线的平面内，当活塞越过上止点改变运动方向时，由于侧压力瞬时换向，使活塞与缸壁的接触面突然由一侧平移至另一侧，如图 1.29（a）所示，便产生活塞对缸壁的"敲击"。因此，有些柴油机将活塞销座轴线，向做功行程中受侧压力较大的一面偏移 1~2mm，如图 1.29（b）所示，这样，在活塞接近上止点时，作用在活塞销座轴线右侧的气体大于左侧，使活塞倾斜，裙部下端提前先换向，然后活塞越过上止点，侧压力相反时，活塞才以左下端接触处为支点，顶部向左转（不是平移），完成换向，而使换向冲击力大为减弱。

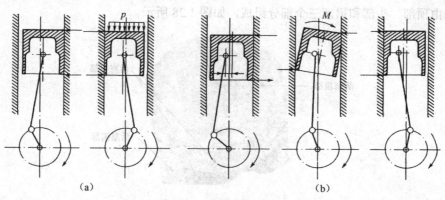

（a）   （b）

图 1.29　活塞的换向过程

对于强化柴油机，如 YC6L、YC6M 柴油机采用了国际知名品牌马勒活塞。这种活塞顶部采用强化处理，防止热裂现象发生，采用内冷活塞工艺，如图 1.30 所示，每个活塞都对应有冷却喷嘴向活塞内腔喷注机油的喷嘴让位坑，如图 1.31 所示，能降低活塞的热负荷，提高可靠性。活塞冷却喷嘴的开启压力为 0.01MPa。

内冷油道

内冷进油通道

活塞冷却喷嘴让位槽

图 1.30　镶圈内冷活塞结构图

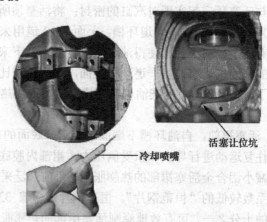

活塞让位坑

冷却喷嘴

图 1.31　活塞冷却喷嘴和让位坑

有些强化柴油机采用冷却喷钩，如图 1.32 所示。

活塞冷却喷钩

图 1.32 活塞冷却喷钩

（3）活塞环的功用与工作条件

活塞环按其功用可分为气环和油环两类。

气环的功用是保证活塞与汽缸壁间的密封，防止汽缸中的气体窜入曲轴箱；同时还将活塞头部的热量传给汽缸，再由冷却水或废气带走；另外，还起到刮油、布油的辅助作用。

油环的功用是在汽缸壁上均匀地布油，并辅助将汽缸壁上多余的机油刮回油底壳，这样既可以防止机油窜入燃烧室，又可以减小活塞、活塞环与汽缸的摩擦力和磨损；此外，油环也兼起辅助密封作用。

活塞环是在高温、高压、高速和润滑困难的条件下工作的，是柴油机中寿命最短的零件之一。当活塞环磨损至失效时，柴油机将出现起动困难，功率下降，曲轴箱压力升高，机油消耗增加，排气冒蓝烟，燃烧室、活塞等表面严重积炭等不良状况。

活塞环的材料应有良好的耐热性、导热性、耐磨性、足够的强度和弹性等，常用合金铸铁单体铸造加工而成。

（4）活塞环的结构

柴油机工作时，活塞和活塞环都会发生热膨胀，并且活塞环随活塞在汽缸内作往复运动时，有径向涨缩变形现象。因此，活塞环在汽缸内应有开口间隙，与活塞环槽间应有侧隙和背隙，如图 1.33 所示。

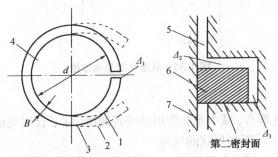

第二密封面

1—活塞环工作状态；2—活塞环自由状态；3—工作面；4—内表面；5—活塞；6—活塞环；7—汽缸；

Δ_1—开口间隙；Δ_2—侧隙；Δ_3—背隙；d—内径；B—宽度

图 1.33 活塞环的间隙

开口间隙又称端隙，是活塞冷状态下装入汽缸后开口处的间隙。此间隙随缸径增大而增大，柴油机略大于汽油机，第一道环略大于第二、第三道环。

侧隙又称边隙,是环在高度方向上与环槽之间的间隙。第一道环因工作温度较高,一般间隙比其他环大些,油环侧隙较气环小。

背隙是活塞和活塞环装入汽缸后,活塞环背面与环槽底部间的间隙。油环的背隙比气环大,目的是增大存油空间,以利于泄油减压。

① 气环。

a. 气环的密封原理。

活塞环在自由状态下,其外圆直径略大于缸径,所以装入后,气环就产生一定的弹力,与缸壁压紧,形成第一密封面,如图 1.33 所示。活塞环与环槽侧面密封的压紧力有气体压力、活塞环运动的惯性力和摩擦力三个,在做功与压缩行程时,气体压力起主导作用,使活塞环被压紧在环槽侧面形成第二密封面。

b. 活塞环的泵油作用。

活塞下行时,环靠在环槽的上方,环从缸壁上刮下来的润滑油充入环槽下方,如图 1.34(a)所示;当活塞上行时,环又靠在环槽的下方,同时将机油挤压到环槽上方,如图 1.34(b)所示。如此反复运动,就会将缸壁上的机油泵入燃烧室。

活塞环的泵油作用,一方面对汽缸上部的润滑有利,另一方面由于机油窜入燃烧室,会使燃烧室内形成积炭和增加机油消耗,并且还可能在环槽,尤其是第一道气环槽中形成积炭,使环卡死,失去密封作用,甚至折断活塞环。过大的侧隙和背隙都是过量泵油的根本原因。

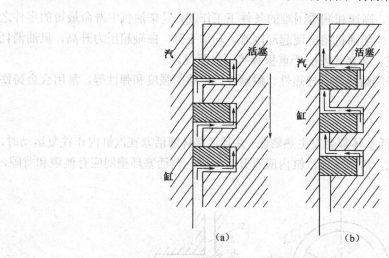

图 1.34 活塞环的泵油作用

c. 气环的断面形状。

为了加强密封、加速磨合、减少泵油作用及改善润滑,除了合理地选择材料和加工工艺外,在结构上还采用了许多不同断面形状的气环。

● 矩形环 [图 1.35(a)]:结构简单,制造方便,与缸壁接触面积大,对活塞头部的散热有利,但泵油作用大。

● 锥形环 [图 1.35(b)]:与缸壁是线接触,有利于磨合和密封。随着磨损的增加,接触面积逐渐增大,最后成为普通的矩形环。另外,这种环在活塞下行时有刮油作用,上行时有布油作用。故这种环只能按图示方向安装。为避免装反,在环端上侧面有记号("向上"或"TOP"等)。

- 梯形环 [图 1.35（c）]：常用于热负荷较高的柴油机的第一道环。其特点是当活塞受侧压力的作用而改变位置时，环的侧隙相应地发生变化，使沉积在环槽中的结焦被挤出，避免了环黏在环槽中而失效。
- 桶面环 [图 1.35（d）]：是近年来兴起的一种新型结构，目前已普遍地用于强化柴油机的第一道环，YC6L、YC6M 第一道环就采用了桶面镀铬环。其特点是活塞环的外圆面为凸圆弧形。当活塞上下运动时，桶面环均能形成楔形间隙，使机油容易进入摩擦面，从而使磨损大为减少。另外，桶面环与汽缸是圆弧接触，对汽缸表面的适应性较好，但圆弧表面加工较困难。
- 扭曲环 [图 1.35（e）、图 1.35（f）]：是在矩形环的内圆上边缘或外圆下边缘切去一部分。将这种环随同活塞装入汽缸时，由于环的弹性内力不对称而产生断面倾斜。

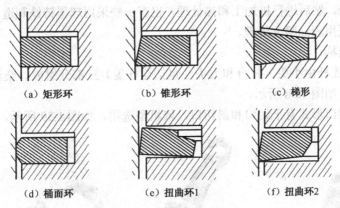

（a）矩形环　　（b）锥形环　　（c）梯形

（d）桶面环　　（e）扭曲环1　　（f）扭曲环2

图 1.35　气环的断面形状

扭曲环目前在柴油机上得到了广泛应用。YC6L、YC6M 机型第二道环就采用扭曲锥面环。它在安装时，必须注意环的断面形状和方向。柴油机的气环都做了装配记号，如玉柴的气环打有记号的一面朝向燃烧室。

② 油环。

油环的刮油作用如图 1.36 所示。无论活塞上行还是下行，油环都能将汽缸壁上多余的机油刮下来，并经活塞上的回油孔流回油底壳。

目前柴油机采用的油环有两种结构形式：整体式和组合式，图 1.37 所示为组合油环的结构。

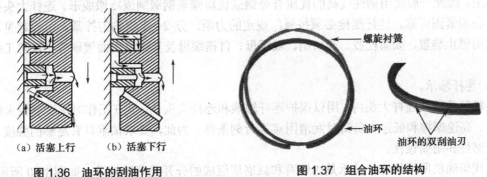

（a）活塞上行　（b）活塞下行

图 1.36　油环的刮油作用

图 1.37　组合油环的结构

（5）活塞销

活塞销的功用是连接活塞与连杆小头，将活塞承受的气体作用力传给连杆。

活塞销在高温下承受很大的周期性冲击载荷，润滑条件较差（一般靠飞溅润滑），因而要求有足够的刚度和强度，表面耐磨，质量尽可能小。为此活塞销通常制成空心圆柱体。

活塞销一般用低碳钢或低合金钢制造，先经表面渗碳处理，以提高表面硬度，并保证中心部具有一定的冲击韧性，然后进行精磨和抛光。

（6）连杆的组成与功用

连杆组件由杆身、连杆盖、连杆螺栓和连杆轴承等部分组成。其功用是将活塞承受的力传给曲轴，使活塞的往复运动转变为曲轴的旋转运动。

连杆承受活塞销传来的气体作用力，及其本身摆动和活塞往复运动时的惯性力。这些力的大小和方向都是周期性变化的。因此，连杆受到的是压缩、拉伸和弯曲等交变载荷。这就要求连杆有足够的刚度和强度，质量尽可能小。所以连杆一般采用中碳钢或中碳合金钢，经模锻或辊锻成工字形杆身，然后进行机加工和热处理，也有一些采用球墨铸铁制造。为提高连杆的疲劳强度，通常还采用表面喷丸处理。

（7）连杆的结构

① 柴油机的连杆由小头、杆身和大头（包括连杆盖）三部分组成。柴油机和汽油机的连杆是基本相似的，如图1.38所示。

连杆大头的切口形式有平切口和斜切口，依机型选用，如图1.39所示。

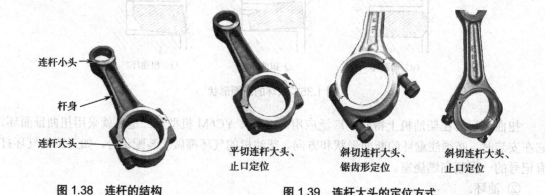

连杆小头

杆身

连杆大头

平切连杆大头、
止口定位

斜切连杆大头、
锯齿形定位

斜切连杆大头、
止口定位

图1.38　连杆的结构　　　　图1.39　连杆大头的定位方式

② 连杆螺栓及其锁止。

连杆螺栓是一个承受很大冲击载荷的重要零件，当其发生损坏时，将给柴油机带来极其严重的后果。因此一般采用韧性较高的优质合金钢或优质碳素钢锻制或冷墩成形。连杆大头在安装时，必须紧固可靠。连杆螺栓必须按原厂规定的力矩，分2~3次均匀拧紧。可靠起见，还必须采用锁止装置，如防松胶、开口销、双螺母、自锁螺母及其螺纹表面镀铜等，以防工作时松动。

③ 连杆轴承。

连杆轴承装在连杆大头内，用以保护连杆轴颈和连杆大头孔。其在工作时承受着较大的交变载荷、高速摩擦和低速大负荷时润滑困难等苛刻条件。为此，要求轴承具有足够的强度、良好的减磨性和耐腐蚀性。

现代柴油机所用的连杆轴承是由钢背和减磨层组成的分开式薄壁轴承，如图1.40所示。

为了防止连杆轴承在工作中发生转动或轴向移动，在两个连杆轴承的剖分面上，分别冲压出高于钢背面的两个定位凸键。装配时，这两个凸键分别嵌入在连杆大头和连杆盖上的相应凹槽中。

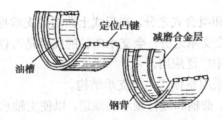

图 1.40 连杆轴承

4. 曲轴飞轮组

曲轴飞轮组主要由曲轴、飞轮、扭转减振器和正时齿轮等组成，如图 1.41 所示。

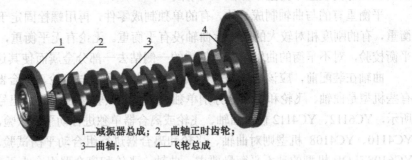

1—减振器总成； 2—曲轴正时齿轮；
3—曲轴； 4—飞轮总成

图 1.41 曲轴飞轮组结构

（1）曲轴的功用

曲轴的功用是把活塞连杆组传来的气体压力转变为转矩并对外输出，另外，曲轴还用来驱动柴油机的配气机构和其他各种辅助装置。

为了保证工作可靠，要求曲轴具有足够的刚度和强度，具有一定的耐磨性，并需要很好的平衡。为此，曲轴要求用强度、冲击韧性和耐磨性都比较高的材料制造，一般都采用中碳钢或中碳合金钢模锻。近年来，有些柴油机还采用高强度的稀土球墨铸铁铸造，这种曲轴必须采用全支承，以保证其刚度。

（2）曲轴的结构

曲轴的组成包括前端轴、主轴颈、连杆轴颈、曲柄、平衡重和后端凸缘等，如图 1.42 所示。

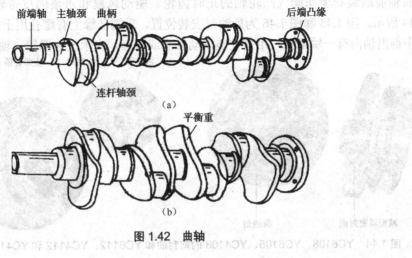

（a）

（b）

图 1.42 曲轴

曲轴在结构上有整体式和组合式之分，在形式上曲拐的支承形式有全支承（即相邻两个曲拐之间都设有主轴颈）和非全支承之分；全支承曲轴的优点是可以提高曲轴的刚度，且主轴承的负荷较小，故它在柴油机中广泛应用。

玉柴各种机型的曲轴均采用整体式、全支承结构。

曲轴上钻有贯穿主轴承、曲柄和连杆轴承的油道，以使主轴承内的润滑油经此贯穿油道流至连杆轴承。

为了平衡连杆大端、连杆轴颈和曲柄等产生的离心力及其力矩，以及部分往复惯性力，使柴油机运转平稳，须对曲轴进行平衡。为了减轻主轴承的负荷，改善其工作条件，一般都在曲柄的相反方向设置平衡重，如图 1.42 所示。

平衡重有的与曲轴制成一体，有的单独制成零件，再用螺栓固定于曲柄上，形成装配式平衡重，有的刚度相对较大的全支承曲轴没有平衡重。无论有无平衡重，曲轴本身还必须经过动平衡校验，对不平衡的曲轴常在其偏重的一侧钻去一部分金属而使其达到平衡。

曲轴在装配前，应该进行动平衡试验，有些机型是与飞轮、离合器一起进行动平衡试验，有些机型是曲轴、飞轮和离合器分别单独做试验。试验好后要做好记号，以免装错。如图 1.43 所示，YC6112、YC4112 仅对曲轴、飞轮或离合器单独进行动平衡试验，而 YC6108、YC6105、YC4110、YC4108 机型则对曲轴、飞轮和离合器进行组合动平衡试验。YC6108、YC6105 和 YC6108ZLQB 机型的动不平衡量要求：曲轴、飞轮和离合器组合小于或等于 50g·cm。

动平衡组合编号如图 1.43 所示：

离合器动平衡编号　　　　　　　　　曲轴、飞轮和离合器动平衡编号

图 1.43　动平衡组合编号

（3）曲轴前后端的密封和轴向定位

曲轴前端装有驱动配气凸轮轴的正时齿轮、驱动风扇和水泵的皮带轮及止推片等，如图 1.44 所示。图 1.45 和图 1.46 为后油封安装位置。后端凸缘上有螺孔用于安装飞轮，凸缘外端面中部沿轴向有一轴承孔，用来安装滚动轴承或衬套，支承变速器第一轴前端。

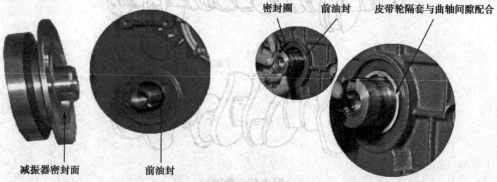

减振器密封面　　　　　　　前油封

图 1.44　YC6108、YC6105、YC4108 的前封油和 YC6112、YC4112 和 YC4110 的前油封

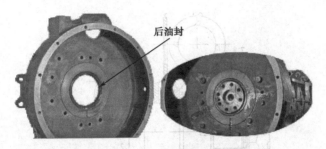

图 1.45　YC6108、YC6105 机型装在飞轮壳上的后油封

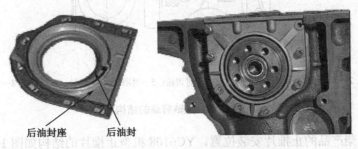

图 1.46　YC6112、YC4112 的后油封

　　为了防止机油沿曲轴轴颈外漏，在曲轴前端装有甩油盘，随着曲轴旋转，当被齿轮挤出和甩出来的机油落到盘上时，由于离心力的作用，被甩到齿轮室盖的壁面上，再沿壁面流下来，回到油底壳中。即使还有少量机油落到甩油盘前端的曲轴上，也会被压配在齿轮室盖上的油封挡住。近年来油封质量提高很快，很多柴油机已取消甩油盘。

　　柴油机工作时，曲轴经常受到离合器施加于飞轮的轴向力及其他力的作用，从而有轴向窜动的可能。因曲轴的窜动将破坏曲轴连杆机构一些零件的正确位置，故必须用止推片加以限制。为了曲轴受热膨胀时能自由伸长，所以曲轴上只能有一个地方设置轴向定位止推片。

　　止推片的形式一般有两种：一是翻边轴承的翻边部分（图 1.47 中的零件 12），另一种是单面制有减磨合金层的止推轴承（图 1.48 中的零件 1、2）。安装时，应将涂有减磨合金层的一面朝向旋转面。

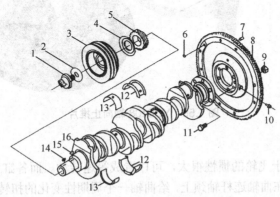

图 1.47　曲轴飞轮组

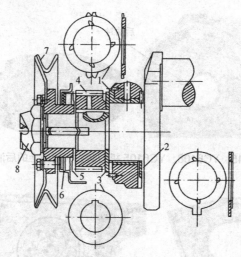

1、2—滑动止推轴承；3—止推片；4—正时齿轮；5—甩油盘；6—油封；7—带轮；8—起动爪

图1.48　曲轴前端的结构

图1.49是玉柴产品的止推片安装位置，YC6108机型止推片的结构如图1.50所示。

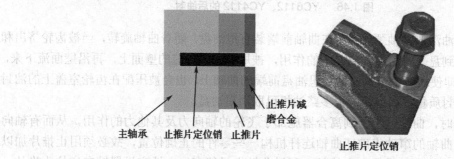

主轴承　止推片定位销　止推片　止推片减磨合金　止推片定位销

图1.49　轴向间隙用的止推片安装位置

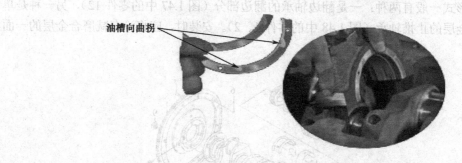

油槽向曲拐

图1.50　YC6108轴向止推片

（4）扭转减振器

柴油机运转时，由于飞轮的惯性很大，可以看成等速转动。而各缸气体压力和往复运动件的惯性力周期性地作用在曲轴连杆轴颈上，给曲轴一个周期性变化的扭转外力，使曲轴发生忽快忽慢的转动，从而形成曲轴对于飞轮的扭转摆动，即曲轴的扭转振动。当激力频率与曲轴的自振频率成整数倍关系时，曲轴扭转振动便因共振而加剧，从而引起功率损失、正时齿轮或链条磨损增加，严重时甚至会将曲轴扭断。为了消减曲轴的扭转振动，柴油机曲轴前端装有扭转减振器。

常用的扭转减振器有橡胶式、摩擦式和粘液（硅油）式等数种。

橡胶式扭转减振器如图 1.51 所示，是将减振器圆盘用螺栓与曲轴皮带轮及轮毂紧固在一起，橡胶层与圆盘及惯性盘硫化在一起。当曲轴发生扭转振动时，力图保持等速转动的惯性盘便使橡胶层发生内摩擦，从而消除了扭转振动的能量，避免共振。

摩擦式扭转减振器如图 1.52 所示，是将惯性盘松套在风扇带轮毂上，两盘可作轴向相对移动，但不能相对转动。惯性盘的端面与皮带轮和曲轴前端凸缘的端面之间都夹有摩擦片。装在两个惯性盘之间的弹簧使惯性盘紧压摩擦片。在曲轴发生扭转振动时，惯性盘与皮带轮及曲轴前端凸缘发生相对角振动，靠它们与摩擦片的干摩擦来消减振动。

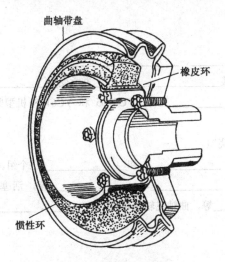

图 1.51　橡胶式减振器

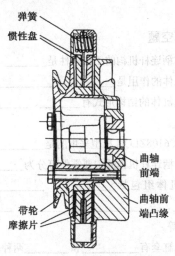

图 1.52　摩擦式扭转减振器

（5）飞轮

飞轮的主要功用，是通过贮存和释放能量来提高柴油机运转的均匀性，改善柴油机克服短暂的超负荷能力，与此同时，又将柴油机的动力传给离合器。

飞轮是一个转动惯量很大的圆盘。为了保证在有足够转动能量的前提下，尽可能减小飞轮的质量，应使飞轮的大部分质量都集中在轮缘上，因而轮缘通常做得宽而厚。

飞轮多采用灰铸铁制造，当轮缘的圆周速度超过 50m/s 时，要采用强度较高的球墨铸铁或铸钢制造。

飞轮外缘上压装有一个齿环，其作用是在柴油机起动时，与起动机齿轮啮合，带动曲轴旋转。飞轮上通常刻有供油正时记号，以便校准供油时间。

飞轮与曲轴装配后应进行动平衡，否则在旋转时因质量不平衡而产生的离心力，将引起柴油机的振动并加速主轴承的磨损。做完动平衡的曲轴与飞轮的位置是固定而不能再变的。为避免装错或引起错位，使平衡受到破坏，飞轮与曲轴之间应有严格的相对位置，用定位销或不对称布置的螺栓予以保证。

小　结

① 曲柄连杆机构将活塞的往复运动转变为曲轴的旋转运动。

② 曲柄连杆机构在工作中主要承受气体作用力、惯性力、离心力和摩擦力。

③ 汽缸套有干式和湿式两种。柴油机多用湿式缸套。

④ 柴油机常用的燃烧室是直接喷射式燃烧室，常见的结构形式有ω形、球形和花瓣形燃烧室。

⑤ 气环密封汽缸以防止燃烧室内的气体泄漏到曲轴箱内。

⑥ 油环控制汽缸壁上机油的数量，以防止多余的机油窜入燃烧室。

⑦ 曲轴和飞轮在制造和组装过程中要进行动平衡试验。

复习思考题

1. 填空题

（1）曲柄连杆机构的工作条件是_____、_____、_____和_____。

（2）机体的作用是_____，安装_____并承受_____。

（3）汽缸体的结构形式有_____、_____、_____三种。YC6105 和 YC6108 机型柴油机均采用_____。

（4）YC6108ZLQB 机型采用的是_____燃烧室。

（5）曲柄连杆机构的主要零件可分为_____、_____和_____三个组。

（6）机体组包括_____、_____、_____、_____等，活塞连杆组包括_____、_____、_____等，曲轴飞轮组包括_____、_____、_____等。

（7）汽缸套有_____和_____两种。

2. 解释术语

（1）湿式缸套

（2）曲轴平衡重

3. 判断题（正确打√、错误打×）

（1）活塞环的泵油作用，可以加强对汽缸上部的润滑，因此是有益的。　　　　（　　）

（2）销座的偏移方向应朝向做功行程时受侧压力大的一侧。　　　　（　　）

（3）活塞裙部膨胀槽一般开在受侧压力大的一面。　　　　（　　）

（4）活塞在汽缸内作匀速运动。　　　　（　　）

（5）气环的密封原理除了自身的弹力外，主要还是靠少量高压气体作用在环背产生的背压而起的作用。　　　　（　　）

4. 选择题

（1）曲轴上的平衡重一般设在（　　）。

A. 曲轴前端　　　　B. 曲轴后端　　　　C. 曲柄上

（2）YC6108ZLQB 柴油机其连杆与连杆盖的定位采用（　　）。

A. 定位套筒　　　　B. 止口定位　　　　C. 锯齿定位

（3）曲轴轴向定位点采用的是（　　）。

A. 一点定位　　　　B. 二点定位　　　　C. 三点定位

28

5. 问答题

（1）简述活塞连杆组的作用。

（2）简述曲轴飞轮组的作用。

（3）简述气环与油环的作用。

1.1.3 配气机构的构造

1. 配气机构的作用、组成和工作原理

（1）配气机构的作用

根据汽缸的工作次序，定时开启或关闭进气门和排气门，以保证汽缸吸入新鲜空气和排除废气。

新鲜空气被吸进汽缸愈多，燃烧时放出的热量愈大，柴油机发出的功率就愈大。新鲜空气充满汽缸的程度，用充气效率 η_v 来表示。

（2）配气机构的作用和组成

柴油机装用了顶置气门式配气机构，有气门组和气门传动组。

气门组的作用是封闭进、排气道。

气门传动组的作用是使进、排气门按配气相位规定的时刻开闭，并且保证有足够的开度。

柴油机配气机构由凸轮轴、挺柱、推杆、摇臂、摇臂轴、气门、气门座、气门导管等零部件组成，如图 1.53 所示。图 1.54 为四气门结构图。

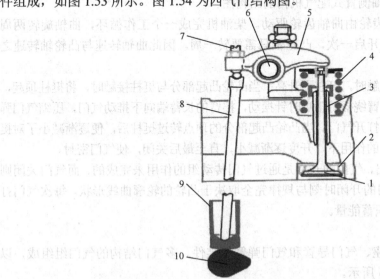

1—气门；2—气门座；3—气门导管；4—气门弹簧；5—摇臂；

6—摇臂轴；7—调整螺钉；8—推杆；9—挺柱；10—凸轮轴

图 1.53 柴油机配气机构结构图

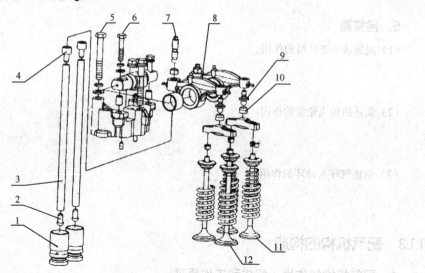

1—挺柱；2—推杆底球；3—推杆；4—推杆头；5—摇臂座螺栓；6—摇臂轴螺栓；

7—调整螺栓；8—摇臂；9—球头；10—球头垫块；11—进气门；12—排气门

图 1.54　四气门结构

在气门组和气门传动组之间有一个气门间隙，它是指气门处于关闭状态时，气门尾部端面与摇臂之间的间隙，它起着补偿由于气门和推杆等长杆件热膨胀伸长的作用。气门间隙是可调的，数值大小因机型而异。

①　如果气门及传动件之间无间隙或间隙过小，零件受热膨胀会造成气门关闭不严漏气。

②　如果气门间隙过大，气门开启持续时间缩短，进气量减少；同时传动件之间撞击加剧。

③　在凸轮转至基圆与挺柱接触时，可调整该气门的气门间隙。

（3）配气机构的工作原理

图 1.53 是气门顶置凸轮轴侧置式配气机构的结构图。

柴油机凸轮轴通过正时齿轮由曲轴齿轮驱动。柴油机完成一个工作循环，曲轴旋转两周（720°），各缸进、排气门各开启一次，凸轮轴只需要转一周，因此曲轴转速与凸轮轴转速之比为 2：1。

当凸轮基圆部分与挺柱接触时，挺柱不升高；当凸轮凸起部分与挺柱接触，将挺柱顶起，挺柱通过推杆、调整螺钉使摇臂绕摇臂轴顺时针摆动，摇臂的长臂端向下推动气门，压缩气门弹簧，将气门头部推离气门座而打开气门。当凸轮凸起部分的顶点转过挺柱后，便逐渐减小了对挺柱的推力，气门在其弹簧张力的作用下，开度逐渐减小，直至最后关闭，使气门密封。

从上述工作过程可以看出，气门的开启是通过气门传动组的作用来完成的，而气门关闭则是由气门弹簧来完成的。气门的开闭时刻与规律完全取决于凸轮的轮廓曲线形状。每次气门打开时，压缩弹簧为气门关闭积蓄能量。

2. 气门组的构造

气门组包括气门、气门座、气门导管和气门弹簧等零件。多气门结构的气门组组成，以 YC6L 气门组为例，如图 1.55 所示。

（1）气门

气门分成进气门和排气门两种。

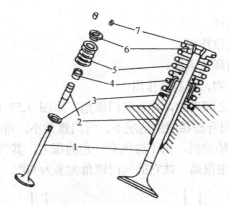

1—气门；2—气门导管；3—气门弹簧下座圈；4—气门油封；5—气门弹簧；6—气门弹簧座；7—锁环

图 1.55 气门组

① 气门的作用。

气门是用来封闭气道的。气门由头部和杆身两部分组成。头部用来封闭进排气道，杆身用来在气门开闭过程中起导向作用。

② 气门的工作条件。

气门的工作条件是很恶劣的：

● 气门头部直接与汽缸内燃烧的高温气体接触，承受的工作温度很高，进气门达 297～397℃，排气门高达 777～927℃。

● 散热困难，主要靠头部密封锥面与气门座接触处散热，气门杆与气门导管之间也能散掉一部分热量，但散热面积小于受热面积。

● 气门在关闭时承受很大的落座冲击力，柴油机转速越高，冲击力越大，还要承受气体压力、传动组零件冲击力。

● 气门还受到燃气中腐蚀介质的腐蚀。

● 润滑困难。

③ 气门的材料。

进气门一般采用中碳合金钢（如镍钢、镍铬钢和铬钼钢等），排气门多采用耐热合金钢（如硅铬钢、硅铬钼钢）。为了节约耐热合金钢，降低材料成本，有些柴油机排气门头部采用耐热合金钢，杆身采用中碳合金钢，然后将两者焊在一起。一些排气门还在头部锥面喷涂一层钨钴等特种合金材料，以提高其耐高温、耐腐蚀性能。

④ 气门的结构。

气门的构造包括头部和杆身两部分，两者采用圆弧连接。气门头部由气门顶部和密封锥面组成，而气门杆身尾端的结构主要取决于气门弹簧座的固定方式。

a. 气门头部的形状。

气门头部形状一般有平顶、喇叭形顶和球面顶三种结构形式，如图 1.56 所示。

b. 气门密封锥面。

气门密封锥面是与杆身同心的圆锥面，用来与气门座接触，起到密封气道的作用。采用密封锥面有以下好处：

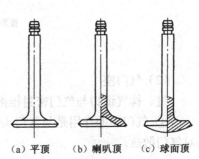

(a) 平顶　　(b) 喇叭顶　　(c) 球面顶

图 1.56 气门头部的形状

31

- 能提高密封性和导热性。
- 气门落座时，有自定位作用。
- 避免气流拐弯过大而降低流速。
- 能挤掉接触面的沉淀物，起自洁作用。

气门密封锥面与顶平面之间夹角，称为气门锥角，如图 1.57 所示，自然吸气的柴油机一般做成 90°。这是因为在气门升程相同的情况下，气门锥角小，可获得较大的气流通过截面，进气阻力较小。但对于增压柴油机，由于进气有一定的压力，其气门锥角可做成 120°。因为排气门温度较高，导热要求也很高，故它的气门锥角大多为 90°。

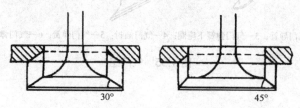

图 1.57　气门密封锥面、气门锥角

气门密封带的宽度因机型而异，见表 1.2。

表 1.2　气门密封带的宽度值

机　　型	规　定　值（mm）
YC6112、YC4112	1.98～2.49
YC6108、YC6105	1.2～2.5
YC4110	1.62～2.62

c. 气门弹簧座的固定。

气门杆的尾部用以固定气门弹簧座，其结构随弹簧座的固定方式不同而异。常用的固定方式如图 1.58 所示。

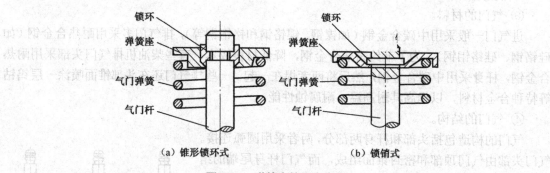

（a）锥形锁环式　　　　　　　（b）锁销式

图 1.58　弹簧座的固定方式

（2）气门座

进、排气道口与气门密封锥面直接贴合的部位称为气门座。

① 气门座的作用是与气门头部一起对汽缸起密封作用，同时接受气门头部传来的热量，对气门散热。

② 气门座的形式有两种：一是直接在汽缸盖上镗出；二是用合金铸铁单独制成气门座圈，镶嵌在汽缸盖上，如图 1.59 所示。

③ 气门座的锥角由三部分组成，其中 90°（或 120°）的锥面与气门的密封锥面贴合。在安装气门前应该采用与气门配对研磨的方法，以保证贴合得更紧密、可靠。

（3）气门导管

① 气门导管的功用与材料。

气门导管的的功用是给气门的运动作导向，保证气门的往复直线运动和气门关闭时能正确地与气门座贴合，并为气门杆散热。气门导管如图 1.60 所示，通常单独制成零件，再压入缸盖的承孔中。由于润滑较困难，气门导管一般用含石墨较多的铸铁或粉末冶金制成，以提高自润滑性能。

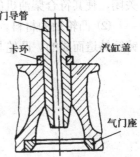

图 1.59　气门导管与气门座

② 气门导管的结构。

气门导管的外表面与缸盖的配合有一定的过盈量，以保证良好地传热和防止松脱。它的形状如图 1.60 所示，这也是它的安装位置，不同机型的 L_1 和 L_2 的数值不同，可参阅产品说明书。

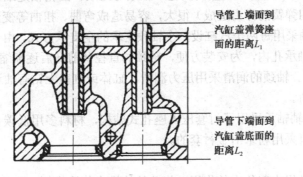

图 1.60　气门导管的安装位置

（4）气门弹簧

① 气门弹簧的作用。

气门弹簧是圆柱形的螺旋弹簧，位于缸盖与气门尾端弹簧座之间。其作用是使气门自动复位关闭，并保证气门与气门座的座合压力；还用于吸收气门在关闭过程中各传动零件所产生的惯性力，以防各个传动件彼此分离而破坏配气机构正常工作。为保证上述作用的发挥，气门弹簧的刚度一般都很大，而且在安装时进行了预紧压缩，因此预紧力很大。

② 气门弹簧的材料。

气门弹簧多采用优质合金钢丝卷绕成螺旋状，弹簧两端磨平，以防止在工作中弹簧产生歪斜。为了使弹簧的弹力不下降、不折断，弹簧丝表面要磨光、抛光或喷丸处理。弹簧丝表面还必须经过发蓝处理或磷化处理，以免在使用中生锈。

③ 气门弹簧的结构。

为避免气门弹簧发生共振，常采用等螺距弹簧、变螺距弹簧或双弹簧结构，如图 1.61 所示。

3. 气门传动组的构造

（1）凸轮轴

① 凸轮轴的功用。凸轮轴由柴油机曲轴驱动而旋转，用来驱动和控制各缸气门的开启和

关闭，使其符合柴油机的工作顺序、配气相位及气门开度的变化规律等要求。

② 凸轮轴的材料。凸轮轴一般采用优质钢模锻后经机加工而成，也有用合金铸铁或球墨铸铁铸造而成的。凸轮与轴颈表面经过热处理，使之具有足够的硬度和耐磨性。

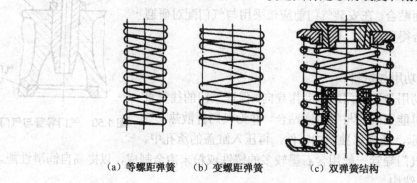

（a）等螺距弹簧　　（b）变螺距弹簧　　（c）双弹簧结构

图 1.61　气门弹簧

③ 凸轮轴的结构。凸轮轴主要由凸轮、轴颈等组成。凸轮轴是细长轴，在工作中承受的径向力（主要是气门弹簧的弹力造成）很大，容易造成弯曲、扭曲等变形，影响配气相位和气门的升程。故凸轮轴采用每两个汽缸设一个轴颈支承的全支承方式。由于凸轮轴安装时是从缸体前端插入缸体上轴承孔内，为安装方便，轴颈的直径从前向后逐渐缩小。

④ 凸轮轴轴承、轴颈的润滑采用压力润滑，缸体或缸盖上钻有油道与轴承相通。凸轮与挺柱间采用飞溅润滑。

⑤ 柴油机凸轮轴轴承采用了衬套压入座孔式结构，材料多用低碳合金钢，钢背内圈浇铸轴承合金制成，也有采用粉末冶金衬套的。

（2）挺柱

挺柱在气门传动组中起传力的作用，将凸轮的推力传给推杆，再传至摇臂和气门。

挺柱的材料用碳钢、合金钢、合金铸铁等。

挺柱常见的形式有筒式和滚轮式两种，挺柱结构如图 1.62 所示。大型柴油机常采用滚轮式挺柱，可以显著减少摩擦力和侧向力，但结构复杂，质量较大。挺柱的下端设有油孔，如图 1.63 所示，以便将漏入挺柱内的机油引到凸轮处进行润滑。

（a）筒式　（b）滚轮式

图 1.62　挺柱

图 1.63　挺柱下端的油孔

（3）推杆

采用侧置凸轮轴式的配气机构，利用推杆将挺柱传来的力传给摇臂。推杆下端与挺柱接触，上端与摇臂调整螺钉接触。推杆的结构如图 1.64 所示，有实心结构的，也有空心结构的，如图 1.65 所示。推杆承受压力，很容易弯曲变形。

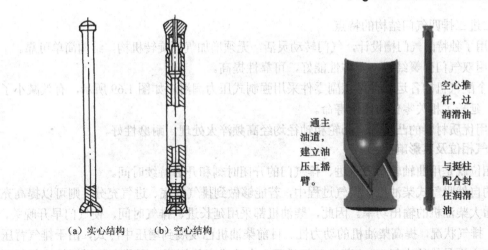

（a）实心结构　　（b）空心结构

图 1.64　推杆　　　　　　　图 1.65　挺柱和推杆结构图

（4）摇臂与摇臂组

① 摇臂是一个双臂杠杆，以中间轴孔为支点，将推杆传来的力改变方向和大小，传给气门并使气门开启。摇臂的结构如图 1.66 所示。

② 摇臂组。摇臂组主要由摇臂、摇臂轴、摇臂轴支座和定位弹簧等组成，如图 1.67 所示，靠螺钉将支座固定在汽缸盖上。

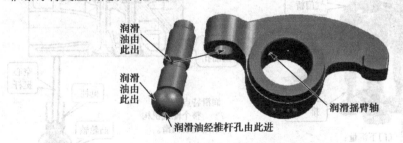

图 1.66　摇臂的结构及润滑油路

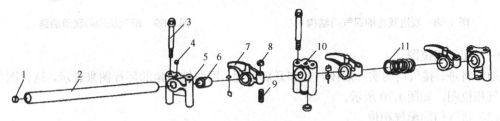

1—碗形塞；2—摇臂轴；3—螺钉；4—摇臂轴紧固螺钉；5—摇臂轴前后支座；6—摇臂衬套；

7—摇臂；8—摇臂调整螺钉锁紧螺母；9—调整螺钉；10—摇臂轴中间支撑；11—定位弹簧

图 1.67　摇臂组成

4. 双气门配气机构的结构特点

YC6L 机型的配气机构采用了每缸二进二排的四气门结构，如图 1.68 所示，气门机构惯性质量相对较小，所受机械负荷相对较小；采用双气门后，进排气时间、截面和气道的流量系数增大，换气充分。是改善柴油机高速性能、进一步强化柴油机动力性、经济性，并大幅度降低排放污染的有效手段之一。

（1）二进二排四气门结构的特点

① 采用了独特的气门槽设计，气门转动灵活，无须增加气门旋转机构，结构简单可靠。

② 采用双气门弹簧结构，工作性能好，可靠性提高。

③ 整个配气机构各运动件摩擦副零件采用强制式压力润滑，如图 1.69 所示，有效减小了摩擦损失，延长了相关零件的使用寿命。

④ 采用优质材料的凸轮轴，凸轮和轴径均经高频淬火处理，耐磨性好。

5. 配气相位及其影响

配气相位就是用曲轴转角表示进、排气门的开闭时刻和开启持续时间。

传统的自然吸气式柴油机在换气过程中，若能够做到排气彻底、进气充分，则可以提高充气系数，增大柴油机的输出功率。因此，柴油机都采用延长进、排气时间，使气门早开晚关，以改善进、排气状况，提高柴油机的动力性。目前柴油机已发展到增压中冷式，由于排气背压的增大（它不再是排往大气中），若进气门早开，会造成废气倒流，因此有些增压机进气门不早开；反过来，排气门开启时间也是滞后不多的，因为增压中冷柴油机进气压力较大，若关闭较晚会造成进入汽缸的气体外流。

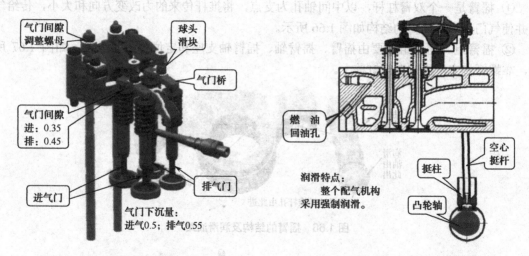

图 1.68　双进双排的四气门结构　　　　　　图 1.69　配气机构的润滑油路

（1）配气相位图

通常将进、排气门的实际启闭时刻和开启过程，用曲轴转角的环行图来表示，这种图形称为配气相位图，如图 1.70 所示。

（2）进气门的配气相位

① 进气提前角。

排气行程接近终了，活塞到达上止点之前，进气门便开始开启，从进气门开始开启到上止点所对应的曲轴转角称为进气提前角，用 α 表示。α 一般为（2°～30°）±5°。

② 进气滞后角。

在进气行程下止点之后，进气门还没有关闭，而是在活塞过了下止点后重又上行，即曲轴转到超过曲柄下止点位置以后一个角度 β 时，进气门才关闭。β 一般为（25°～60°）±5°。

进气门开启持续时间内的曲轴转角，即为进气持续角，为 $\alpha + 180° + \beta$。

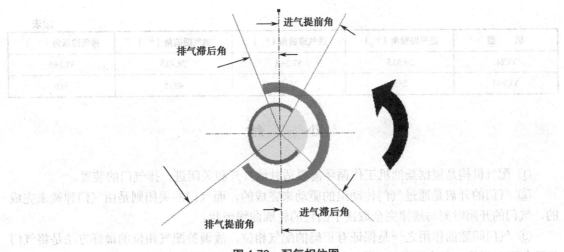

图 1.70　配气相位图

（3）排气门的配气相位

① 排气提前角。

在做功行程的后期，活塞到达下止点前，排气门便开始开启。从排气门开始开启到下止点所对应的曲轴转角称为排气提前角，用 γ 表示。γ 一般为（50°～80°）±5°。

② 排气滞后角。

在活塞越过上止点后，排气门才关闭。从上止点到排气门关闭所对应的曲轴转角称为排气滞后角，用 δ 表示。δ 一般为（5°～30°）±5°。

排气门开启持续时间内的曲轴转角，即为排气持续角，为 $\gamma+180°+\delta$。

（4）气门重叠角

由于进气门在上止点前即开启，而排气门在上止点后才关闭，这就出现了在一段时间内排气门和进气门同时开启的现象，该现象称为气门重叠，重叠的曲轴转角称为气门重叠角。气门重叠角的大小为 $\alpha+\delta$。

由于新鲜气流和废气气流都有各自的流动惯性，在短时间内不会改变流向，只要角度选择合适，就不会出现废气倒流进气道和新鲜气体随废气一起排出的现象。相反，进入汽缸内部的新鲜气体可增加汽缸内的气体压力，有利于废气的排出，但气门重叠角必须选择适当。

（5）配气相位对柴油机工作性能的影响

配气相位四个角度的大小，对柴油机性能有很大影响。进气提前角增大或排气滞后角增大使气门重叠角增大，会出现废气倒流、新鲜空气随废气排出的现象。不但影响废气的排出量和进气的充气量大小。相反，若气门重叠角过小，又会造成排气不彻底和进气量减少。

合理的配气相位是根据柴油机结构形式、转速等因素通过反复试验而确定的。表 1.3 列出了玉柴产品的配气定时。

表 1.3　配气定时

机　型	进气提前角（°）	进气滞后角（°）	排气提前角（°）	排气滞后角（°）
YC6108ZLQB	17	43	61	18
YC6105、YC6108	17	43	61	18
YC6112	13.5	38.5	56.5	11.5

续表

机　型	进气提前角（°）	进气滞后角（°）	排气提前角（°）	排气滞后角（°）
YC6L	29.5±5	57.2±5	78.4±5	32.1±5
YC6M	2±5	26±5	49±5	5±5

小　结

① 配气机构是根据柴油机工作循环需要适时地打开和关闭进、排气门的装置。

② 气门的开启是通过气门传动组的驱动来完成的，而气门的关闭则是由气门弹簧来完成的，气门的开闭时刻与规律完全取决于凸轮的轮廓曲线形状。

③ 气门间隙的作用之一是保证有正确的配气相位，故调整配气相位的最好方法是将气门间隙与配气相位一起来调整。

④ 气门与气门座的密封性好坏直接影响到柴油机的汽缸压力。

⑤ 凸轮轴由曲轴正时齿轮驱动，在安装时要对准记号，否则配气相位不准。

实训要求

实训：认识柴油机的配气机构

1. 实训内容

结合配气机构的拆装实习认识配气机构的主要零部件的结构及相互间的装配关系。

2. 实训目的要求

熟悉配气机构主要零部件的结构和相互装配关系，为拆装实习打基础。

复习思考题

1. 简答题

（1）何谓配气相位？

（2）玉柴 YC6108 型柴油机配气机构的进、排气门提前开启和滞后角是多少？

（3）简述 YC6L 型柴油机的二进二排气门的结构特点。

2. 判断题（正确打√、错误打×）

（1）为了提高气门与气门座的密封性能，气门与座圈的密封带宽度越小越好。　　　　　（　）

（2）由于采用增压技术，进气门提前开启角度可以比自然吸气的小。　　　　　　　　　（　）

（3）采用双气门机构可以改善柴油机的燃烧性能，柴油机排放好。　　　　　　　　　　（　）

3. 选择题

（1）下述各零件不属于气门传动组的是（　　）。			
A. 气门弹簧	B. 挺柱	C. 摇臂轴	D. 凸轮轴
（2）增压柴油机的进气门锥角可以增大到（　　）。			
A. 30°	B. 120°	C. 45°	D. 60°

1.1.4　进、排气系统的构造

1.　进、排气系统的功能和组成

①　进、排气系统的功用：是向柴油机各工作汽缸提供新鲜、清洁、密度足够大的空气，使柴油机能充分燃烧，性能得以充分发挥，同时确保其安全性和可靠性。

②　废气涡轮增压柴油机进、排气系统的组成：由空气滤清器、进气管、涡轮增压器、中冷器、排气管、消声器等组成，如图1.71所示。

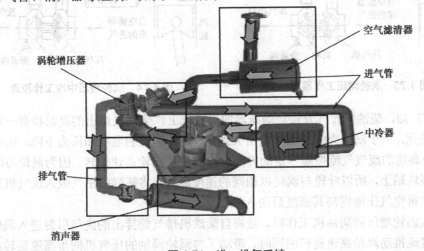

图1.71　进、排气系统

2.　涡轮增压器的结构和工作原理

（1）涡轮增压器的知识

①　涡轮增压器由柴油机排出的高温和有一定压力的废气作为动力源，转速高达11万r/min。

②　增压压力在100kPa以上。

③　涡轮增压器冷却介质是机油、空气。

④　涡轮增压器若断机油4s、缺机油8s，轴承就会损坏。

（2）涡轮增压器的结构

它由涡轮、涡轮壳、压缩机轮、压缩机壳、旁通阀机构、中间体和密封环等组成，如图1.72所示。

图1.72　涡轮增压器的结构

（3）柴油机增压与中冷的工作原理

YC6108ZQB/ZGB 系列柴油机采用了废气涡轮增压技术，YC6108ZLQB 系列柴油机则采用了废气涡轮增压中冷技术。其工作原理如图 1.73、图 1.74 所示。

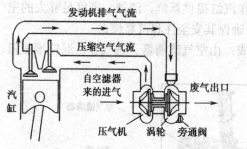

图 1.73　涡轮增压工作原理

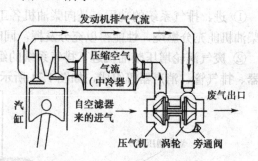

图 1.74　涡轮增压中冷工作原理

从图 1.73 知，柴油机排气管接到增压器的涡轮壳上，柴油机排出的高温和有一定压力的废气进入涡轮壳，由于涡轮壳的通道面积由大到小，因此废气的温度和压力下降，而速度却迅速提高。这个高速的废气气流按照一定的方向冲击涡轮使涡轮高速旋转。因为涡轮与压气机叶轮装在同一根转轴上，所以叶轮与涡轮以相同的速度旋转，将新鲜的空气吸入压气机壳。旋转的压气机叶轮将空气压缩提高其密度后送入汽缸。

采用废气涡轮增压的柴油机工作时，是将自柴油机排气管排出的废气引射进入涡轮，高温高速的废气气流推动涡轮高速旋转的同时，带动了与涡轮同轴的压气机同步高速旋转；压气机高速旋转时，将经过空气滤清器过滤的空气吸入并压缩，然后通过管道流经柴油机进气管并送入汽缸内。提高了汽缸内空气充量和密度；因此，在供油系统配合下，可向汽缸内喷射更多的燃料并得以较充分燃烧；从而提高了柴油机的动力性和经济性。所以，增压柴油机具有比自然吸气柴油机更高的动力性、经济性和更好的排放水平。同时，使得柴油机体积与非增压机相比，同等功率下重量更小，柴油机的噪声与振动将大大减少。

图 1.74 是采用涡轮增压中冷技术的柴油机，工作原理与非中冷机基本相同，不同的是：空气经过压缩后，先经过一个中间冷却器冷却，然后再送入汽缸。经过中间冷却后的空气，由于温度降低了，密度增大了，进入汽缸的压缩空气量也就增加了，因而可以向汽缸内喷射比单纯增压机型更多的燃料，使之更充分燃烧。

影响增压与增压中冷柴油机工作的关键部件总成之一是增压器。

普通增压器工作时，随柴油机转速或负荷的升高，增压器转速和压气效率（增压压力）升高，汽缸内爆发压力也迅速升高。当增压压力达到或超过某一限定值时，汽缸内爆发压力将超过柴油机机械负荷的许可值；另一方面，过高的增压压力会使柴油机排气能量过大，并导致增压器涡轮与压气机超高速（＞130000～200000r/min）旋转而遭到损坏。而柴油机在低速时，增压器的压气效率（增压压力）相对较低，燃烧不够充分，转矩相对较小，柴油机易冒黑烟和油耗偏高；这对于道路条件相对较差、且多为中低车速行驶与超载较严重和需要低速大转矩的载重车、牵引车、非公路车辆（自卸车、越野车等）、城市公交车来说，无疑难以满足使用要求。图 1.75 为增压器的气体流向。

为解决这些矛盾，目前国内车用柴油机增压器匹配了体积尺寸相对较小、转动惯量小、低速反应快、压气效率高的小型增压器，以确保柴油机低速扭矩足够大。为了防止增压压力过高和增压器因过速而损坏，在增压器涡轮上特增设一个旁通阀，如图 1.76 所示，使其在增压压力超过限值时旁通阀自动打开，让一部份废气被旁通掉（不通过涡轮），从而限制涡轮轴的转速和控制增压压力。

图 1.75 增压器的气体流向

图 1.76 旁通阀的工作原理

（4）旁通阀的工作原理

由于压气机压力控制旁通阀的开启与关闭，出厂时，旁通阀已经精确调整，从而得到一个简单的可变流量的涡轮壳，压力大时，部分柴油机废气经旁通阀排出，这样达到既改善低速性能，又避免高速工况时汽缸爆发压力过高的目的。

（5）增压器的润滑系统和密封

增压器润滑系统的作用：向轴承系统提供润滑（并为转子动平衡提供油膜支撑），带走来自涡轮工作的热量。图 1.77 为增压器的润滑系统。

增压器的密封原理如图 1.78 所示。

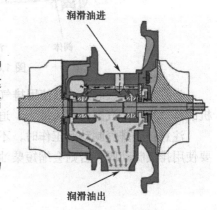

图 1.77 增压器润滑油系统

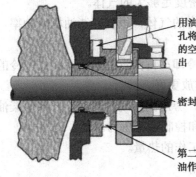

图 1.78 增压器密封原理图

3. 中冷器的作用与结构

① 作用：将从涡轮增压器压气机出来的温度升高的空气进行冷却，以提高空气的密度。

② 中冷器分类：根据冷却介质不同，有空-空式中冷器和水-空式中冷器两种。

③ 中冷器的结构如图 1.79 所示，它主要由散热芯和箱体组成。

4. 排气制动阀的作用和结构

排气制动阀的作用：辅助汽车制动。

排气制动阀的结构如图 1.80 所示，它主要由阀体、阀门等组成。

图 1.79　中冷器的结构

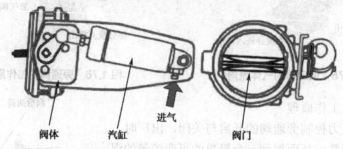

图 1.80　排气制动阀的结构示意图

当汽车下长坡时，可以使用排气制动阀辅助制动，保证车辆安全行驶，当阀门关闭时柴油机的排气受阻，汽缸内背压增大，迫使柴油机转速下降，使汽车速度下降。

注意：当排气制动阀工作时，不得给柴油机施加大于 241kPa 的排气背压；一般情况下不要使用排气制动阀，否则会缩短柴油机的使用寿命。

小　结

① 进、排气系统的作用是向汽缸提供新鲜、清洁和密度足够大的气体。

② 增压柴油机的工作原理就是向汽缸提供有一定压力的气体，以提高柴油机的功率，降低燃油消耗率和减少有害气体的排放。

③ 增压中冷柴油机是把增压后的气体经过中冷器的冷却，再向汽缸输送，经过中冷的进气温度低，密度更大，使得柴油机的功率进一步提高，排放更好。

④ 旁通阀的作用是使增压器在增压压力超过限值时，旁通阀自动打开，让一部份柴油机的废气被旁通掉（不通过涡轮），从而限制涡轮轴的转速和控制增压压力。

⑤ 增压器的润滑主要向轴承提供润滑油并带走涡轮工作的热量。

⑥ 排气制动阀是汽车制动的辅助装置，但应尽量少用。

实训要求

实训：柴油机进、排气系统认识实训

1. 实训内容

结合柴油机的拆装实习认识进、排气系统的结构。

2. 实训要求

掌握柴油机进、排气系统的结构和装配关系。

复习思考题

1. 简答题

（1）简述进、排气系统的功用。

（2）简述增压器的工作原理。

（3）简述旁通阀的作用。

（4）为什么安装涡轮增压器的系统中要进行空气冷却？

2. 判断题（正确打√、错误打×）

（1）因为柴油的自燃点比汽油低，所以柴油不需要点燃，仅依靠压缩行程终了时气体的高温即可自燃。

（　　）

（2）一般情况下使用排气制动阀可以辅助汽车制动。 （　　）

（3）增压器润滑不但可以润滑轴承，还可以带走涡轮工作的热量。 （　　）

3. 选择题

（1）影响增压与增压中冷柴油机工作的关键部件总成之一是（　　）。

A. 喷油器　　　　　　　　B. 增压器　　　　　　　C. 喷油泵

（2）下面不属于蜗轮增压器的零件是（　　）。

A. 涡轮　　　　　　　　　　　　　　　　　B. 涡轮壳

C. 压缩机轮　　　　　　　　　　　　　　　D. 泵体

（3）涡轮增压器的旁通阀在（　　）情况下打开，以减少增压强度。

A. 进气歧管压力高时　　　　　　　　　　　B. 进气歧管压力低时

C. 急加速时　　　　　　　　　　　　　　　D. 都有可能

1.1.5 燃料供给系统

1. 概述

（1）柴油机燃料供给系统的功能

柴油机燃料供给系统的功能是根据柴油机的不同转速和不同负荷要求，定时、定量、定压地将雾化质量良好的柴油以一定的要求喷入汽缸内，并使这些燃油与空气迅速地混合和燃烧。所谓定时就是按照配气相位的要求。定量则是保证一定的油量，满足动力性输出的要求。定压则要求喷入汽缸的燃油具备一定的动能与空气进行混合。燃油供给系统的工作情况对柴油机的功率和油耗有重要的影响。

（2）柴油的特性

① 蒸发性差、流动性差、自燃温度低——必须采用高压喷射雾化的方法与空气混合，因此，柴油机必须具有很大的压缩比、很高的喷油压力、很小的喷油器喷孔。

② 热值高——发动机功率大，经济性好。

③ 燃烧极限范围宽——属稀燃发动机，排放中 CO、HC 较少，输出功率取决于油量的调节。

（3）燃油系统的基本功能

① 通过加压机构使燃油变成高压。

② 调节喷油量，以改变输出功率。

③ 能调节喷油时刻，以使燃烧彻底。

（4）燃料供给系统的组成

① 组成。

燃料供给系统由柴油箱、喷油器、喷油泵、柴油滤清器、低压油管、高压油管等组成，如图 1.81 所示。

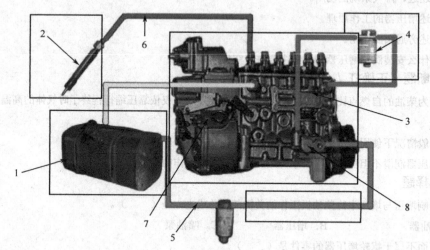

1—柴油箱；2—喷油器；3—喷油泵；4—柴油滤清器；5—低压油管；6—高压油管；7—调速器；8—输油泵

图 1.81　柴油机燃料供给系统

② 燃料供给系主要零部件及其基本功能如下。

a．喷油泵：对燃油进行加压、计量，并按照一定的次序将燃油供入各个汽缸所对应的喷油器中。

b．提前器：连接在柴油机驱动轴和喷油泵凸轮轴之间，由于其内部机构的作用，可改变喷油泵喷油时间。这是一个自动相位调节机构。

c．调速器：检测出柴油机的即时转速，并将即时转速和设定的转速进行比较，产生与两种转速差相对应的作用力，使柴油机的转速向设定转速逼近。调速器既是一种速度传感器，又是调节喷油量的执行器，是一种典型的速度自动调节装置。

d．喷油器：喷油器安装在柴油机汽缸盖上，将喷油泵送来的高压燃油喷入燃烧室内。喷油器是一个自动阀，可以设定其开阀压力，而喷油器的结构决定其关闭压力。

e．输油泵：将油箱中的燃油吸出来，燃油经过柴油滤清器滤清后，送入喷油泵的低压腔中。

f．高压油管：无缝钢管，将喷油泵中的高压燃油送入喷油器中。

g．滤清器：将燃油中的杂物滤去，保证喷油嘴正常工作。

h．回油管：连接喷油器回油口，将多余的燃油送回油箱。

（5）柴油机的燃烧过程和燃烧室

① 柴油机的燃烧过程。

柴油机的柴油与空气在缸内混合，因此需要有较大的供油提前角，如 YC6105QC（自然吸气）供油提前角（曲轴转角）在上止点前为 18°±2°（随泵调整），YC6108ZQ（增压机型）的供油提前角为 9°～11°，如图 1.82 所示。

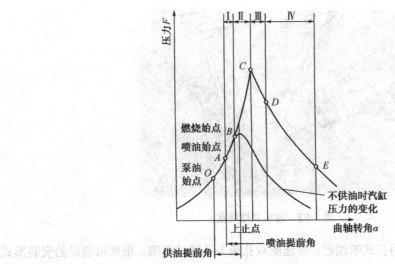

"O"—喷油泵开始供油时刻; "A"—喷油器开始喷油时刻; "B"—自燃点

图1.82 汽缸压力与曲轴转角的关系

a. 供油提前角:泵油始点 D 至活塞上止点所对应的曲轴转角。若供油提前角过大,由于喷油时汽缸内空气温度较低,混合气形成条件差,则着火准备期过长,柴油机工作粗暴,可听到清脆而有节奏的"嘎、嘎"振动声,导致油耗增加,功率下降,怠速不稳或启动困难;若供油提前角过小,将使燃烧过程延后,则着火发生在活塞下行时,燃烧最高温度及压力下降,柴油机过热,热效率显著下降,排气管冒白烟,柴油机动力性、经济性变坏。所以,柴油机要求供油正时。

b. 喷油提前角:喷油始点 A 至活塞上止点所对应的曲轴转角。最佳喷油提前角是指转速和供油量一定的条件下能获得最大功率和最低油耗率的喷油提前角。

喷油器的喷油提前角实际上由喷油泵的供油提前角来保证。为了满足最佳喷油提前角随转速升高而增大的要求,车用柴油机喷油泵装有供油提前角自动调节器。喷油泵安装时的供油提前角称为初始(静态)供油提前角。例如玉柴的 YC6105QC 初始供油提前角为上止点前 18° ±2°。

c. 喷油延迟期:是喷油泵供油 D 到喷油器喷油 A 的间隔时间。高压油管越长,喷油延迟期越长;高压油腔的膨胀量越大,喷油延迟期越长。因此应尽量缩短喷油延迟期。

d. 燃烧延迟期(A-B):是因为喷油后,混合气形成需要一定的时间才能着火,由此,形成了燃烧延迟期。燃烧延迟期越长,累积的燃油越多,着火时的压力增加越快,使柴油机工作粗暴,发动机的噪声越大。

燃烧延迟期取决于:

● 燃油的十六烷值。
● 混合气形成的过程(喷油压力、喷油嘴形式、压缩比和燃烧喷射的方式等)。
● 柴油机的温度等。

② 柴油机的燃烧室。

柴油机燃烧室大致有直喷式、预燃室式、涡流室式三种。

a. 直喷式燃烧室(图1.83):直喷式燃烧室呈浅盘形,喷油器的喷嘴直接伸入燃烧室。这种燃烧室结构紧凑,散热面积小,因将燃油直接喷入燃烧室,故发动机启动性能好,做功效率高。

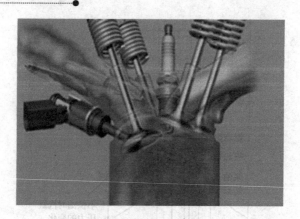

图 1.83　直接式燃烧室

直喷式燃烧室一般采用孔式喷油器，可选配双孔或多孔喷油器嘴。根据喷油器的安装形式可选用ω型活塞和球型活塞（图 1.84、图 1.85）。

ω型活塞配合四孔喷油器，可使得在燃烧室内形成ω型涡流，促进燃油与空气的混合。

球形活塞配合直列放置的喷油器，可使喷注由中间向四周形成涡流。目前，新型的燃油共轨系统多采用此种形式的燃烧室和活塞。

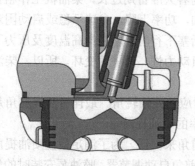

图 1.84　ω型活塞

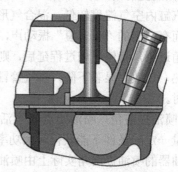

图 1.85　球形活塞

b. 预燃室式燃烧室（图 1.86）：这种燃烧室有主副两个燃烧室，其间有孔相通。喷油器装在副燃烧室内，柴油在副燃烧室内燃烧后喷入主燃烧室，推动活塞向下运动。

由于自燃主要发生在副燃烧室内，而主燃烧室内主要是扩散燃烧，因此，这种燃烧室工作较柔和，噪声较低。但是，因为散热面积较大，故热效率较低，目前较少采用。

预燃室式燃烧室一般采用浅盆形或平顶活塞，以减少散热面积。

c. 涡流室式燃烧室：为了增加主燃烧室内的涡流，使燃油能得到充分的空气进行扩散燃烧，有些柴油机设有主副燃烧室。一部分位于活塞顶与缸盖底面之间，称为主燃烧室，另一部分在汽缸盖内，称为副燃烧室。副燃烧室又有涡流室和预燃室式两种，如图 1.87 所示为涡流室式燃烧室，主燃烧室与涡流室两腔有通道相连。涡流室式燃烧室一般采用平顶活塞，配合孔式喷油器一起使用。

预燃室式燃烧室和涡流室式燃烧室一般均须安装预热塞。

在压缩行程期间，涡流室内形成旋涡气流，多数燃油在涡流室内被点燃。然后，其余燃油在主燃烧室内继续燃烧，分隔式燃烧室一般采用轴针式喷油器，喷油压力要求不高。

优点：运转平稳，转速范围宽。

缺点：燃烧压力低，动力性差。启动性能差，一般需要使用预热装置。

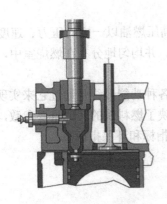

图 1.86　预燃室式燃烧室

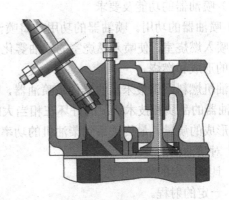

图 1.87　涡流室式燃烧室

分隔室式燃烧室在客车上使用广泛。

③ 各种燃烧室系统的特点比较见表 1.4。

表 1.4　各种燃烧室系统比较

	直喷式	中间球孔方式	预燃室式	涡流室式
喷射 方式				
喷射压力	1500bar	700 bar	500 bar	500 bar
喷油嘴形式	孔式		轴针式	
燃油消耗	少	少	大约增加 10%～15%	大约增加 10%～15%
铺助装置	无	无	预热塞	预热塞
发动机运转	噪声大	噪声小	平稳噪声小	平稳噪声小
使用	卡车，轿车	卡车（MAN）	奔驰轿车	轿车

47

2. 喷油器的功能、结构和工作原理

（1）喷油器的功能及要求

① 喷油器的功用。喷油器的功用是将喷油泵供给的高压燃油以一定的压力、速度、方向和形状喷入燃烧室，使喷入燃烧室的柴油雾化成雾状颗粒，并均匀地分布在燃烧室中，以利于混合气的形成和燃烧。

柴油机燃料系里最末端的器件是喷油器，即喷油泵的各种功能最终是通过它来实现的。因此，喷油器的品质和技术状况的好坏在相当大的程度上反映了燃料系的其他重要参数，决定了混合气形成的质量，最终关系到柴油机的功率指标、经济指标和环保指标。

② 对喷油器的要求。

a．具有一定的喷射压力。

b．一定的射程。

c．合理的喷射锥角。

d．停油彻底、不滴油。

（2）喷油器的类型

常见的喷油器有两种：孔式（P 型）喷油器和轴针式（S 型）喷油器。喷油器由针阀、针阀体、顶杆、调压弹簧、调压螺钉及喷油器体等零件组成。

① 孔式（P 型）喷油器的结构如图 1.88、图 1.89 所示。这种喷油器主要用于直喷式燃烧室的柴油机，目前应用较多，大多是 4 孔和 5 孔喷油器，孔越多，孔径越小，雾化越好。

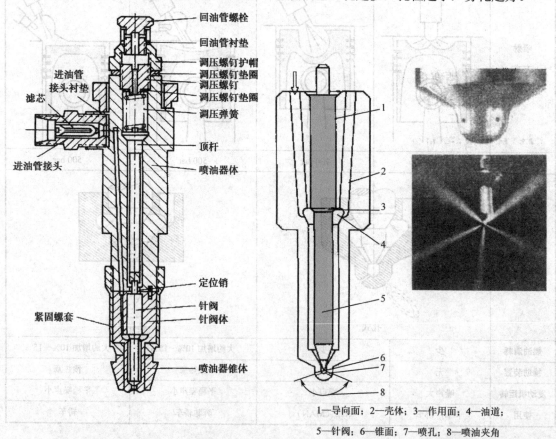

1—导向面；2—壳体；3—作用面；4—油道；

5—针阀；6—锥面；7—喷孔；8—喷油夹角

图 1.88　CA108 型柴油机喷油器　　　　　　**图 1.89　孔式喷油器**

a．针阀偶件。

针阀和针阀体是一对精密偶件，其配合面通常经过精磨后再研磨，从而保证其配合精度。所以，选配和研磨好的一副针阀偶件不能互换，维修过程中应特别注意。

b．喷油器的工作原理。

柴油机工作时，喷油泵输出的高压柴油经过进油管接头和阀体内油道进入针阀中部周围耳朵环形油室（高压油腔，如图1.90所示），油压给针阀锥体环带上一个向上的推力，当此推力克服调压弹簧的预紧时，针阀上移使喷孔打开，高压柴油便经喷油孔喷出。当喷油泵停止供油时，油压迅速下降，针阀在调压弹簧作用下及时回位，将喷孔关闭。

在喷油器工作期间，会有少量柴油从针阀与针阀体的配合面之间的间隙漏出，这部分柴油对针阀起润滑、冷却作用。漏出的柴油沿推杆周围的空隙上升，通过回油管螺栓上的孔进入回油管，流回到喷油泵或柴油滤清器。

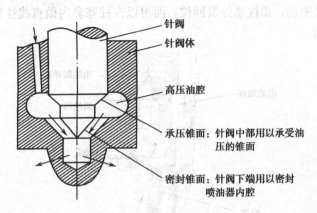

图 1.90　针阀承压和密封锥面

② 轴针式（S 型）喷油器的结构如图 1.91 所示。这种喷油器只有 1 个喷孔（图 1.92），喷孔直径为 1～3mm，喷孔不易堵塞，但雾化效果不强，喷油压力较低，故应用少，它用于喷雾压力要求不高的涡流室式燃烧室和预燃室式燃烧室。

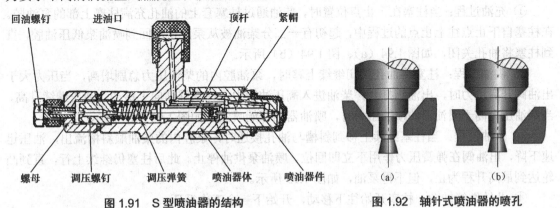

图 1.91　S 型喷油器的结构　　　　　　　图 1.92　轴针式喷油器的喷孔

3．喷油泵的结构和工作原理

喷油泵俗称高压油泵，是柴油机燃料供给系中最主要的部件之一。

喷油泵的功用：定时、定量地向喷油器输送高压燃油。

多缸柴油机的喷油泵应保证：

a. 各缸供油次序符合柴油机的发火次序；

b. 各缸的供油量均匀，不均匀度在标定工况下不大于 3%～4%；

c. 各缸供油提前角一致，相差不大于 0.5° 曲轴转角。

为了避免喷油器的滴油现象，喷油泵还必须保证能迅速停止供油。

喷油泵的结构：车用柴油机的喷油泵按作用原理不同大体可分为三类，分别是柱塞式喷油泵、喷油泵-喷油器和转子分配泵。柱塞式喷油泵性能好，使用可靠，国产系列柱塞式喷油泵有 A 型泵、B 型泵、P 型泵，当前 P 型泵使用较多。

（1）柱塞式喷油泵的泵油原理

柱塞式喷油泵的柱塞结构如图 1.93 所示，它由柱塞、柱塞套、出油阀偶件、出油阀和阀座以及出油阀弹簧等组成。偶件修理时不能互换，要成对更换。

喷油泵柱塞工作原理：凸轮轴的凸轮推动挺柱体部件在泵体导程孔内作上、下往复运动。柱塞依靠挺柱体部件驱动，和柱塞弹簧回位，而得以在柱塞套内做直线往复运动，并按要求向喷油器提供高压燃油。

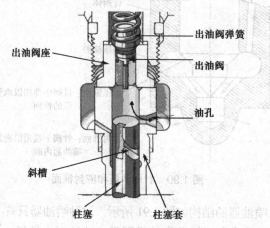

图 1.93　柱塞式喷油泵的柱塞结构

① 充油过程：当柱塞在下止点位置时，柴油通过柱塞套上的油孔充满柱塞上部的泵油腔。在柱塞自下止点往上止点的过程中，起初有一部分柴油被从泵腔挤出回到喷油泵低压油腔，直到柱塞将油孔关闭，如图 1.94（a）、图 1.94（b）所示。

② 供油过程：柱塞将油孔关闭继续上移时，泵油腔内的柴油压力急剧增高，当压力大于出油阀开启压力时，出油阀打开，柴油进入高压油管中。柱塞继续向上移动，油压继续升高，当柴油压力高于喷油器的喷油压力时，喷油器则开始喷油，如图 1.94（c）所示。

③ 停油过程：当柱塞继续上移到斜槽与油孔接通时，泵腔内的柴油顺斜槽流出，油压迅速下降，出油阀在弹簧压力作用下立即回位，喷油泵供油停止。此后柱塞仍继续上行，直到凸轮达到最高升程为止，但不再泵油，如图 1.95 所示。

④ 凸轮继续转动，柱塞开始往下移动，开始下一个工作循环。

从上述工作过程可知，喷油泵供油的过程是从柱塞关闭油孔上移开始，至柱塞斜槽与柱塞套油孔相通时为止的柱塞行程，即柱塞供油有效行程。柱塞的有效行程随柱塞的转动而改变，有效行程越大，供油量越多。

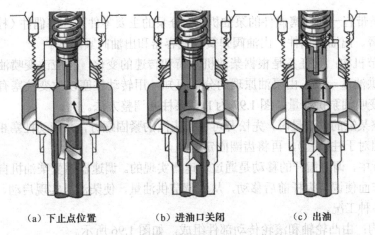

（a）下止点位置　　　　　（b）进油口关闭　　　　　（c）出油

图 1.94　柱塞式喷油泵的充油、供油过程

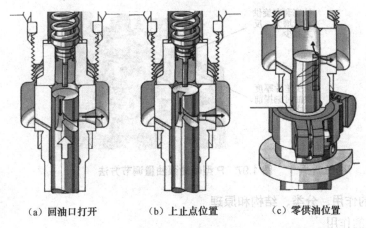

（a）回油口打开　　　　　（b）上止点位置　　　　　（c）零供油位置

图 1.95　柱塞式喷油泵的停油、停止供油过程

（2）P 型喷油泵的结构

P 型喷油泵由分泵、油量调节机构、传动机构和泵体组成，如图 1.96 所示。

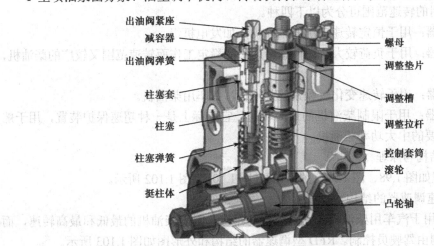

图 1.96　P 型喷油泵的结构

51

- 分泵：是带有一副柱塞偶件的泵油机构。分泵的主要零件有柱塞偶件（柱塞和柱塞套）、柱塞弹簧、出油阀偶件、出油阀弹簧、减容器和出油阀紧座等。
- 油量调节机构：其任务是根据柴油机负荷和转速的变化，相应改变喷油泵的供油量，且保证供油量一致。由泵油原理的分析可知，用转动柱塞以改变柱塞有效行程的方法可以改变喷油泵供油量。图 1.97 为 P 型泵柱塞调整方法。

当需要调整某缸的供油量时，先松开可调节齿圈的紧固螺钉，并带动柱塞相对于齿圈转动一个角度（即相对于柱塞套），再将齿圈固定。

柴油机运行中，调节齿杆的移动是通过调速器实现的。调速器感受柴油机自身的转速变化或外界人为操作而使调节齿杆前后移动，从而调节供油量，使柴油机实现启动、怠速、部分负荷或全负荷等各种工况。

- 传动机构：由凸轮轴和滚轮传动部件组成，如图 1.96 所示。
- 泵体：为整体式，由铝合金铸成。分泵、油量调节机构及传动机构都装在泵体上。

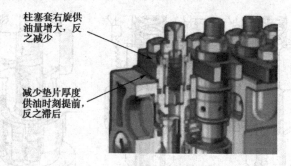

柱塞套右旋供油量增大，反之减少

减少垫片厚度供油时刻提前，反之滞后

图 1.97　P 型喷油泵油量调节方法

4. 调速器的作用、分类、结构和原理

（1）调速器的作用

调速器的作用是根据柴油机的工况，控制喷油泵的供油量，稳定柴油机怠速及防止柴油机超速。

（2）调速器的分类

按调速器起作用的转速范围可分为以下四种。

- 单程式调速器：用于恒定转速工况的柴油机，如发电机组。
- 全程式调速器：用于负荷较大、在任意转速下能稳定工作而转速范围又较广的柴油机，如工程机械。
- 两极式调速器：用于转速变化较频繁的柴油机，如车用柴油机。
- 极限式调速器：用于限制柴油机的最高转速，它实际上是一种超速保护装置，用于船舶主机和重要的中大功率柴油机。

（3）调速器的结构与原理

调速器调速原理如图 1.98、图 1.99、图 1.100、图 1.101、图 1.102 所示。

（4）RFD 型两速调速器的结构

RFD 调速器应用于汽车用柴油机。它只能自动稳定、限制柴油机的最低和最高转速，而所有中间转速范围则由驾驶员控制。RFD 型调速器的结构和外形图如图 1.103 所示。

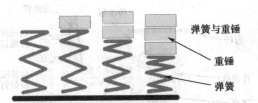

弹簧与重锤
重锤
弹簧
当弹簧上面放上个重量轻于弹簧力的重锤时，弹簧既不被压缩也不会改变长度，但是如果在弹簧上面放上比弹簧力大的重锤时，弹簧则被压缩到弹簧力与重锤重量相等的位置

图 1.98 调速器的工作原理 1

弹簧弹力与离心力的平衡
重锤
滚柱
弹簧
作用于重锤的离心力随转速而改变。当重锤转速提高时离心力就变大，重锤向外张开；滚柱移动压缩弹簧，弹簧被压缩，弹力增加；弹簧弹力在该位置上与当时的离心力平衡

图 1.99 调速器的工作原理 2

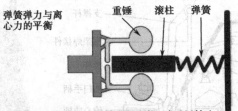

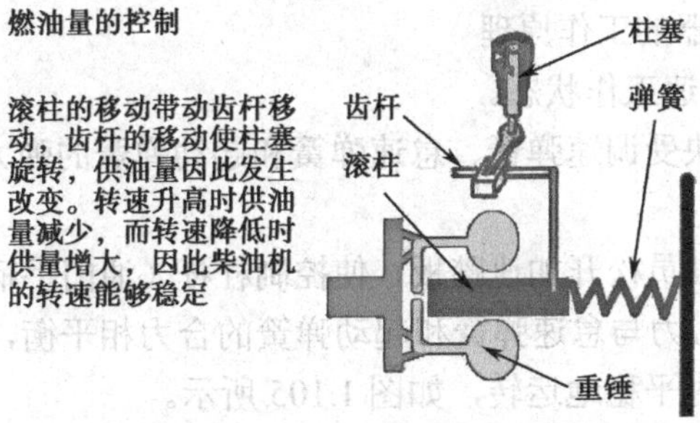

燃油量的控制
滚柱的移动带动齿杆移动，齿杆的移动使柱塞旋转，供油量因此发生改变。转速升高时供油量减少，而转速降低时供量增大，因此柴油机的转速能够稳定
柱塞
齿杆
弹簧
滚柱
重锤

图 1.100 调速器的燃油量的控制原理

当柴油机在最低空载转速运行下低速弹簧起作用，保证转速不再下降；当转速上升到高速时高速弹簧起作用不致“飞车”；柴油机在低速与高速之间调速器不起作用
齿杆
杠杆
高速弹簧
低速弹簧
支承盘
飞球
滑动盘
拉杆
操纵杆

图 1.101 两极调速器的工作原理

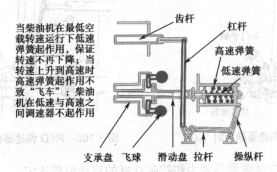

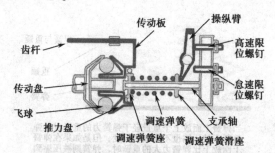

改变操纵臂的位置时，调速器的作用转速也随之改变，对应操纵臂的各个位置柴油机有稳定的转速

图 1.102 全程调速器的工作原理

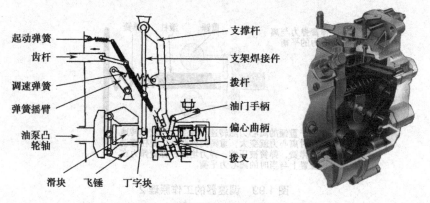

图 1.103 RFD 调速器的结构和外形图

（5）RFD 型两速调速器的工作原理

① 柴油机的起动和怠速工作状态。

当柴油机静止时，飞块受调速弹簧、怠速弹簧和起动弹簧的弹力作用而闭合，如图 1.104 所示。

当柴油机起动后，驾驶员松开加速踏板，使控制杠杆（油门手柄）回到怠速位置。在怠速范围内运转时，飞块的离心力与怠速弹簧和起动弹簧的合力相平衡，保持供油调节齿杆的一定位置，使柴油机能在怠速时平稳地运转，如图 1.105 所示。

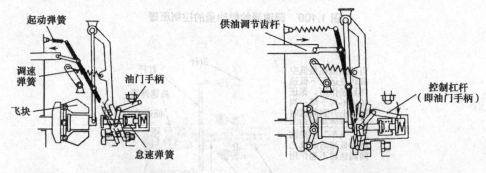

图 1.104 RFD 调速器静止时

图 1.105 RFD 调速器的怠速工况

柴油机怠速转速由怠速弹簧预紧力和控制杠杆的怠速位置决定。

② 柴油机正常运转时的状态。

当柴油机转速超过怠速控制范围时，怠速弹簧被完全压缩，于是滑块直接与拉力杠杆接触，如图1.106所示。依靠调速弹簧的作用力与最高转速时的飞块离心力平衡，拉力杠杆被调速弹簧拉得很紧。在正常转速范围内，飞块的离心力较小，不足以推动拉力杠杆，其支点B不能移动，调速器不起作用。这样，当直接操纵控制杠杆时，便可以经支持杠杆、浮动杠杆直接传递到调节齿杆上，可对柴油机转速进行直接控制。

利用调节齿杆行程调整螺栓，即可改变供油调节齿杆的最大行程，从而调节喷油泵额定供油量。

③ 柴油机的最高转速控制状态（校正工况）。

当柴油机转到规定的最高转速时，飞块的离心力克服调速弹簧的拉力，使滑块和拉力杠杆向右移动，供油调节齿杆向减少供油量方向移动，如图1.107所示，使柴油机转速不超过规定的最高转速。

利用总油量调整螺栓改变调速弹簧的预紧力，即可调节柴油机的最高转速。

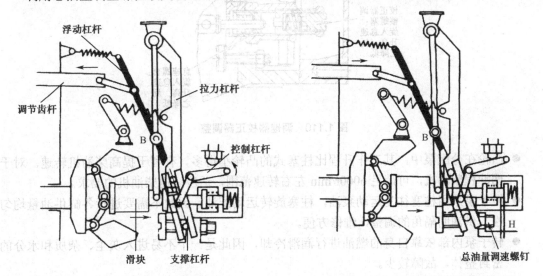

图1.106　RFD调速器的负荷工况　　　　　图1.107　RFD调速器的校正工况

④ 柴油机停车装置的工作状态。

RFD型调速器采用的停车方法可使在柴油机在任何工况下，只要稍用力把喷油泵供油齿杆拉向减少供油量方向，使喷油泵停止供油，柴油机即可停止运转。

⑤ RFD型两速调速器调整。

图1.108、图1.109、图1.110所示是RFD型两速调速器的调整方法。

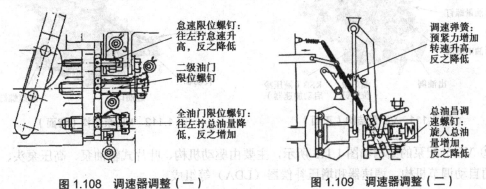

图1.108　调速器调整（一）　　　　　图1.109　调速器调整（二）

5. VE 分配泵的结构和工作原理

近年来，随着我国经济建设和社会需求的发展，以中型客、货车为主体的传统运输格局正向中重型、重型和快速方向发展，促使柴油机也从中型向大型、强化方向发展，传统柱塞泵已难适应需要。取而代之的是转子分配式喷油泵，又叫 VE 泵。VE 泵源于德语缩写，意为机械控制轴向柱塞转子式分配泵，可配 3～6 缸柴油机，单缸功率可达 30kW；VE 分配泵泵端压力可达 85MPa，使柴油机满足欧洲 1 号及 2 号排放法规，玉柴部分柴油机配备这种分配泵；由于分配泵各缸共用一套高压柱塞偶件，因此各缸工作均匀，柴油机振动和噪声得到改善；体积小、重量轻、转速高、运转噪声低、结构简单却有灵活多变的控制方式，容易实现电控化；同时VE 泵与柱塞泵相比有以下优点。

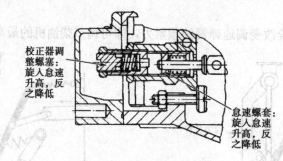

图 1.110　调速器校正器调整

- 凸轮在分配泵中，其工作升程比柱塞式的凸轮小得多，有利于提高柴油机转速。对于四冲程柴油机，可满足 6000r/min 左右转速范围，适应高速柴油机的要求。
- 转子泵采用柱塞往复运动泵油，柱塞旋转运动配油，因此不需要进行各缸供油量均匀性、供油间隔角的调整，维修方便。
- 转子泵内部依靠自身的燃油进行润滑冷却，因此是一个不易进入灰尘、杂质和水分的密封整体，故障较少。
- 零件的通用性较柱塞式喷油泵好，对产品系列化有利。

因此，VE 泵已越来越广泛地获得认可。

① VE 泵的外形结构：如图 1.111 和图 1.112 所示。

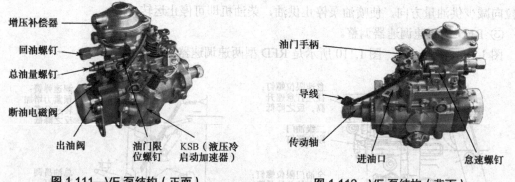

图 1.111　VE 泵结构（正面）　　　　图 1.112　VE 泵结构（背面）

② VE 分配泵的结构如图 1.113 所示，主要由驱动机构、叶片式输油泵、高压泵头、供油提前角自动调节机构、调速器和增压补偿器（LDA）等组成。

- 低压系统：由叶片泵、调压阀和溢流阀组成。
- 高压系统：由柱塞和柱塞套、驱动机构、分配头、出油阀等组成。
- 控制系统：由两速调速器、供油提前调节器和电磁断油阀等组成。

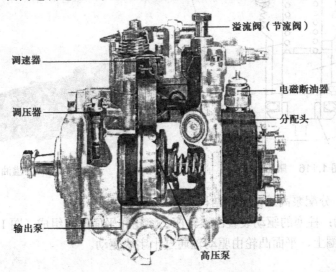

图 1.113 VE 型分配式高压油泵的组成

③ 低压供油。

a. 组成与作用：低压系统由输油泵、油压控制阀、溢油螺钉组成（图 1.114），作用是使油泵内腔产生并保持合适的压力，保证各转速下供油充足，满足提前器的工作压力。

b. 输油泵工作原理（图 1.115）：输油泵由偏心环、转子、叶片、输油泵盖组成。工作时，驱动轴带动转子转动，叶片在转子离心力的作用下向外撑开，与转子腔形成四个缝隙。缝隙大的一侧形成真空，为进油腔；当叶片转至缝隙小的一侧，容积变小，压力增加，为出油腔。油压高低由油压调节器控制。

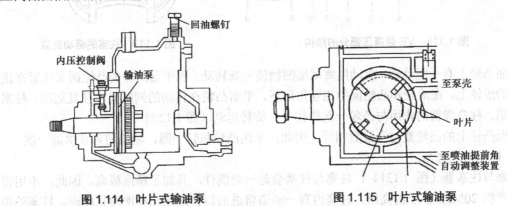

图 1.114 叶片式输油泵　　　　　　　　图 1.115 叶片式输油泵

c. 限压阀（图 1.116）：叶片泵的出口有一限压阀，当泵油压力大于 400kPa 时，油压推动活塞，克服弹簧预紧力，将活塞向上顶起，起到限制油压的作用。

d. 溢油阀（图 1.117）：油泵的出口有一个溢油阀，其上有一个 0.35～0.50mm 的溢油孔。喷油泵工作时，它既能保证泵腔内的压力，又能产生适当的回油，以散发泵内的温度。

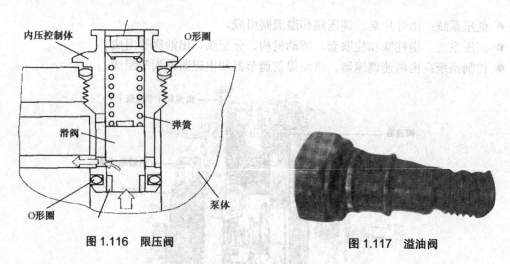

图 1.116　限压阀　　　　　　图 1.117　溢油阀

④ 高压供油：分配泵高压部分的结构如图 1.118 所示。

a．柱塞的驱动：柱塞的驱动装置由滚轮座、滚轮和平面凸轮组成（图 1.119）。四组滚轮对称放置在滚轮座圈上，平面凸轮由驱动轴通过十字块驱动。

高压部分拆解图：

1. 十字联轴器
2. 滚轮座圈
3. 碟形凸轮盘
4. 柱塞底座
5. 高压柱塞
6. 柱塞止推座
7. 油量控制套
8. 分配头
9. 出油阀
10. 柱塞回位弹簧

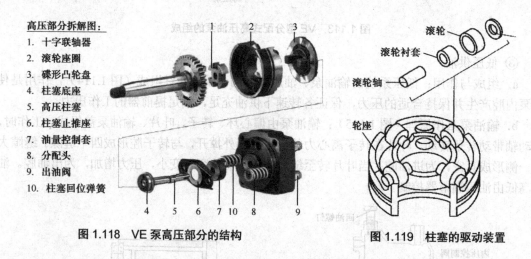

图 1.118　VE 泵高压部分的结构　　　　　图 1.119　柱塞的驱动装置

平面凸轮上有一驱动销，驱动柱塞尾端凹槽使柱塞转动。因平面凸轮的凸轮面又压紧在滚轮部件的滚轮上，在滚轮和凸轮面的相互作用下，平面凸轮在转动的同时又作往复运动。柱塞因驱动销、柱塞弹簧的作用与凸轮一起作往复、旋转运动（图 1.120）。

平面凸轮上的凸轮数与汽缸数相等，因此，平面凸轮每转一圈，轮流向各缸供油一次。

b．柱塞与柱塞套。

柱塞与柱塞套（图 1.121）：柱塞与柱塞套是一对偶件，其加工精度极高，因此，不用密封即可产生 20MPa 以上的高压。柱塞内有一油道将进油口、配油孔和泄油孔相连。柱塞的顶部有四个（六缸发动机有六个）直槽，柱塞每转动一圈，与进油孔一起完成四次进油。柱塞的中部有一个配油孔，当柱塞产生高压时，配油孔依次与柱塞套上的出油口相通，实现高压配油。泄油孔与控制套精密配合。当泄油孔露出控制套时，高压柴油泄入泵腔，泵油结束。

柱塞的运动：在柱塞套的配合下，柱塞的往复运动产生高压供油，柱塞的旋转运动分配高压柴油。

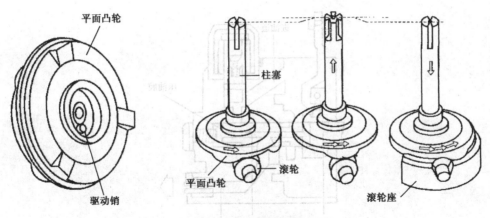

图 1.120 柱塞的驱动

图 1.121 柱塞与柱塞套

⑤ VE 分配泵工作原理。

如图 1.122 所示，VE 分配泵的工作原理：柱塞头部开有四个进油凹槽（进油槽数等于缸数），相隔 90°，柱塞上还有一个中心油道、一个配油槽和一个泄油槽等。柱塞套筒上有一个进油道及四个出油道、四个出油阀。

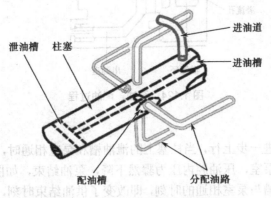

图 1.122 VE 分配泵的工作原理

a．进油过程。

当分配柱塞接近下止点位置（柱塞自右向左运动），柱塞头部四个进油槽中的一个凹槽与套筒上的进油孔相对时，燃油进入压油腔，此时溢流环关闭了泄油槽，如图 1.123 所示。

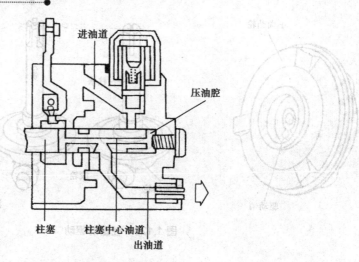

图 1.123　进油过程

b．泵油、配油过程。

当燃油进入压油腔时，柱塞开始上行（右行），柱塞上行并旋转到进油孔关闭时，使压油腔内燃油油压增加，相应的柱塞上的配油槽与套筒上的出油道之一相连通时，分配油路打开，高压燃油经出油阀被压送到喷油器，如图 1.124 所示。

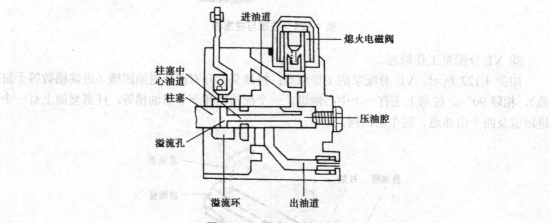

图 1.124　泵油、配油过程

c．泵油终止。

柱塞在凸轮作用下进一步上行，当柱塞上的泄油槽和泵室相通时，压油腔内的高压燃油经中心油道、泄油槽泄回泵室，压油腔内压力骤然下降，泵油结束，如图 1.125 所示。

改变柱塞上的泄油槽与泵室相通的时刻，即改变了供油结束时刻，从而使供油有效行程改变，也改变了供油量。溢流环可在柱塞上轴向移动，当溢流环向左移动时，有效行程减小，供油量减少，向右移动时，有效行程增大，供油量增加。由此可见，供油量是通过控制供油时间来实现的，与进油量无关。

⑥ VE 泵的调速器。

a．VE 分配泵调速器的结构。

图 1.126 为 VE 泵调速器的结构。

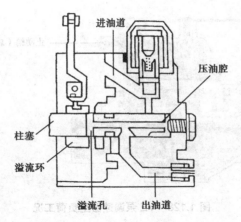

图 1.125 泵油终止

b. VE 泵调速器的工作过程。

怠速工况：如图 1.127 所示，柴油机起动后放松加速踏板，使调速杠杆回到怠速位置，这时调速弹簧的张力等于零。此时即使调速器轴低速旋转，飞块也要向外张开，压缩缓冲弹簧和怠速弹簧，使起动杆和张力杆向右移动，将溢流环（油量控制套）左移至怠速位置。

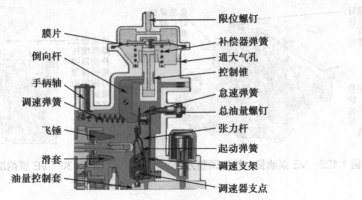

图 1.126 VE 泵调速器结构

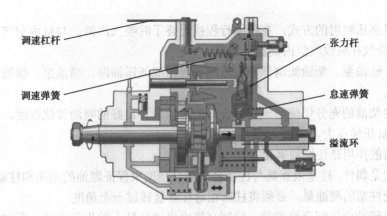

图 1.127 VE 泵调速器怠速工况

全负荷工况：如图 1.128 所示。

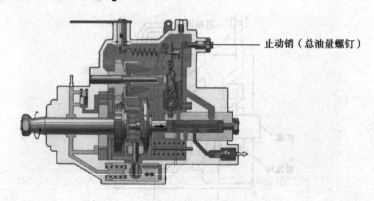

止动销（总油量螺钉）

图 1.128　VE 泵调速器全负荷工况

柴油机全负荷时把加速踏板踏到底，调速杠杆移到全负荷位置，在调速弹簧拉力作用下，张力杆转动到接触止动销，通过起动杆使溢流环保持在全负荷位置。

⑦ VE 泵的调整。

图 1.129 和图 1.130 为 VE 泵油量、转速、烟度和扭矩的调整方法。

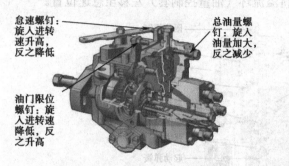

急速螺钉：旋入进转速升高，反之降低

总油量螺钉：旋入油量加大，反之减少

油门限位螺钉：旋入进转速降低，反之升高

图 1.129　VE 泵油量、转速调整方法

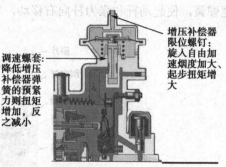

调速螺套：降低增压补偿器弹簧的预紧力则扭矩增加，反之减小

增压补偿器限位螺钉：旋入自由加速烟度加大、起步扭矩增大

图 1.130　VE 泵烟度、扭矩的调整方法

小　结

① 柴油以高压喷射的方式，在压缩行程接近终了时喷入汽缸，与缸内空气混合，形成可燃混合气，混合气在吸收汽缸内高温后自燃。

② 油箱、输油泵、柴油滤清器和低压油管等组成低压油路，喷油泵、喷油器和高压油管组成高压油路。

③ 汽缸内柴油的充分燃烧必须要有合适的喷油量、良好的喷油雾化程度、合理的喷油正时和足够的汽缸压缩压力。

④ 喷油器的作用是使燃油雾化。

⑤ 柱塞副是偶件，柱塞依靠其与柱塞套的配合精度来保证燃油的增压和柱塞偶件的润滑。

⑥ 要改变柱塞的喷油量，必须将柱塞相对柱塞套转过一个角度。

⑦ 柱塞的转动由控制套筒带动，控制套筒由供油拉杆上的齿条带动，而供油拉杆则由调速器控制。

⑧ 调速器可分为两速调速器和全速调速器。两速调速器操纵可靠，反应灵敏；全速调速

器过渡圆滑，速度控制稳定。

⑨ VE 喷油泵供油量调整方法是通过控制供油时间来实现的，与进油量无关。即当改变柱塞上的泄油槽与泵室相通的时刻，即改变了供油结束时刻，从而使供油有效行程改变，亦改变了供油量，溢流环可在柱塞上轴向移动，当溢流环向左移动时，有效行程减小，供油量减少；当溢流环向右移动时，有效行程增大，供油量增加。

实训要求

实训：认识燃料供给系统组成和主要零部件的结构

1. 实训内容

结合燃料供给系统的拆装实习认识燃料供给系统主要零部件的结构。

2. 实训目的要求

熟悉燃料供给系统主要零部件的结构和相互装配关系，为拆装实习打基础。

复习思考题

1. 简答题

（1）柴油机燃油供给系由哪些零件组成？它们各有什么作用？画出它们的相互连接图。

（2）简述喷油泵的作用。

（3）叙述柱塞式喷油泵的供油原理。

（4）简述 P 泵油量调节方法。

（5）VE 型转子泵是如何实现压油和配油的？

（6）柴油机燃油供给系统放空气的操作步骤是什么？

2. 解释术语

（1）燃烧室

（2）柱塞供油的有效行程

3. 判断题（正确打√、错误打×）

（1）喷油器的主要作用是将柴油雾化，所以只要喷油嘴的孔径、压力相同就能相互更换。   （   ）

（2）喷油提前越早，柴油燃烧时间越早，燃烧越充分。   （   ）

（3）喷油器的作用是向进气歧管喷油。   （   ）

（4）柴油的雾化主要依靠高的喷油压力、很小的喷孔来实现。   （   ）

（5）直喷式燃烧室一般配用孔式喷油器。   （   ）

（6）输油泵的手油泵仅仅是在人工启动发动机时用于给喷油泵供油。   （   ）

（7）柱塞与柱塞套是一对偶件，因此，必须成对更换。 （　　）

（8）VE 泵的叶片式输油泵在 VE 泵正常工作时为柱塞供给低压油。 （　　）

（9）VE 泵由控制套筒的前后位置来调节泵油量。 （　　）

（10）柴油机的喷油量过多，则柴油燃烧不干净，会冒黑烟。 （　　）

（11）柴油机汽缸压力过低，会使发动机启动困难。 （　　）

4. 选择题

（1）下列零件不属于柴油机燃料供给系的低压回路的是（　　）。

A. 输油泵 　　　　　　　　　　　　　B. 滤清器

C. 溢流阀 　　　　　　　　　　　　　D. 出油阀

（2）下面各项中，（　　）是不可调节的。

A. 喷油压力 　　　　　　　　　　　　B. 汽缸压力

C. 输油泵供油压力 　　　　　　　　　D. 调速器额定弹簧预紧力

（3）VE 型转子泵每工作行程的供油量大小取决于（　　）。

A. 喷油泵转速 　　　　　　　　　　　B. 凸轮盘凸轮升程

C. 溢流环位置 　　　　　　　　　　　D. 调速弹簧张力

（4）柴油机之所以采用压燃方式是因为（　　）。

A. 便宜 　　　　　　　　　　　　　　B. 自然温度低

C. 自然温度高 　　　　　　　　　　　D. 热值高

（5）柴油机的供油提前角一般随发动机转速（　　）而增加。

A. 升高 　　　　　　　　B. 降低 　　　　　　　　C. 不一定

（6）输油泵的输油压力由（　　）控制。

A. 输油泵活塞 　　　　　　　　　　　B. 复位弹簧

C. 喷油泵转速 　　　　　　　　　　　D. 其他

（7）（　　）不是喷油泵喷油压力的调节方法。

A. 调节螺钉 　　　　　　B. 调节垫片 　　　　　　C. 调整安装位置

（8）直列式喷油泵不是通过（　　）来调节喷油量的。

A. 转动柱塞 　　　　　　　　　　　　B. 供油提前

C. 调速器控制 　　　　　　　　　　　D. 供油拉杆

（9）发动机怠速时，若转速（　　），则调速器控制供油量增加。

A. 升高 　　　　　　　　　　　　　　B. 降低

C. 不变 　　　　　　　　　　　　　　D. 都有可能

（10）下列不是 VE 泵的调节装置的是（　　）。

A. 供油调节器 　　　　　　　　　　　B. 调压阀

C. 调速螺钉 　　　　　　　　　　　　D. 断油电磁阀

（11）VE 泵溢油阀上的小孔起（　　）作用。

A. 防止泄压 　　　　　　　　　　　　B. 区别进油螺钉

C. 保持泵腔压力 　　　　　　　　　　D. 控制输油泵供油量

（12）VE 泵的柱塞在工作时，其运动方式是（　　）。

A. 转动 　　　　　　　　　　　　　　B. 前后往复运动

C. 既转动又往复运动 　　　　　　　　D. 都不是

1.1.6 润滑系统的构造

1. 润滑系统的功用和组成以及润滑油路

（1）润滑系统的功能

润滑系统强制把压力润滑油不断地输送到各运动零件的摩擦表面，形成油膜，减少摩擦阻力，保证柴油机的正常使用。润滑系统除了润滑功能外，还具有散热、清洗、防锈和密封等作用。原因是：强制流动的润滑油不断润滑各零件的摩擦表面，可减少零件的摩擦和磨损；同时，流经各润滑表面的润滑油，会带走零件摩擦表面的热量；清除零件表面的金属屑，以及空气带入的尘土及燃烧产生的炭粒等杂质；在零件表面形成的油膜，还会保护零件免受水、空气和燃气的直接作用，防止零件受到化学及氧的腐蚀；润滑油有一定的黏度，还可以填补缸壁与活塞环之间的间隙，减少气体的泄漏，起到密封作用。

根据润滑强度的不同，柴油机润滑系统采用的润滑方式如下。

① 压力润滑。压力润滑是利用机油泵，将具有一定压力的润滑油源源不断地送到零件的摩擦面，形成具有一定厚度并能承受一定机械负荷的油膜，尽量将两摩擦零件完全隔开，实现可靠的润滑。

② 飞溅润滑。飞溅润滑是利用柴油机工作时某些运动零件（主要是曲轴和凸轮轴）旋转时飞溅起的或从连杆大头上专设的油孔喷出的油滴和油雾，对摩擦表面进行润滑的一种方式。

③ 定期润滑。对一些不太重要、分散的部位，采用定期加注润滑脂的方式进行润滑，如柴油机水泵、发电机和起动机等总成的润滑，即采用这种方式。

（2）润滑油路的组成与油路

① 润滑系统的组成。

其一般由油底壳、机油泵、机油滤清器和润滑油道等组成，如图1.131所示。

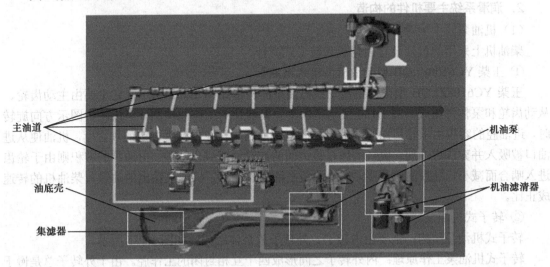

图 1.131 润滑系统的组成

a. 油底壳。用来贮存润滑油。

b. 机油泵大多装于曲轴箱内，也有的将机油泵装于曲轴箱外面。

c. 机油滤清器。按过滤能力不同，机油集滤器，串装于机油泵进油口之间；机油粗滤器，串装于机油泵出口与主油道之间；机油细滤器，并装于主油道中，如图 1.131 所示。

d. 润滑油道。润滑油道有主油道和各分支油道，是润滑系统的重要组成部分，直接在缸体和汽缸盖上加工出，如图 1.131 所示，用来向各润滑部位输送润滑油。

② 润滑系统的油路。

如图 1.132 所示，该机型润滑油路的走向：油底壳→机油集滤器→机油泵→机油滤清器（含机油粗滤和细滤器、旁通阀）→机油冷却器→主油道→经横油道分别进入曲轴各主轴承、凸轮轴轴承、增压器和活塞冷却喷钩，对曲轴主轴颈、凸轮轴轴颈、增压器、惰轮轴和活塞等进行压力润滑。

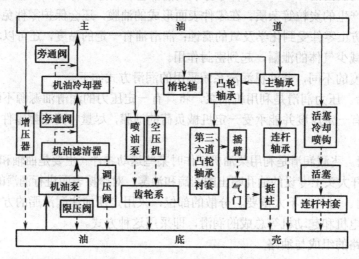

图 1.132　YC6108ZLQB 润滑油道

2. 润滑系统主要机件的构造

（1）机油泵

柴油机上采用的机油泵有齿轮式和转子式两种。

① 玉柴 YC6108ZLQB 型柴油机齿轮式机油泵。

玉柴 YC6108ZLQB 型柴油机齿轮式机油泵的构造如图 1.133 所示，它主要由主动齿轮、从动齿轮和泵体等组成。图 1.134 所示是齿轮式机油泵的工作原理图，当齿轮按图示方向旋转时，进油腔的容积由于轮齿向脱离啮合方向运动而增大，腔内产生一定的真空度，机油便从进油口被吸入并充满进油腔。旋转的齿轮将齿间的润滑油带到出油腔。出油腔的容积则由于轮齿进入啮合而减小，导致油压升高，润滑油经出油口被输出，机油泵输出的油量与柴油机的转速成正比。

② 转子式机油泵。

转子式机油泵结构：主要由内转子、外转子和泵体组成，如图 1.135 所示。

转子式机油泵工作原理：内外转子之间形成四个互相封闭的工作腔。由于外转子总是慢于内转子，这四个工作腔在旋转过程中不但位置变化，容积大小也在改变。每个工作腔总是在最小时与壳体上的进油孔接通（图 1.136），随着容积逐渐变大，形成真空，把机油吸进工作腔。当该容积旋转到与泵体上的出油孔接通且与进油孔断开时，容积逐渐变小，工作腔内压力升高，将腔内机油从出油孔压出。直至容积变为最小，重又与进油孔接通开始进油为止。

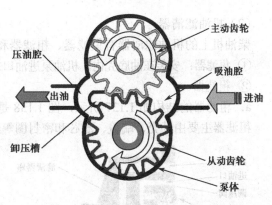

齿轮泵、带卸压阀

图 1.133 YC6108ZLQB 型带卸压阀的齿轮泵

图 1.134 齿轮式机油泵结构和工作原理图

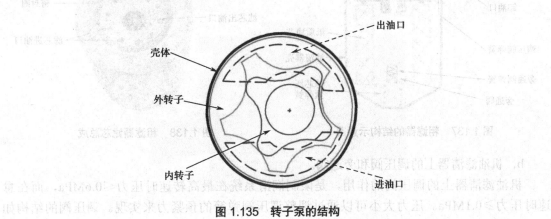

图 1.135 转子泵的结构

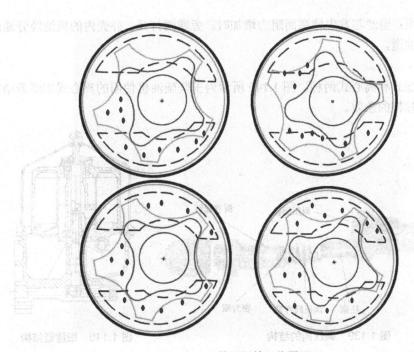

图 1.136 转子泵的工作原理

（2）机油滤清器

柴油机上的机油滤清器有集滤器、粗滤器和细滤器。

① 集滤器：安装在油底壳内，机油泵进油口之前，对吸入机油泵内的机油进行第一次粗滤。

② 粗滤器。

a. 粗滤器的结构如 1.137 所示，图 1.138 是旋装式粗滤器滤芯总成。

粗滤器主要由外壳、端盖、滤芯和密封圈等组成，滤座上有调压阀，壳体上装有旁通阀。

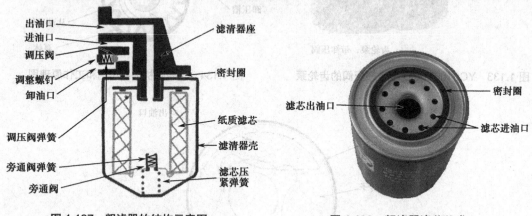

图 1.137　粗滤器的结构示意图

图 1.138　粗滤器滤芯总成

b. 机油滤清器上的调压阀和旁通阀。

机油滤清器上的调压阀的作用，是限制润滑系统在最高转速时压力≤0.6MPa，而在怠速时压力≥0.1MPa。压力大小可以通过调整调压阀弹簧的预紧力来实现。调压阀的结构如图 1.139 所示。

旁通阀的作用：当滤芯发生堵塞而阻力增加时，旁通阀打开，外壳内的机油经旁通阀和滤芯出油口进入主油道。

③ 细滤器。

细滤器有过滤式和离心式两种。图 1.140 所示为玉柴柴油机使用的离心式细滤器结构图，它能滤掉更细小颗粒的杂质。

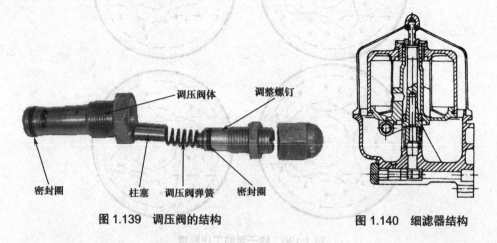

图 1.139　调压阀的结构

图 1.140　细滤器结构

（3）机油散热器与机油冷却器

增压柴油机由于功率大，机体、汽缸盖温度高，光靠油底壳的自然冷却是不够的，还设有专门的机油散热装置，如安装在冷却水散热器前面的机油散热器和机油冷却器。

机油散热器利用柴油机冷却水对机油进行冷却。其结构如图1.141所示，主要由散热芯和壳体组成。冷却水在芯子管内流动，润滑油在管外流动。其上装的旁通阀的作用是当机油温度过低、黏度过大时，旁通阀打开，机油不经冷却直接进入主油道内。

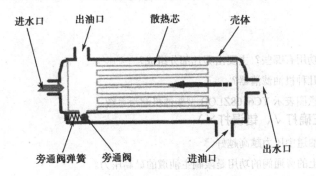

图1.141 机油散热器的结构

图1.142和图1.143所示是YC6112机型和YC6108ZLQB机型的机油冷却器的外形图。

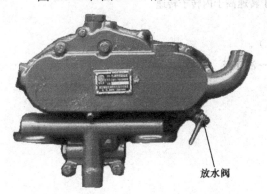

图1.142 YC6112机型机油冷却器外形图

图1.143 YC6108ZLQB机型机油冷却器外形图

小　结

① 润滑系统的主要任务是润滑相对运动零件表面，此外还有散热、清洗、防锈和密封作用。
② 柴油机的润滑方式主要有压力润滑和飞溅润滑。
③ 机油泵有齿轮式和转子式两种。
④ 机油滤清器上的旁通阀起安全保护作用。

实训要求

实训：认识润滑系统的结构

1. 实训内容

结合润滑系统的拆装实习认识润滑系统的主要零部件的结构。

2．实训目的要求

熟悉润滑系统的结构组成、相互装配关系以及润滑油路，为拆装实习打基础。

复习思考题

1．填空题

（1）润滑系统的功用有哪些？主要由哪几部分组成？

（2）润滑系统有几种机油滤清器？

（3）试用方框示意图表示 YC6108ZLQB 型柴油机润滑系统。

2．判断题（正确打√、错误打×）

（1）润滑系统主油道中压力越高越好。　　　　　　　　　　　　　　　　（　　）

（2）装在粗滤器上的旁通阀的功用是限制主油道的最高压力。　　　　　　（　　）

3．选择题

（1）转子式机油泵工作时（　　）。

A．外转子转速低于内转子转速　　　　　B．外转子转速高于内转子转速

C．内、外转子转速相等

（2）柴油机润滑系统中，润滑油的主要流向是（　　）。

A．机油集滤器→机油泵→粗滤器→细滤器→主油道→油底壳

B．机油集滤器→机油泵→粗滤器→主油道→油底壳

C．机油集滤器→机油泵→细滤器→主油道→油底壳

D．机油集滤器→粗滤器→机油泵→主油道→油底壳

1.1.7　冷却系统的构造

1．冷却系统的功用、组成和冷却路线

（1）冷却系统的功用

冷却系统的作用是对柴油机进行冷却，维持柴油机的正常工作温度（80～95℃），保证柴油机的正常运转。

目前，柴油机采用水冷系和风冷系两种。水冷是利用冷却水吸收高温机件的热量，然后通过冷却系统把热量散发到大气中。风冷是以空气作为冷却介质，直接对缸体和缸盖进行冷却。柴油机多采用水冷系。

（2）水冷却系统的组成

水冷系主要由水泵、节温器、风扇和散热器等组成，如图 1.144 所示。

大部分柴油机采用强制闭式循环水冷却系统。缸盖采用横流式冷却，有利于受热件温度场的均匀分布与排放的控制及柴油机的进一步强化。

（3）冷却水的循环路线

图 1.145 所示为冷却水的循环路线。当柴油机冷却水温低于 349K（76℃）时，节温器关闭通往散热器的通路，冷却水进行小循环，冷却水小循环路线是：水泵→汽缸体→汽缸盖→节温器→小循环连接管→水泵。

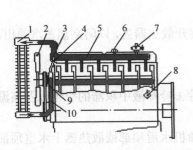

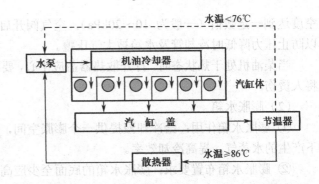

1—散热器；2—风扇；3—节温器；4—小循环管；

5—出水总管；6—水温感应器；7—暖风进水阀；

8—放水阀；9—水泵；10—水泵进水管

图 1.144 冷却系统组成　　　　　　**图 1.145 冷却水的循环路线**

当柴油机冷却水温高于 359K（86℃）时，节温器关闭通往水泵小循环通路，从缸盖水套流出的冷却水全部进入散热器进行散热。冷却水大循环路线为：水泵→汽缸体→汽缸盖→节温器→散热器→水泵。

当柴油机冷却水温度位于 349～359K（76～86℃）之间时，节温器使两种循环都存在，这时只有部分冷却水流经散热器散热。

2．冷却系统主要机件的构造

（1）散热器

① 散热器的构造。

散热器俗称水箱，主要由上水室、下水室和连接上、下水室及对冷却水起散热作用的散热器芯组成，如图 1.146 所示。散热器芯由许多冷却管和散热片组成。其结构形式有管片式和管带式两种。

② 散热器盖。

目前，柴油机广泛采用具有蒸汽阀和空气阀的散热器盖，其结构如图 1.147 所示。

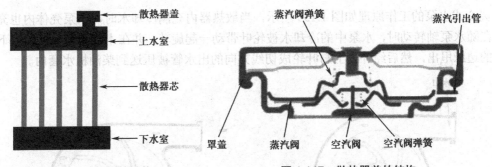

图 1.146 散热器的结构　　　　　**图 1.147 散热器盖的结构**

其工作原理为（图 1.148）：蒸汽阀在弹簧作用下，紧紧地压在加水口，密封散热器。在蒸汽阀中央设有空气阀，弹簧使其处于关闭状态。当发动机温度正常时，蒸汽阀和空气阀均关闭，将冷却系与大气隔开，防止水蒸气挥发，减少冷却水的消耗。同时，由于冷却系统封闭，提高了冷却水的沸点（达 108～120℃），增强了冷却系的散热能力。当散热器中压力升高至一定数值（一般为 26～37kPa），蒸汽阀开启，使部分水蒸气排出。当水温下降，冷却系中产生的真空度达到一定数值（一般为 10～20kPa），空气阀开启，空气经蒸汽排出管补充到冷却系内，以防止压力降低时冷却管及水箱被大气压瘪。

当柴油机处于热状态时，打开散热器盖应小心，要缓慢旋开散热器盖，以防高温蒸汽喷出，将人烫伤。

（2）膨胀水箱

① 膨胀水箱作用：给冷却液提供一个膨胀空间，及时除去冷却液中积滞的空气以及高温下产生的水蒸气，提高冷却效率。

② 膨胀水箱布置要求：膨胀水箱的底面至少应高出柴油机水道顶部或散热器上水室顶部300mm 以上；

③ 膨胀水箱总容积：占冷却系统总容积 10%；

④ 膨胀水箱液面要求：最低液面到膨胀水箱的底面距离不小于 35mm。

⑤ 液面容积不能超过膨胀水箱 2/3，以确保有足够的膨胀空间，防止喷水。

（3）水泵

柴油机都采用离心式水泵。

水泵的结构和作用如图 1.149 所示。

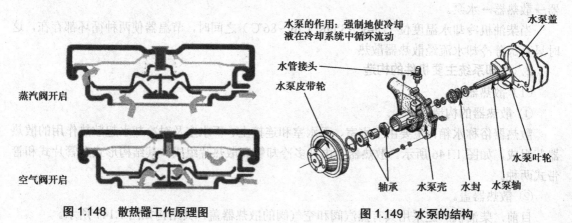

图 1.148　散热器工作原理图　　　　　图 1.149　水泵的结构

离心式水泵的工作原理如图 1.150 所示，当散热器内充满冷却水时，水泵壳体内也充满。叶轮在随水泵轴转动时，水泵中的冷却水被轮叶带动一起旋转，并在本身的离心力作用下，向叶轮的边缘甩出，然后经外壳上与叶轮成切线方向的出水管被压送到柴油机水套内。

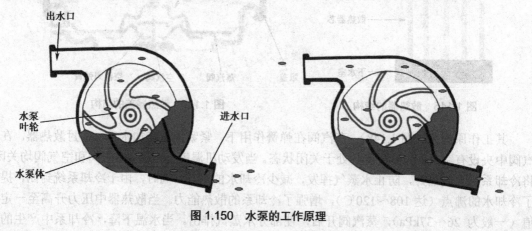

图 1.150　水泵的工作原理

72

（4）风扇离合器

风扇离合器的结构形式有硅油式、电磁式和机械式三种类型。硅油风扇离合器应用广泛。玉柴 YC6108 型柴油机使用了硅油风扇离合器，如图 1.151 和图 1.152 所示。

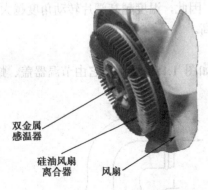

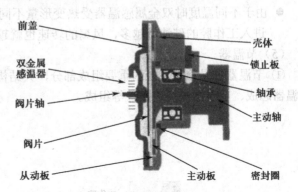

图 1.151　硅油离合器的外形图 图 1.152　硅油离合器的结构示意图

① 硅油风扇离合器的作用。

当冷却水温高时，离合器使风扇保持较高的转速；在冷却水温低的情况下，离合器具有较低的转速。

② 硅油风扇离合器的结构和工作原理。

a．硅油风扇离合器的结构如图 1.153、图 1.154、图 1.155 和图 1.156 所示。

b．硅油离合器的工作原理如图 1.157 所示。

● 冷却液温度低时进油孔关闭，硅油不能从贮油腔流入工作腔，离合器空转，风扇不转或慢转。

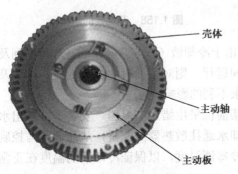

图 1.153　硅油离合器的结构 1 图 1.154　硅油离合器的结构 2

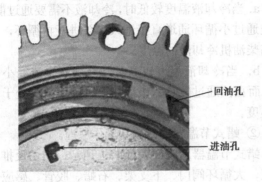

图 1.155　硅油离合器的结构 3 图 1.156　硅油离合器的结构 4

- 冷却液温度升高时通过散热器的气流温度也升高，双金属感温器受热变形而带动阀片转动，打开了进油孔。于是硅油从贮油腔进入工作腔，离合器处于接合状态，风扇转速升高。
- 由于不同温度时双金属感温器受热变形量不同，因此，温度越高阀片转动角度越大时，进入工作腔的硅油就越多，风扇的转速也就越高。

（5）节温器

① 节温器的是冷却系统的重要组成部分，其结构如图 1.158 所示。它由节温器盖、蜡式节温器总成、节温器座及连接件等组成。

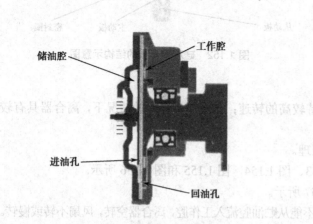

图 1.157　硅油风扇离合器的工作原理图

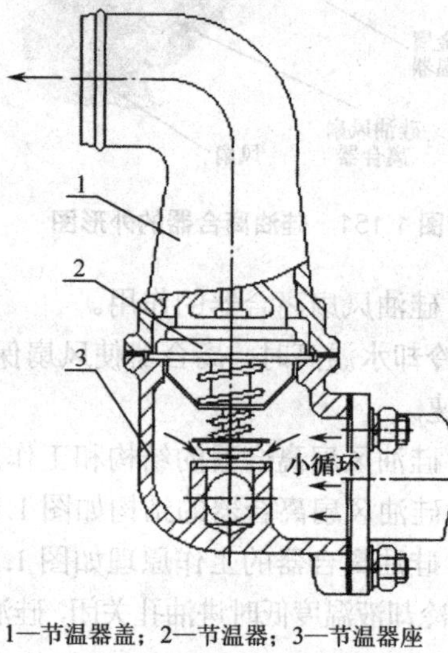

1—节温器盖；2—节温器；3—节温器座

图 1.158　节温器的结构

在柴油机刚起动或处于较低温度状态运行时，由于冷却液（水）温度较低，若得不到及时提高和长时间运行，则对柴油机的综合性能、排放及耐久性都将带来不利的影响。

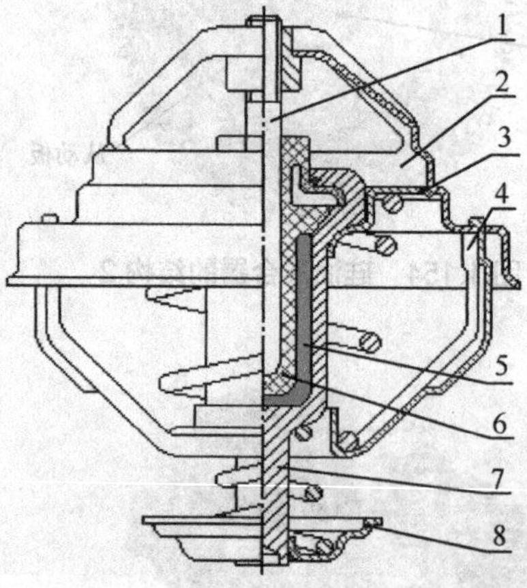

大多数柴油机采用蜡式节温器。安装于缸盖出水口处，控制冷却水通往散热器的流量，从而调节与控制流向散热器的冷却液温度，以保证冷却液的温度在正常范围内。

a. 当冷却液温度较低时，冷却液不需要通过散热器，而是通过小循环通道直接进入水泵进行再循环，以迅速提高柴油机冷却液的温度。

b. 当冷却液温度较高时，冷却液不流经小循环通道，而直接通过散热器来散热，保持柴油机处于最佳工作温度。

② 蜡式节温器的结构和工作原理。

蜡式节温器总成如图 1.159 所示，它由反推杆、上支架、大循环阀门、下支架、石蜡、胶管、感应体、小循环阀门、弹簧等组成。

1—反推杆；2—上支架；3—大循环阀门；
4—下支架；5—石蜡；6—胶管；7—感应体；
8—小循环阀门

图 1.159　节温器的结构

其工作原理是利用精制石蜡受热体积急剧膨胀的特性：当冷却液温度<76±2℃时，大循环阀门在弹簧力的压迫下处于关闭状态；当冷却液温度≥76±2℃时，节温器感应体受热使石蜡熔化，体积急剧膨胀，推动感应体外壳克服弹簧力的作用并向下移，逐渐关闭下部的小循环阀门并同时打开上部的大循环阀门。

冷却液温度达到约 86℃时，大循环阀门开度达最大值，而小循环阀门完全关闭，冷却液全部流向散热器作大循环。冷却液温度<76℃时，石蜡体积收缩，在弹簧力的推动下，大循环阀门完全关闭，小循环阀门开度达最大值，冷却液仅作小循环。

为确保柴油机的综合性能与排放指标及使用的耐久性，在正常使用时不要轻易拿掉节温器总成。

小　　结

① 冷却系统的任务是调节冷却强度，维持柴油机正常的工作温度。
② 冷却水的循环路线分大、小循环两种，是受节温器控制的。
③ 散热器盖上有蒸汽阀和空气阀，可防止散热器内压力过高或过低。
④ 离心式水泵的原理是叶轮带动冷却水旋转产生离心作用。
⑤ 硅油风扇离合器是由冷却水温度控制其工作的。

实训要求

实训：认识冷却系统的结构

1. 实训内容

结合冷却系统的拆装实习认识冷却系统的主要零部件的结构。

2. 实训目的要求

熟悉冷却系统的组成、主要零部件的结构、相互装配关系以及冷却水路，为拆装实习打基础。

复习思考题

1. 简答题

(1) 冷却系统的功用是什么？主要由哪几部分组成？
(2) 简述冷却系统的循环路线。
(3) 试述离心式水泵的工作原理。
(4) 简述具有蒸汽阀和空气阀的散热器盖的工作原理。
(5) 简述硅油风扇离合器的工作原理。
(6) 简述节温器的结构以及工作原理。

2. 判断题（正确打√、错误打×）

(1) 为防止柴油机过热，要求其工作温度越低越好。　　　　　　　　　　　　　　（　　）
(2) 冷却系统中的风扇离合器是调节柴油机正常工作温度的一个控制元件。　　　　（　　）

3．选择题

（1）水冷却系中，冷却水的大小循环路线由（　　）控制。

A．风扇　　　　　　B．百叶窗　　　　　　C．节温器　　　　　　D．分水管

（2）硅油风扇离合器转速的变化是依据（　　）。

A．冷却水温度　　　B．柴油机机油温度　　　C．散热器后面的气流温度

（3）在柴油机上拆除原有节温器，则柴油机工作时冷却水（　　）。

A．只有大循环　　　　　　　　　　　B．只有小循环

C．大、小循环同时存在　　　　　　　D．冷却水将不循环

1.2　柴油机的解体

通过本节内容的学习，使学生掌握柴油机解体的方法和步骤，了解解体时的注意事项。

目标

掌握柴油机解体的操作技能。

知识要点

1．柴油机解体前的准备工作及注意事项；

2．柴油机各部件的拆卸解体；

3．零部件的清洗。

柴油机的解体，目的是为了更好地对该机进行检修、鉴定和排除故障，有利于恢复和提高柴油机的性能和寿命。如果在解体过程中采用的措施不当，将会人为地造成柴油机零部件损坏。因此，解体作业质量的好坏，将直接影响柴油机检修质量、使用周期和维修成本。所以，在柴油机解体过程中，务必加以注意。本章主要是对YC4108、YC4110、YC4112、YC6105、YC6108、YC6112、YC6L、YC6M等系列柴油机的解体作简要的介绍，其他厂牌型号的柴油机解体工作是大同小异的，可以此参考。

在进行解体之前，首先要了解解体工作前要做那些工作和解体时该注意什么问题。

1.2.1　柴油机解体前的准备工作及注意事项

整机拆吊和解体前的准备工作如下。

1．向用户了解情况

柴油机有较大的问题，才需要解体修理。

柴油机出现故障的原因，一是产品本身质量问题；二是用户使用保养不当；三是维修人员技术操作水平欠缺造成的。因此，解体前需要向使用者了解故障产生的时间和迹象，以便掌握故障资料。需要了解的主要内容如下。

①　了解所发生故障（症状）是突发性的还是渐发性的。如果是突发性的，原因多属零件损坏或断水、断油所致。如是渐发性的，多属零件磨损、密封失效、零件配合变化或失调所致。

② 了解故障发生前有什么样的症状预兆。是柴油机排气烟色情况、呼吸器排气情况？还是出现异响（异响可疑部位在哪）？柴油机转速或功率是否变化？掌握这些情况，有利于确定故障部位。

③ 了解或实地观察各仪表反映的情况，如水温高低、机油压力变化情况、柴油机提速情况等，以便确定故障系统或部位。

④ 使用保养情况：如用过什么样的油（燃油、机油）？换过哪种零件？什么人进行修理的？维修前后柴油机使用情况变化如何？以此初步判断是人为造成的故障还是机械故障。

2．故障初步判断

根据初步掌握的各种情况，对柴油机出现的故障现象和故障零件进行分析、判断，以便在解体时对怀疑故障部位进行重点检查。例如，烧轴瓦或冲汽缸垫等与螺栓紧固有关的部位，在拆卸时，先对螺栓的扭力进行测定。如果扭力不足，故障原因可能是螺栓紧固力不足造成的。又如机油压力过低，在拆卸前必须先检查机油是否足够、质量是否合格，不能把机油一放了之，破坏现场会增加维修的难度。

3．准备解体所需的工具、量具

拆卸解体柴油机，除了应该备有常用的手工工具外，还必须准备表 1.5 列出的专用工具和量具。

4．柴油机解体的注意事项

① 选定合适的拆卸场地，应选正规的维修车间，起码也应选择在比较干净的水泥地面上进行。如果在野外作业，必须找木板或其他硬纸板来托垫零件，以保证零件清洁，免受灰尘污染或丢失。

② 放干净机油及冷却液（注意防止污染环境），清洗柴油机四周的灰尘及油污。

③ 注意操作规程及方法，正确使用工具，用力均匀恰当，按拆卸顺序解体，不能盲目随意乱敲乱撬，以免损坏零件或工具。

④ 合理摆放零件：最好使用零件架，起码也应有干净的木板垫放。配对件（如连杆、活塞、轴瓦及缸盖、喷油器等）应按顺序摆放在一起并配对标记，对重要零件接头，要装上防尘保护罩。各缸的零件要按顺序摆放，以便装复时能装回原磨合副。螺钉、螺母最好装回原件上，以免装错或丢失。

⑤ 部分因锈蚀或操作不当而造成拆卸困难的零部件，可以通过加机油、柴油浸润或加热、焊接附加件进行分解。

在拆卸过程中时刻注意人身安全和设备安全，特别注意防火。

表 1.5　柴油机拆装专用工具

工 具 名 称	形　状	用　途
厚薄规（塞尺）		测量气门间隙、曲轴轴向间隙、凸轮轴轴向间隙、齿轮啮合间隙等
齿轮拉轮器		拆卸各种齿轮
气门导管装拆工具		拆卸或安装气门导管

续表

工具名称	形 状	用 途
拆卸汽缸套工具	ϕ107.5 ϕ104.5	拆卸汽缸套
气门与气门座研磨工具		研磨气门与气门座的密封面
皮带轮减振器总成拉轮器		拆卸皮带轮减振器总成
活塞环装拆工具		拆卸和安装活塞环
活塞环夹紧工具		活塞组件装入汽缸套
摇臂衬套拆装器		拆卸和安装摇臂衬套

1.2.2 柴油机各部件的拆卸解体

图 解	操作步骤及技术要求
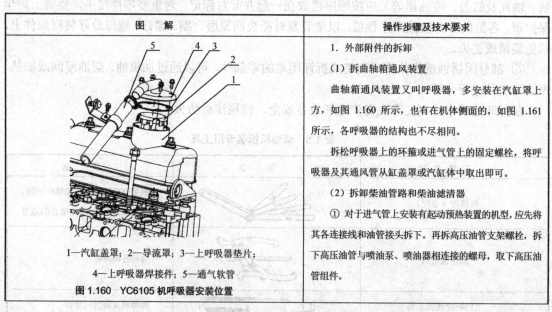 1—汽缸盖罩；2—导流罩；3—上呼吸器垫片； 4—上呼吸器焊接件；5—通气软管 **图 1.160 YC6105 机呼吸器安装位置**	1. 外部附件的拆卸 （1）拆曲轴箱通风装置 曲轴箱通风装置又叫呼吸器，多安装在汽缸罩上方，如图 1.160 所示，也有在机体侧面的，如图 1.161 所示，各呼吸器的结构也不尽相同。 拆松呼吸器上的环箍或进气管上的固定螺栓，将呼吸器及其通风管从缸盖罩或汽缸体中取出即可。 （2）拆卸柴油管路和柴油滤清器 ① 对于进气管上安装有起动预热装置的机型，应先将其各连接线和油管接头拆下。再拆高压油管支架螺栓，拆下高压油管与喷油泵、喷油器相连接的螺母，取下高压油管组件。

图　解	操作步骤及技术要求

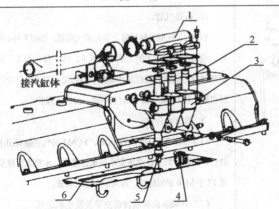

1—油气分离器；2—油气分离器通管；3—油气分离器体；
4—钢丝绒；5—回油管接头；6—盖板组件

图 1.161　YC6L 机呼吸器安装位置

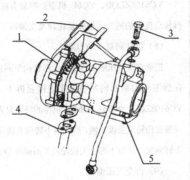

1—增压器；2—旁通阀；3—进油管螺栓；
4—回油管焊接件；5—底座紧固螺母

图 1.162　YC4110 机增压器部件

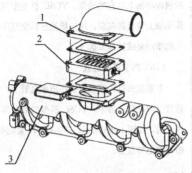

1—进气接头；2—空气加热器；3—进气管

图 1.163　YC4110 机进气管组件

② 拆低压油管，YC6112 机型，在低压油管上串接有一个燃油分配器，应先拆下喷油器回油管与燃油分配器的连接，再拆下输油泵至柴油滤清器和柴油滤清器至喷油泵油管组件，拆下柴油滤清器总成，接着拆下燃油分配器至输油泵和喷油泵的油管组件，最后拆下燃油分配器。其他不装燃油分配器机型的，只要依次拆下各油管组件、柴油滤清器及其支架等即可。

（3）拆喷油泵机油进、回油管及增压补偿器进气管

分别把高压油管上的机油进油管、机油回油管（YC6L、YC6108ZLQB 机型）、增压补偿器进气管两端的管接头、过渡螺栓或铰接螺栓拆掉，即可把油管和进气管取下。VE 泵上无机油进、回油管。

（4）拆风扇和水泵总成

柴油机冷却风扇一般有钢板风扇、工程塑料风扇、硅油离合器风扇三大类。根据各机型要求不同，安装位置也有不同，有的装在水泵轴上，有的装在独立支座上，也有的装在曲轴小头上。拆卸时只要把风扇前端的 4 个风扇固定螺栓拆下即可取出风扇总成，然后拆下水泵总成。

（5）拆增压器

如图 1.162 所示，拆下增压器进油管、回油管、4 只底座紧固螺母（注意这 4 个螺母为耐热材料制成的特殊螺母，不能丢失或错装）和增压器两端连接管即可把增压器取下。多数机型的增压器上都装有旁通阀，在拆卸时，不要拆动其调整杆，以免影响柴油机进气压力。

注意：不要将增压器的执行机构作为拎把来搬动增压器。

（6）拆进、排气管及出水总管

① 拆进气管。

根据机型的不同，进气管有整体结构的，如图 1.163 所示，也有分体（分两节）结构的（只适用与非增压机型）。整体结构的串联一个或多个空气滤清器，分体结构的并联两个空气滤清器，部分机型在进气管口端装有空气加热器，拆卸时把进气管紧固螺栓松掉即可。

图　解	操作步骤及技术要求

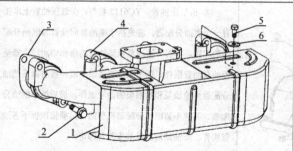

1—排气管罩；2—排气管螺栓；3—排气管垫片；
4—排气管；5—排气管罩螺栓；6—垫圈

图 1.164　YC4112 机排气管组件

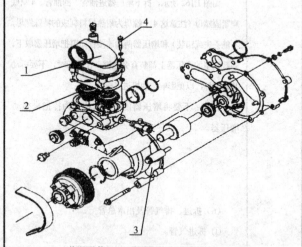

1—节温器盖；2—节温器；3—水泵体；4—螺栓

图 1.165　YC6L 机水泵总成

② 拆排气管。

YC4112 机型的排气管上装有排气管罩，如图 1.164 所示，应将排气管罩上的紧固螺栓拆下，取下排气管罩，再把排气管上的紧固螺栓从两端往中间拆除，取下排气管。排气管上所有螺栓为耐热材料制造，应注意保管。

③ 拆出水总管。

YC4108、YC6105、YC6108、YC6M 等机型装有出水总管，拆卸时只要拆除水泵小回水管接头、水箱水管接头及 12 个 M10 紧固螺栓，即可取下出水总管。

（7）拆柴油机前端传动皮带及发电机总成

① 根据机型不同，分别拆松发电机总成及张紧轮的调节螺栓，将各传动皮带取下。

② 拆下发电机及支架。

YC6108ZLQB、YC6L 机型前端装有皮带张紧轮，拆传动皮带的同时，把张紧轮轴及支架拆下。

（8）拆转向泵（助力泵）

把装在空气压缩机连接轴上的转向泵固定螺栓拆下，在拆下转向泵的同时将十字连接套拆下。YC4110、YC6108ZQ 及少部分 YC6112 机型的转向泵为齿轮传动，安装在齿轮室盖板一侧，应先拆下转向泵传动齿轮，再拆下转向泵。注意不可丢失齿轮的半圆键和 O 形密封圈。

（9）拆空气压缩机

拆除空气压缩机盖的进回水管（风冷机无此结构）、拆下空气压缩机进油管，再拆下空气压缩机与齿轮室的固定螺栓及传动齿轮，将空气压缩机取下。

注意：YC6105 及 YC6108 部分机型的空气压缩机后端传动轴上装有喷油泵。YC6L 机型空气压缩机后端传动轴上装有转向泵，这些机型在拆空气压缩机时，应先把喷油泵或转向泵拆下。

（10）拆节温器总成

多数柴油机的节温器装在出水总管上，在拆下出水总管的同时把它拆下。YC6L 机型的节温器是装在水泵体上的，如图 1.165 所示。应先把 M8 紧固螺栓 4 拆下，即可取出节温器。

图　解	操作步骤及技术要求
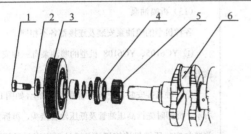 1—皮带轮压紧螺栓；2—曲轴头垫片；3—减振器； 4—机油泵驱动齿轮；5—曲轴正时齿轮；6—曲轴 **图 1.166　YC4112 减振器拆卸** 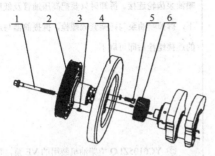 1—皮带轮螺栓；2—皮带轮；3—圆柱销；4—硅油减振器； 5—螺栓（内六角螺钉）；6—曲轴正时齿轮 **图 1.167　YC6L 减振器** 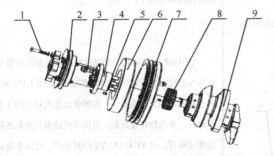 1—螺栓 M10×75；2—空调皮带轮；3—螺栓；4—连接轴； 5—圆柱销；6—硅油减振器；7—皮带轮；8—曲轴齿轮；9—曲轴 **图 1.168　YC6105ZLQ 减振器** 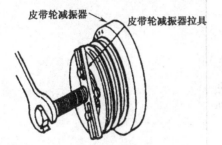 **图 1.169　拆减振器**	（11）拆水泵总成 　装在柴油机前端的水泵总成，拆卸时只要把水泵进水胶管、空气压缩机进水管及水泵的紧固螺栓拆下即可取下水泵总成。对于 YC6112 机型，必须先拆松水泵与机油散热器进水管的环箍，才能拆下水泵总成。 （12）拆皮带轮和减振器 　皮带轮减振器一般都是装在柴油机曲轴前端，对于YC4108、YC4110、YC4112、YC6112 机型，只要把曲轴小头端上的皮带轮紧固螺栓拆掉即可取下，如图 1.166所示。拆 YC6L 机型的减振器，如图 1.167 所示，须先拆掉 6 个皮带轮紧固螺栓，把皮带轮及减振器拆下，再把皮带轮与减振器连接的 6 个内六角螺钉拆下，才能把皮带轮与减振器分离。 　YC6105ZLQ 机型，应先拆风扇紧固螺栓，把风扇及空调皮带轮拆下，再拆连接轴上 6 个螺栓，最后把连接轴和硅油减振器及皮带轮拆下，如图 1.168 所示。 　对于 YC6108 机型，只要拆下空调皮带轮螺栓及皮带轮螺栓即可。 　注意：在取下皮带轮减振器时，必须用专用的拉具靠在皮带轮减振器的内圈上加力，如图 1.169 所示，切勿敲击，以免损坏减振器内外圈之间的橡胶层，造成事故隐患。

续表

图　解	操作步骤及技术要求

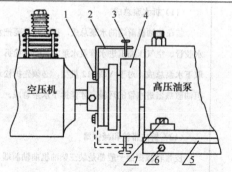

1—连接螺钉；2—检测架；3—调测螺钉；4—提前器；

5—喷油泵托架；6—托架螺钉；7—喷油泵紧固螺钉

图 1.170　空压机轴与喷油泵（高压油泵）轴不同轴度的检查

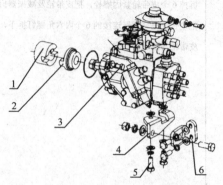

1—槽形连接板；2—连接凸缘；3—螺栓 M8×35；4—喷油泵托架；

5—螺栓 M10×25；6—喷油泵支架

图 1.171　YC6105ZLQ 喷油泵总成示意图

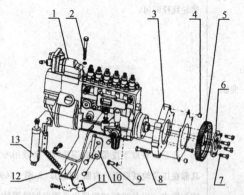

1—喷油泵；2—螺栓 M8×35；3—连接板；4—定位套；5—喷油泵齿轮；

6—喷油泵正时调整板；7—螺栓；8—螺栓 M10×55；9—螺栓 M10×40；

10—支架子；11—托架；12—螺栓 M10×20；13 断油管组件

图 1.172　YC6112 喷油泵总成

（13）拆喷油泵

各种机型的喷油泵安装及连接都各不相同。

① YC6105、YC6108 机型的喷油泵有三种安装连接方式。

第一种直接安装在空气压缩机传动轴上，如图 1.170 所示。拆卸时先拆高压油管及低压油管接头，再拆掉提前器与空气压缩机连接螺栓及喷油泵底座与托架紧固螺栓，即可把喷油泵拆下。

② 第二种为喷油泵通过传动轴套与正时齿轮室的喷油泵齿轮连接。拆卸时只要把高压油管及低压油管拆下，拆掉喷油泵与托架紧固螺栓，拆提前器与连接轴套的连接螺栓后即可取下。

③ YC6105ZLQ 型柴油机装用的 VE 泵，直接与空压机连接，如图 1.171 所示。拆卸时只要把高低压油管拆下，拆掉喷油泵与空压机连接螺栓及喷油泵与机体紧固螺栓后即可取下。

YC4108、YC4112、YC6112 机喷油泵的安装都是直接与正时齿轮室喷油泵齿轮连接的，如图 1.172 所示。先把高低压油管接头拆下，拆掉喷油泵齿轮上的 4 个紧固螺栓，拿出齿轮及压板，再拆掉喷油泵与油泵连接板的螺栓即可。对 YC4110、YC4108 机型，喷油泵是通过提前器与喷油泵齿轮连接的，如图 1.173 所示。拆卸时，先把提前器与喷油泵齿轮连接的 4（或 6）个螺栓拆下，把提前器取出，才能按照上述方法取下喷油泵。

图　解	操作步骤及技术要求
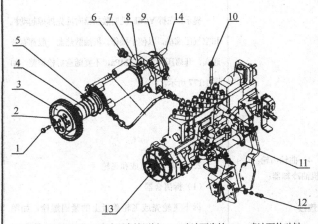 1—喷油泵；2—连接板；3—喷油泵齿轮；4—提前器 **图1.173　YC4110喷油泵总成** 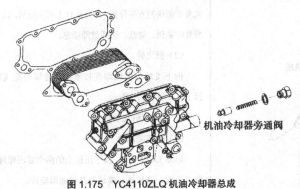 1—螺栓M10×30；2—喷油泵齿轮压板；3—喷油泵齿轮；4—喷油泵传动轴； 5—螺栓M10×25；6—调整螺套；7—喷油泵传动轴套；8—螺栓； 9—螺栓M12×45；10—螺栓；11—断油装置；12—螺栓；13—外花键； 14—螺栓M8×20 **图1.174　YC6L喷油泵总成** **图1.175　YC4110ZLQ机油冷却器总成** 机油冷却器旁通阀	④ YC6L机型喷油泵是通过喷油泵传动轴与喷油泵传动外花键连接的，如图1.174所示。拆卸时，拆下高低压油管接头，拆下喷油泵齿轮上的4个紧固螺栓及传动轴与齿轮室的连接紧固的3个螺栓，再把喷油泵托架紧固螺栓及传动轴套与机体的紧固螺栓拆除，把喷油泵连同传动轴一起取下，再拆下喷油泵与传动轴的连接螺栓，便可分离喷油泵。 注意：凡是在拆卸喷油泵时，都应将喷油泵转到第一缸供油时刻并打好喷油泵与各连接件的关联记号，以便再次安装时不至于弄错供油时刻。另外，在拆喷油泵时，可同时把喷油泵连接板拆下，喷油泵连接是通过两个定位套与齿轮室盖板定位的。如果定位套或定位孔损坏，将会影响到喷油泵齿轮与惰齿轮的啮合间隙。 （14）拆起动机 拆下起动机与飞轮壳连接螺栓，便可把起动机拆下。 注意：有些机型在起动机与飞轮壳之间装有调整垫片，拆卸时不要丢失。 （15）拆机油滤清器和细滤器 YC6112、YC6L机型的两只机油滤清器并联装在机油冷却器上，拆卸时须用专用扳手套在滤清器外圆面上，拧松滤清器即可卸下。其他机型的粗滤器和细滤器，只要将机油滤清器总成盖上的紧固螺栓拆掉即可取下。 （16）拆机油散热器 机油散热器结构形式分为两种，一种是水腔开在机体壁上，称为内置式，YC4108、YC6108ZLQ、YC6L、YC6M机型就是这种结构，如图1.175所示。另一种是机油冷却芯和水腔单独组成一体，为单体式，YC6105ZLQ、YC6108ZQ和YC6112机属于这种结构，如图1.176所示。拆卸时，只要把散热器盖上的出水管接头、增压器进油管接头及散热器盖上的紧固螺栓拆掉即可取下。注意：YC6112机型，机油泵的出油管直接插入散热器体上的机油滤清器进油口，拆卸时要特别小心，不可弄坏进油口上的O形密封圈。

83

图　解	操作步骤及技术要求
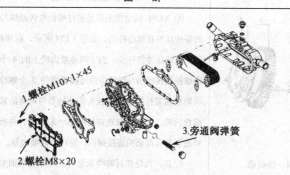 1.螺栓M10×1×45 2.螺栓M8×20　　3.旁通阀弹簧 **图 1.176　YC6112 机油冷却器总成**	拆卸时,应根据不同机型不同结构,分别把散热器上的进出水管接头、增压器机油管接头、喷油泵机油进油管接头或空压机进油管接头及散热器盖上的紧固螺栓拆掉,即可取下散热器盖,然后将机油冷却器芯拆下。
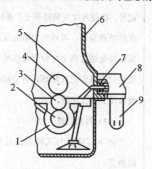 1—机油泵;2—机油泵齿轮;3—机油泵传动齿轮;4—曲轴齿轮; 5—机油泵出水管;6—机体;7—O 形圈;8—机油冷却器; 9—机油滤清器 **图 1.177　YC6112 机油泵与冷却器的连接**	提示:在拆 YC6L 机型散热器时应先拆掉起动机和空气压缩机,以便于操作。机油散热器一般都有旁通阀,开启压力为 0.55MPa,不要随意拆松调整,如图 1.177 所示。 **2. 拆离合器总成和飞轮** （1）拆离合器 拆下飞轮壳或飞轮盖板上的紧固螺栓,如图 1.178 所示。把飞轮壳或飞轮壳盖板取下,拆下离合器压盘总成与飞轮连接螺栓,即可把离合器总成拆下。
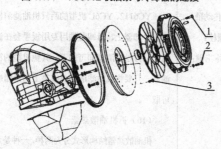 1、2—离合器螺栓;3—飞轮螺栓 **图 1.178　YC4110ZLQ 曲轴及飞轮总成**	注意:产品出厂时,厂家对曲轴、离合器总成及飞轮均作过整体平衡。拆卸时,应特别注意其连接方式及平衡块的安装位置,最好能打上对应标记,以免装复时装错、装乱,造成故障隐患。 （2）拆飞轮 拆下飞轮与曲轴端连接紧固螺栓即可把飞轮拆下,如图 1.178 所示。 **3. 拆卸汽缸盖零部件** （1）拆卸喷油器 如图 1.179 所示,拆下压板上的两个紧固螺母,取下压板、密封垫、喷油器及喷油器垫片。
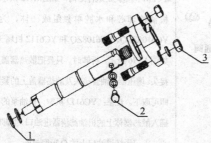 1—喷油器垫片（调整偶件凸出缸盖面高度）;2—回油管接头螺栓; 3—紧固螺母 **图 1.179　YC4112 喷油器总成**	注意:按数量将铜垫与相对应的喷油器配对存放,并用适量黄油黏住垫片,以免丢失,喷油器要按相应的缸号排列并做好标识。

图　解	操作步骤及技术要求

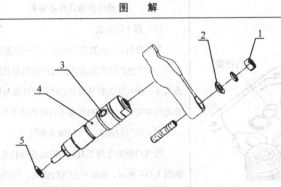

1—喷油器螺母；2—半球形压紧垫圈；3—高压连接管口；

4—回油口；5—喷油器垫片

图 1.180　YC6L 喷油器总成

对于 YC6L 机型，喷油器装在四个气门之间，须先拆掉汽缸盖罩后才能拆卸。在拆喷油器前应先把喷油器高压油管拆掉，再把喷油器螺母拆掉即可，如图 1.180 所示。

（2）拆汽缸盖罩

汽缸盖罩有多种形式，拆卸时只要拆下罩上的紧固螺栓即可。

注意：取下汽缸盖罩时，应轻轻提起，以免将垫片损坏。

（3）拆卸汽缸盖螺栓

拆卸汽缸盖螺栓，必须按图 1.181 和图 1.182 所示顺序分两次拆松。

提示：拆汽缸盖螺栓时，应暂时不要把摇臂两端的摇臂座上的螺栓拆下，以防摇臂轴组件散架。

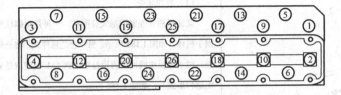

图 1.181　YC6112 机型拆汽缸盖螺栓顺序

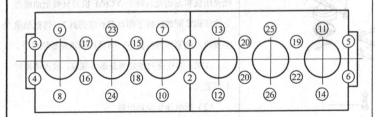

图 1.182　YC6105 机型拆汽缸盖螺栓顺序

（4）拆卸摇臂总成

玉柴产品摇臂轴分为一缸一轴（如 YC6L、YC6M 机）、一机一轴（YC6112、YC4112、YC4108、YC4110）、三缸一轴（YC6108、YC6105）。

拆卸时，对一缸一轴机型，只要拆掉摇臂座螺栓及摇臂轴螺栓。对一机一轴机型，只要拆掉摇臂座上的缸盖长螺栓。对三缸一轴机型，只要拆掉所有摇臂座螺栓，即可把摇臂总成拆卸解体，如图 1.183 所示。

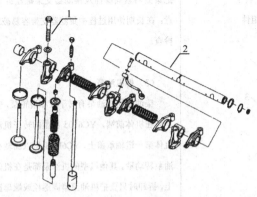

1—螺栓；2—摇臂轴

图 1.183　YC6108ZLQ 配气机构总成

图 解	操作步骤及技术要求
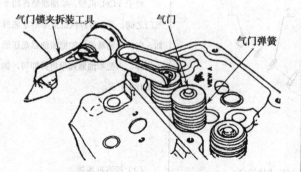 气门锁夹拆装工具　气门　气门弹簧 图 1.184　拆气门锁夹 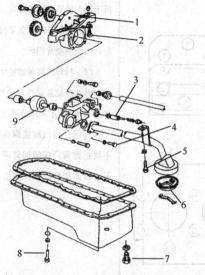1—机油泵；2—螺栓；3—安全阀；4—螺栓；5—螺栓； 6—滤网；7—放油螺塞；8—螺栓；9—转子 **图 1.185　YC6112 油底壳及机油泵组件** 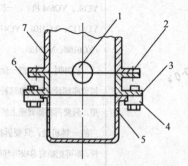1—曲轴；2—板块紧固螺栓；3—轴承座板块；4—压码； 5—油底壳；6—紧固螺栓；7—机体 **图 1.186　YC6M 机油壳安装图**	（5）拆下汽缸盖 　　取出推杆，在汽缸盖中间装上两根汽缸盖螺栓及吊耳，在慢慢起吊汽缸盖的同时用铜锤对其四个角轻振几下，使汽缸盖容易脱离机体。汽缸盖与机体连接靠定位套定位，拆卸时注意不可碰伤或丢失。 　　（6）拆气门锁夹、气门弹簧和气门 　　用气门拆装专用工具，与汽缸盖螺栓孔相配合，如图 1.184 所示。按顺序把气门锁夹、气门弹簧、气门座取下，再翻转汽缸盖取出气门，并按顺序整齐排列放好。 　　4．拆油底壳、机油集滤器组件和机油泵 　　（1）拆油底壳 　　柴油机油底壳紧固形式分两种，一种是用螺栓紧固于机体，如图 1.185 所示。另一种是悬浮式，将油底壳与轴承座板块通过压码扣起来（YC6M 机型就是采用这种形式），如图 1.186 所示。 　　拆卸时，只要拆下油底壳紧固螺栓就可以拆下油底壳压板和油底壳。对于 YC6M 机型只要把油底壳上的压码紧固螺栓拆下即可把油底壳拆下。再把轴承座板块上的紧固螺栓拆下，即可把轴承座板块取下。 　　注意：油底壳放油螺塞是磁性螺塞，检查清洗时不可丢失。 　　（2）拆机油集滤器组件 　　如图 1.185 所示，拆卸机油集滤器组件，只要先把集滤器紧固螺栓及集滤器支架螺栓拆下即可。注意：在长期使用过程中集滤器支架容易破裂，应注意检查。 　　（3）拆机油泵 　　柴油机的机油泵有转子泵和齿轮泵，安装位置都是装在机体前端。YC6105 机型的转子机油泵安装在机体第一道轴承盖上，YC6M 机型以曲轴小头作为机油泵转动轴。其他机型的机油泵都是在机体前端面底上，拆卸时只要把机油泵紧固螺栓或螺母拆下即可取下。YC4110、YC4112 系列机型此时还不能拆下机油泵，须拆下齿轮室后方可拆下。

续表

图　解	操作步骤及技术要求

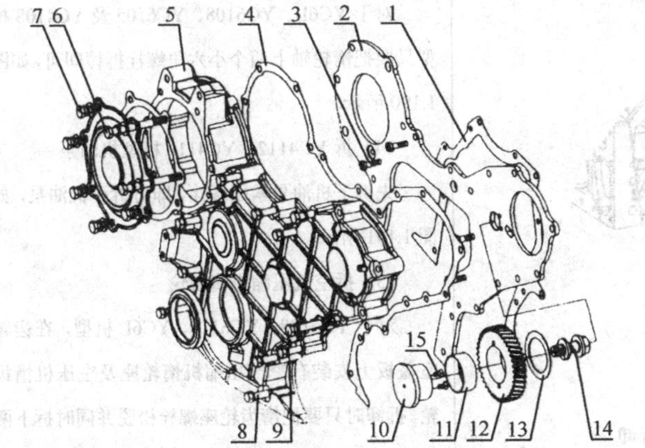

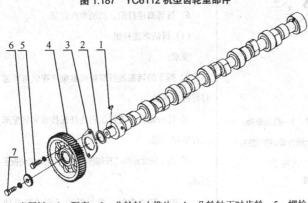

1—齿轮室盖板垫片；2—齿轮室盖板；3—盖板螺栓；4—齿轮室垫片；
5—齿轮室；6—螺栓 M10×100；7—螺栓 M10×20；8—螺栓 3/8×2.25；
9—螺栓 M10×60；10—空气压缩机惰轮；11—惰齿轮衬套；12—惰齿轮；
13—减磨板；14—惰齿轮螺栓；15—M6 沉头螺钉

图 1.187　YC6112 机型齿轮室部件

1—半圆键；2—隔套；3—凸轮轴止推片；4—凸轮轴正时齿轮；5—螺栓
3/8-16×0.75；6—垫片；7—螺栓 M12×30

图 1.188　YC6112 机型凸轮轴组件

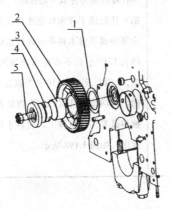

1—防磨板；2—惰齿轮；3—惰齿轮衬套；
4—惰轮轴；5—惰轮轴螺栓

图 1.189　YC4110 机型惰齿轮拆卸

5. 拆齿轮室凸轮轴等零件

（1）拆齿轮室

如图 1.187 所示，拆下齿轮室周边各紧固螺栓，用铜锤敲击振松齿轮室并取下。

（2）拆凸轮轴

如图 1.188 所示，一般情况下拆凸轮轴是连同凸轮轴齿轮一起拆下，这时只要把凸轮轴止推片的两个紧固螺栓松脱，用手握住凸轮轴齿轮，一边旋转凸轮轴，一边慢慢往外拉即可拆下。但必须小心，在往外拉时不可出现重大撞击，以免撞伤凸轮轴或凸轮轴轴承。

如果有时只需要拆下凸轮轴齿轮时，则可以先把凸轮轴齿轮固定螺栓和垫圈拆掉，再装回凸轮轴齿轮紧固螺栓，用齿轮拉具将凸轮轴齿轮拉出。

注意：不可损坏或丢失凸轮轴上的半圆键。

（3）拆卸惰轮轴及惰齿轮

如果在拆卸前发现齿轮室有异响，则在拆卸惰轮轴前，应该先检查惰轮轴轴向间隙，以确定异响源。对于 YC6112、YC4112、YC4110 机型只要把惰轮轴螺栓拆下即可，如图 1.189 所示。

图　解	操作步骤及技术要求
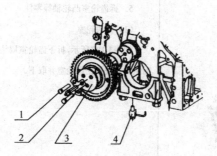 1—螺栓 M10×55；2—惰轮轴锁片； 3—惰齿轮挡板；4—喷钩 **图 1.190　YC6105 机型惰齿轮拆卸** 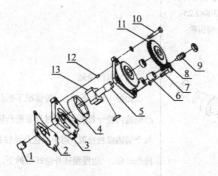 1—机油泵轴衬套；2—垫片；3—机油泵盖；4—外转子；5—机油泵轴； 6—安全阀；7—螺栓 M8×30；8—安全阀弹簧；9—安全阀弹簧调整螺钉； 10—螺栓；11—从动齿轮；12—衬套；13—内转子 **图 1.191　YC4112 机油泵总成** 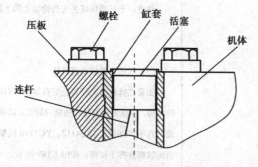 **图 1.192　YC6L、YC4110 型紧固汽缸套方法**	对于 YC6L、YC6108、YC6105 及 YC4108 机型只要把惰轮轴上两个小六角螺栓拆掉即可，如图 1.190 所示。 （4）拆 YC4112、YC4110 机型机油泵 　先拆下机油泵紧固螺栓，即可拆下机油泵，如图 1.191 所示。 （5）拆空气压缩机惰齿轮 　对于 YC6108、YC6112、YC6L 机型，在齿轮室盖板上安装有空气压缩机惰轮轮座及空压机惰齿轮。拆卸时只要把惰齿轮座螺栓松脱并同时拆下两个 M6 的沉头螺钉即可，如图 1.187 所示。 （6）拆齿轮室盖 　拆下齿轮室盖板（图 1.187）周边的紧固螺栓，用铜锤轻轻敲击振松齿轮室盖板并拆下。 6. 拆活塞连杆组、曲轴和汽缸套 （1）拆活塞连杆组 　要求： 　① 拆下的活塞连杆组按汽缸顺序在活塞顶部打好标识安放。 　② 连杆螺栓、连杆盖和连杆瓦按原来装配形式拧装在一起。 　③ 为了防止损伤连杆螺栓螺纹，不能用气动扳手拆卸。 　方法：转动曲轴，将要拆的活塞连杆总成转到下止点，用扭力扳手和套筒交叉分步拆掉连杆螺栓螺母并取下连杆盖。用软金属（如铜、铝）托板或干净木板把连杆大头托起，再用软金属棒或手锤木柄推出连杆总成。注意：在操作过程中小心不要碰伤曲轴连杆轴颈及汽缸壁。YC6L 及 YC4110 机型缸套与机体是动配合的，拆活塞连杆时，应先用缸盖螺栓串两块压板将缸套压在机体上，然后才能把活塞连杆组推出，如图 1.192 所示。

图　解	操作步骤及技术要求
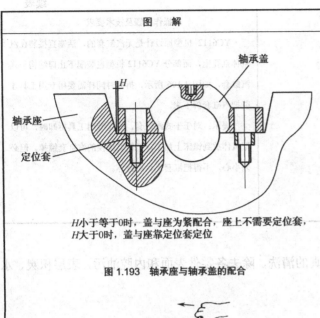 H小于等于0时，盖与座为紧配合，座上不需要定位套，H大于0时，盖与座靠定位套定位 **图1.193 轴承座与轴承盖的配合** 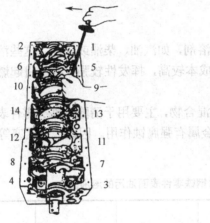 **图1.194 拆曲轴** 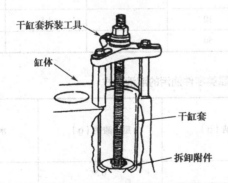 **图1.195 拆干式汽缸套**	（2）拆曲轴 要求： ① 先用扭力扳手检查各道螺栓紧固力矩是否符合规定，以此作为分析轴瓦故障的依据。 ② 轴承盖与轴承座的配合YC4108、YC6105、YC6108机型属于动配合，定位套定位。其余机型属于紧配合，其定位靠机体轴承座加工来保证，拆卸轴承盖时，有一定难度，应小心操作，如图1.193所示。对于YC6L机型，轴承盖中间处有一螺孔，是用来拆吊轴承盖的；对于YC6M机型，所有轴承盖同在一体上，靠两端两个定位销来定位。 ③ 拆下的轴瓦应与对应的轴承盖放在一起。 方法：用扭力扳手从曲轴两端向中间分两次拆松轴承盖紧固螺栓，如图1.194所示，分别取下轴承盖（对于YC6M机型只能整体取下），将曲轴小心吊出放在干净的支承物上。 （3）拆卸汽缸套 柴油机用缸套有湿式与干式两种。对于湿式缸套，缸套与机体为动配合，拆卸时只要用软金属棒或木棒从下往上敲推汽缸套下端即可出来。拆干式汽缸套，如是过盈配合的，必须使用专用的汽缸套拆卸工具拉出，如图1.195所示；如是动配合，与湿式缸套拆卸方法相同。

续表

图　解	操作步骤及技术要求
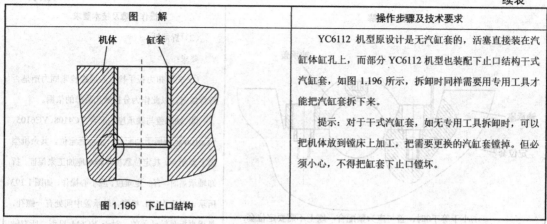 机体　　缸套 图 1.196　下止口结构	YC6112 机型原设计是无汽缸套的，活塞直接装在汽缸体缸孔上，而部分 YC6112 机型也装配下止口结构干式汽缸套，如图 1.196 所示，拆卸时同样需要用专用工具才能把汽缸套拆下来。 　　提示：对于干式汽缸套，如无专用工具拆卸时，可以把机体放到镗床上加工，把需要更换的汽缸套镗掉。但必须小心，不得把缸套下止口镗坏。

7. 零部件的清洗

拆卸解体后的零部件，必须进行认真的清洗，除去各零件表面和内腔油污，表层积炭、水垢和铁锈等。

清洗的方法如下。

（1）清洗油污

清洗油污，通常采用挥发性较强的溶剂，如汽油、柴油或煤油。这些溶剂容易购买，使用方便，对零件无损伤、清洗效果好，但成本较高，挥发性较强，容易引起燃烧事故。一般只用于清洗要求较高的精密配合件。

另一种采用碱或碱性盐配制的碱性混合物，主要用于清除钢铁类零件表面油污。常用碱性溶液配方见表 1.6。由于强碱性对有色金属有强腐蚀作用。因此，对活塞等有色金属零件的油污，应采用表 1.7 所列的碱性溶液。

表 1.6　清除钢铁零件表面油污的溶液配方

品名 类别	苛性钠（g）	碳酸钠（g）	硅酸钠（g）	液态肥皂（g）	磷酸三钠（g）	水（g）
A	7.5	50	10		1.5	1000
B	20		50	30		1000

表 1.7　清除有色金属类零件油污的溶液配方

品名 类别	碳酸钠（g）	硅酸钠（g）	重铬酸钠（g）	水（g）
A	10		0.5	1000
B	4	1.5		1000

当用碱性溶液清除零件油污时，应先将溶液加热到 80~90℃。零件油污被清除干净后，须用热水及时冲洗零件，除去零件表面残留的碱性溶液，防止零件被锈蚀，最后用压缩空气吹干，

在结合面上涂一层薄薄的机油膜。一般情况下推荐使用 GF-Ⅲ型金属清洗剂，方便、安全、清洗效果好。

注意：以上所述化学品有腐蚀性，操作过程应小心谨慎并做好防护措施。

（2）清除积炭

积炭主要是柴油机燃烧不良和机油窜入汽缸燃烧的产物，它主要出现在燃烧室周围零件的表面。零部件积炭后，机器将会出现运动阻力增大，不灵活，影响功率的输出。零件表面积炭过多，机件散热不好，容易出现高温。如果是活塞及活塞环严重积炭，将会导致活塞拉缸、活塞环卡死或折断。喷油嘴喷油孔积炭堵塞，柴油机将无法正常工作。因此，在柴油机维修过程中，积炭的清除必须引起高度重视。

清除零件表面积炭常用的工具有：刮刀、铲刀、金属丝刷等，如图 1.197 所示为清除气门积炭，如图 1.198 所示为清除活塞顶面积炭。此法简单易行，但清除不够彻底，而且容易在零件表面留下划痕。

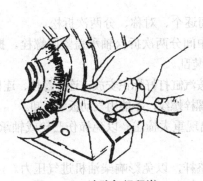

图 1.197　清除气门积炭

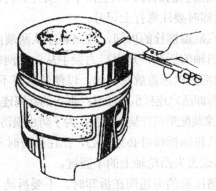

图 1.198　清除活塞顶面积炭

清除积炭的另一种方法是采用退炭剂清除。方法是将带积炭的零件浸泡于退炭剂（温度为80～90℃）中保持 2～3 小时，待积炭软化后，用刷子或抹布将积炭擦去，再用热水冲洗并用压缩空气吹干。

钢铁类和铝合金类所用退炭剂的配方分别见表 1.8 和表 1.9。

（3）除铁锈

空气中的氧和水分作用于钢铁类零件表面时会很容易产生锈蚀，锈蚀直接影响零件表面质量，使用中必须彻底清除。除锈工具通常用钢丝、刮刀、铲刀、砂布等，操作时注意不可损伤零件加工表面。

表 1.8　钢铁类零件退炭剂配方

类　别 \ 品名	苛性钠（g）	碳酸钠（g）	重铬酸钠（g）	硅酸钠（g）	肥皂（g）	水（g）
A	25	31		1.5	8.5	1000
B	100		5			1000
C	25	31	5	10	5	1000

表 1.9　铝合金类所用退炭剂的配方

品名\类别	碳酸钠（g）	重铬酸钠（g）	硅酸钠（g）	肥皂（g）	水（g）
A	18.5		18.5	10	1000
B	20	5	8	10	1000
C	10	5		10	1000

零件清洗干净后，下一步就是柴油机的装配。

小　结

① 柴油机的解体以从上而下、从外到内的原则进行。注意有些零件是过盈配合或成对使用的，拆卸时要注意打上记号。

② 汽缸盖螺栓的拆卸，按照顺序从两端向中间逐个、对称、分两次拆松。

③ 曲轴的拆卸，是用扭力扳手从曲轴两端向中间分两次拆松轴承盖紧固螺栓。拆下的轴瓦应与对应的轴承盖放在一起，以便装复时不至于装乱。

④ 拆卸活塞连杆组时注意：拆下的活塞连杆组按汽缸打好标识安放；连杆螺栓、连杆盖和连杆瓦按原来装配形式拧装在一起；为了防止损伤连杆螺栓螺纹，不能用气动扳手拆卸。

⑤ 凸轮轴拆卸时必须小心，在往外拉时不可出现重大撞击，以免撞伤凸轮或轴承。注意：不可损坏或丢失凸轮轴上的半圆键。

⑥ 增压器的旁通阀在拆卸时，不要拆动其调整杆，以免影响柴油机进气压力。注意不要将增压器的执行机构作为拎把来搬动增压器。

⑦ 注意：产品出厂时，厂家对曲轴、离合器总成及飞轮做过整体动平衡试验。因此，在拆卸时，特别注意其连接方式及其平衡块的安装位置，最好能打上对应标记，以免装复时装错、装乱，造成故障隐患。

实训要求

实训一：曲柄连杆机构的分解

1. 实训内容

① 分解机体组零部件；

② 分解活塞连杆组零部件；

③ 分解曲轴飞轮组零部件。

2. 实训要求

① 熟悉曲柄连杆机构的组成；

② 掌握曲柄连杆机构主要零部件结构及相互装配关系；

③ 能按正确的操作顺序分解曲柄连杆机构。

实训二：配气机构的分解

1. 实训内容

分解 YC6108 机型的配气机构。

2. 实训要求

熟悉配气机构的组成，气门组和气门传动组各主要机件的构造、作用与装配关系。

实训三：喷油器、喷油泵的分解

1. 实训内容

① P 泵喷油器的分解；

② P 型喷油泵的分解；

③ VE 型喷油泵的分解。

2. 实训要求

① 熟悉喷油器的结构和工作原理；

② 熟悉喷油泵的结构、连接关系以及工作情况；

③ 掌握正确的分解顺序和方法。

第2章

柴油机供油系统和增压装置的检修

2.1 柴油机供油系统主要零部件的检修

通过本节内容学习，使学生懂得柴油机供油系统主要零部件的检修方法和技术要求，了解喷油器和喷油泵的一般检测和调试工艺。

目标

使学生掌握喷油器检修的操作技能和技术要求。

知识要点

1. 喷油器的检修；
2. 输油泵的检修；
3. 喷油泵主要零部件的检修；
4. 喷油泵装复后的检测与调试；
5. 柴油滤清器的检修。

柴油机供油系统是柴油机的心脏，它负责把柴油通过低压油路输送到高压油泵升压后向汽缸喷油燃烧，推动活塞往复运动，使曲轴输出动力。供油系统的好坏，对柴油机动力输出有极大的影响。通常汽车维修工只对喷油器进行检修和对柴油滤清器进行维护保养，对喷油泵总成及其附件如输油泵、调速器、供油角度提前器的检修与调试，应由专业人员在拥有高压油泵试验台设备条件下进行，本书只进行一般性介绍。

2.1.1 喷油器的检修

喷油器零件分解如图 2.1 所示。

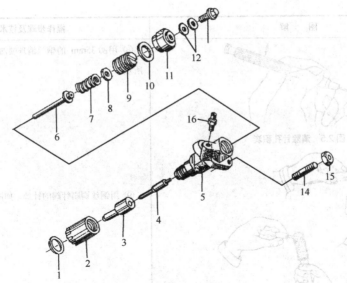

1—喷油器垫片；2—喷油器紧帽；3—针阀体；4—针阀；5—喷油器体；6顶杆；7—调压弹簧；8—垫片；9—调压螺钉；10—垫圈；11—调压螺钉紧帽；12—接头螺栓垫片；13—回油接头螺栓；14—螺柱 AM8×40；15—六角厚螺母 M8；16—时油管接头

图 2.1 喷油器零件分解图

检修步骤和方法如下。

图　　解	操作步骤及技术要求
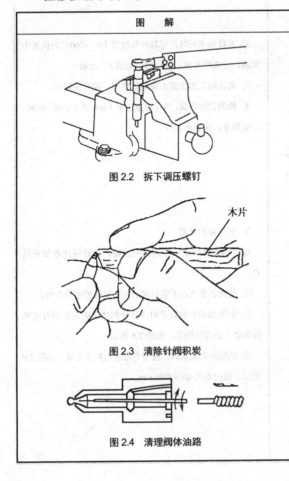 **图 2.2　拆下调压螺钉** **图 2.3　清除针阀积炭** **图 2.4　清理阀体油路**	**1. 喷油器的解体** ① 将喷油器从汽缸盖上拆下，拆下进油管接头和回油管接头及垫片。 ② 用台虎钳把喷油器的扁位处夹住。 ③ 拆下调压螺钉紧帽，如图 2.2 所示。 ④ 用一字起子拧出调压螺钉，取出垫片、调压弹簧和顶杆。 ⑤ 将喷油器体倒转夹在台虎钳上，用扳手拆下喷油器紧帽和垫片，取出针阀体和针阀。 ⑥ 将解体后的零件放入柴油盆中浸泡、清洗，并用软质刮刀或竹木片清除喷油嘴表面的积碳，如图 2.3 所示。 ⑦ 用 ϕ1.7mm 的钢丝清理阀体油路，如图 2.4 所示。

图　解	操作步骤及技术要求

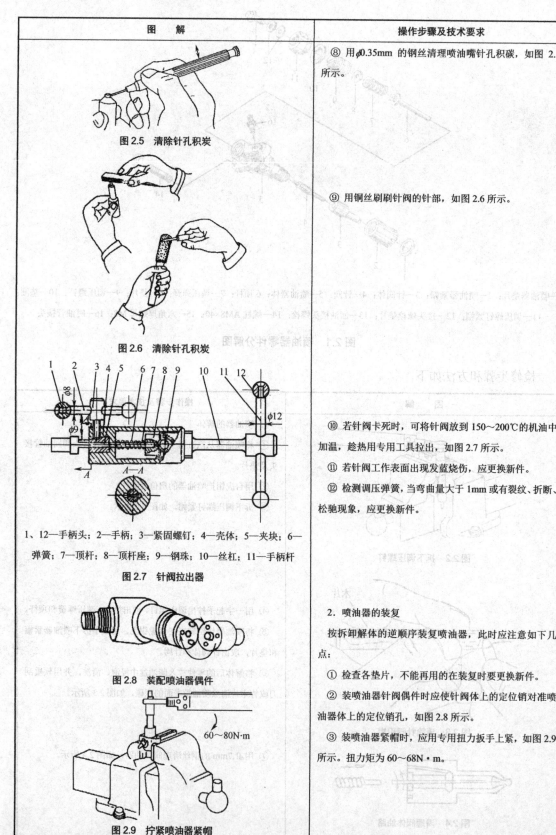

图2.5　清除针孔积炭

图2.6　清除针孔积炭

1、12—手柄头；2—手柄；3—紧固螺钉；4—壳体；5—夹块；6—弹簧；7—顶杆；8—顶杆座；9—钢珠；10—丝杠；11—手柄杆

图2.7　针阀拉出器

图2.8　装配喷油器偶件

$60\sim80$N·m

图2.9　拧紧喷油器紧帽

⑧ 用ϕ0.35mm 的钢丝清理喷油嘴针孔积碳，如图 2.5 所示。

⑨ 用铜丝刷刷针阀的针部，如图 2.6 所示。

⑩ 若针阀卡死时，可将针阀放到 150～200℃ 的机油中加温，趁热用专用工具拉出，如图 2.7 所示。

⑪ 若针阀工作表面出现发蓝烧伤，应更换新件。

⑫ 检测调压弹簧，当弯曲量大于 1mm 或有裂纹、折断、松驰现象，应更换新件。

2．喷油器的装复

按拆卸解体的逆顺序装复喷油器，此时应注意如下几点：

① 检查各垫片，不能再用的在装复时要更换新件。

② 装喷油器针阀偶件时应使针阀体上的定位销对准喷油器体上的定位销孔，如图 2.8 所示。

③ 装喷油器紧帽时，应用专用扭力扳手上紧，如图 2.9 所示。扭力矩为 60～68N·m。

图 解	操作步骤及技术要求

图 解:

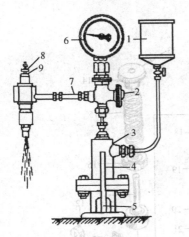

1—油箱及滤清器；2—止回阀；3—放气螺钉；
4—喷油手泵；5—手柄；6—油压表；7—高压油管；
8—调整螺钉；9—锁紧螺母

图 2.10　喷油器试验器

表 2.1　喷油器技术参数

机型	针阀割偶件型号	喷油压力（kPa）	孔数	孔径（mm）	喷雾锥角
6135Q	ZCK150S435	16170-17150	4	0.35	15.0
6120Q-I	柱形多孔	17150±294	2	0.42	10.5
DA-120	NP-DN4SD-24	9800	1	1.00	4.0
T928K	DOP140S530	16660	5	0.30	14.0
DH-100	NP-DN4SD24	9800	1	1.00	4.0
DS-50	NDN4SD24	11760	1	1.00	4.0

图 2.11　调整喷油压力

操作步骤及技术要求:

3. 喷油器的调试

喷油器的调试在喷油器试验器上进行，试验项目主要有针阀的密封性、喷油器的喷油压力和喷雾质量。装置如图 2.10 所示。

① 喷油器针阀密封性试验。

a. 用一字起子调整高压螺钉的同时，用手泵将油压升至 15.7MPa，再以每分钟 10 次的速度均匀地按动手泵，直至开始喷油，此时，喷油嘴处不得有渗漏或滴油现象，若有，即为针阀密封性不好。

b. 继续调整高压螺钉，并用手泵将油压升至 22.54～24.5MPa 压力下喷油后，停止压油，记录油压从 19.6MPa 降到 17.64MPa 的时间，应不少于 9～12s，若少于则说明喷油器针阀密封性不好。

② 喷油压力的调整。

用手泵将油压升至喷油器开始喷油，此时的喷油压力应符合各种型号喷油器的规定值，见表 2.1。旋入高压螺钉，喷油压力增大，反之压力下降。如图 2.11 所示。P 型喷油器压力调整多采用加减垫片方法。

为保证柴油机运转平稳，同一台柴油机各缸喷油压力差应不得大于 245kPa。

③ 喷油雾化质量试验。

用手泵以每分钟 60～70 次的速度压油，进行雾化试验，观察喷孔喷出的柴油应成雾状，不应有明显的、肉眼可见的飞溅油粒，或连续性油柱，以及极易判别的局部浓稀不均匀现象。

④ 检查喷油器总成各密封处，不允许有渗油漏油现象。

⑤ 试验完毕，应将喷油器高压螺钉紧帽及垫圈装回喷油器体上，紧固扭力为 39～44N·m，并装好回油管接头螺栓及垫片。

4. 安全注意事项

喷油器试验是在高压条件下进行的，千万不要将手掌放在喷嘴下压油，以免高压油粒穿透皮肤，造成局部肌肉坏死。要注意防火。

2.1.2 输油泵的检修

1. 输油泵的解体

输油泵的解体如图 2.12 所示。

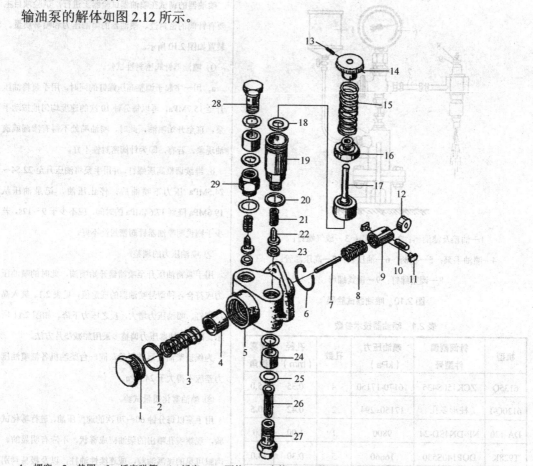

1—螺塞；2—垫圈；3—活塞弹簧；4—活塞；5—泵体；6—卡簧；7—顶杆；8—滚轮弹簧；9—滚轮体；10—滚轮座；

11—滑块；12—滚轮；13—销；14—手泵拉钮；15—手泵弹簧；16—手泵盖；17—手泵活塞部件；18—O形圈；

19—手泵体；20—垫圈；21—止回阀弹簧；22—止回阀；23—止回阀座；24—防污圈；25—垫圈；26—滤网；

27—进油管接螺栓；28—出油管接螺栓；29—出油管接头

图 2.12 输油泵零件分解图

2. 输油泵的清洗

输油泵的清洗工作在柴油盆中进行，先洗精密件，后洗一般零件和泵体。清洗后的零件应用压缩空气吹干，并按顺序依次摆放于零件托盘内，以防零件丢失。

3. 输油泵主要零件的检修

① 检视泵体。

泵体应无裂损，油管接头螺纹损坏不得多于 2 牙。

② 检视止回阀及阀座。

止回阀磨合应均匀，无破裂；阀座唇口平面应平整、光亮、无刻痕、无缺口或变形，否则应更换新件。

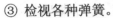

③ 检视各种弹簧。

止回阀弹簧、滚轮弹簧、活塞弹簧以及手泵弹簧均应无扭曲、裂纹、折断现象，否则应更换新件。

④ 检测活塞与泵体缸孔以及手泵活塞与泵体缸孔的配合间隙，应在 0.005~0.025mm 之间，若超过使用限度，应换新件，或采用铰削、珩磨缸孔，加大活塞的方法修复。

⑤ 检查滚轮体与泵体缸孔、滚轮体组件、各运动件，应无过度松旷，否则应更换新件。

⑥ 检视其他零件，如进油滤网、各种垫圈等，一旦失效，应换新件。

4. 输油泵的装复

按拆卸解体的逆顺序装复输油泵。装复时要注意保持清洁；各运动副在装配时，应用清洁柴油润滑后装合；各密封垫圈端面压紧的宽度应均匀，不能倾斜。

5. 输油泵的试验

输油泵的试验应在试验台上进行，方法和技术要求如图 2.13 所示。

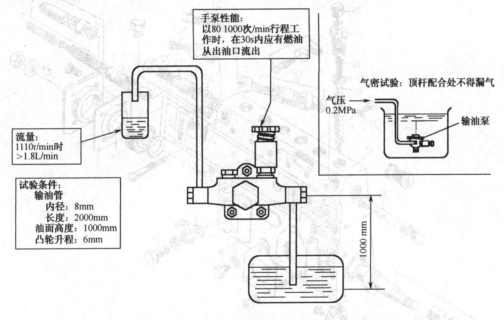

图 2.13　燃油输油泵试验

2.1.3　喷油泵的解体

喷油泵的解体，应由专业的油泵油嘴修理工进行。工作场地应清洁，备有清洗油盆和浸泡柱塞偶件、出油阀偶件和喷油嘴三大偶件的清洁柴油盆和柴油，还要备有压缩空气，用来吹干净经清洗后的零件，备有防火设备，以防火灾。

拆卸时，除了使用常用手工工具外，还要使用一些专用工具，如图 2.14 所示。

拆卸解体喷油泵前应清洗油泵外部灰尘和油泥，解体时本着先外后内，均匀用力的原则拆卸。喷油泵主要零部件分解图如图 2.15 所示。

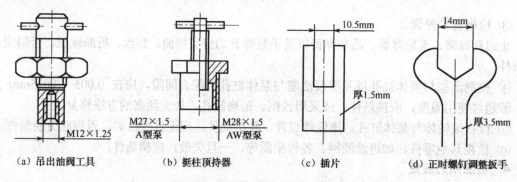

(a) 吊出油阀工具 (b) 挺柱顶持器 (c) 插片 (d) 正时螺钉调整扳手

图 2.14 喷油泵装拆调整专用工具

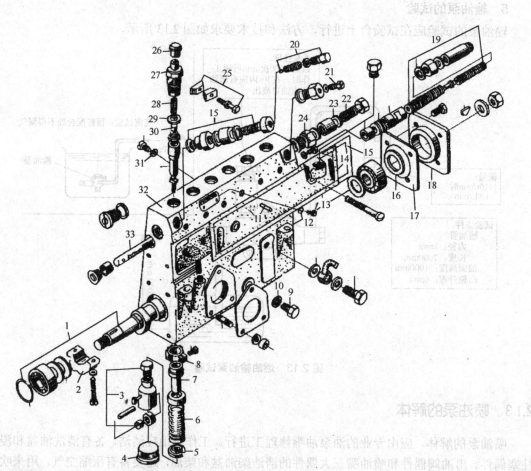

1—凸轮油部件；2—托瓦；3—挺柱体部件；4—碗形塞；5—弹簧下座；6—柱塞弹簧；7—控制套筒；8—调节齿圈；9—放油螺塞；10—垫圈；11—柱塞套定位销；12—垫圈；13—挡油螺钉；14—检查窗盖；15—检查窗盖密封件；16—骨架油封；17—密封件；18—轴承座；19—油量限制器部件；20—出油接头部件；21—放气螺钉；22—进油接头；23—垫圈；24—接头座；25—夹板部件；26—出油阀紧座；27—出油阀弹簧；28—密封垫；29—出油阀偶件；30—齿杆限位螺钉；31—柱塞偶件；32—泵体；33—齿杆

图 2.15 喷油泵主要零部件分解图

2.1.4 柱塞式喷油泵主要零件的检修

图　解	操作步骤及技术要求
图 2.16　柱塞的磨损 （a）进油孔附近的磨损　　（b）回油孔附近的磨损 图 2.17　柱塞套的磨损 图 2.18　柱塞偶件的滑动试验 图 2.19　柱塞偶件简易密封性试验的磨损	**1. 柱塞偶件的检修** 柱塞偶件的磨损有其一定的规律，磨损部位如图 2.16 和图 2.17 所示。在无专用设备检测条件下，磨损程度可以通过外观检视、滑动试验和密封试验判定。 （1）外观检视 将经认真清洗后的柱塞从柱塞套筒中拉出检视，若其表面光亮并呈淡兰紫色光泽，表明磨损不大，可以继续使用；若表面呈无光泽的黄色，则表明柱塞已磨损严重，不能再用。 （2）滑动试验 将在清洁柴油中清洗后的柱塞偶件保持与水平线成 60° 左右的位置，拉出柱塞 1/3。如它能借自重缓慢滑下，属正常，如图 2.18 所示。如有卡滞或急剧滑下，均应换新件。 （3）密封试验 将用柴油浸润湿后的柱塞偶件拿在手上，用手指堵住柱塞套上端孔、进油孔和回油孔，如图 2.19 所示。另一只手拿住柱塞下脚，转至最大供油位置，将柱塞拉出 5～7mm，当感到有真空吸力时，迅速松开，若此时柱塞能迅速回到原来位置，则可继续使用，否则应换新件。

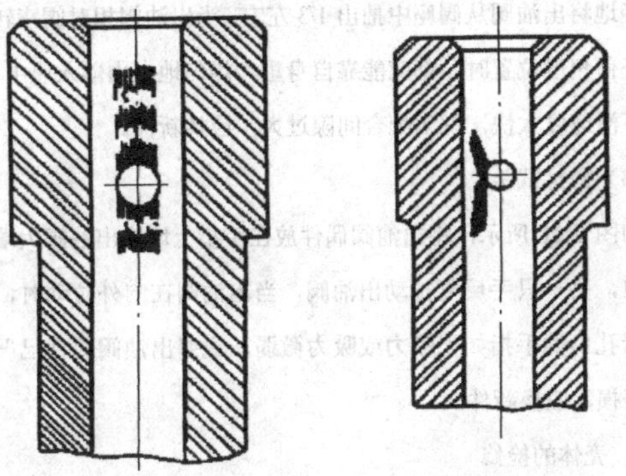

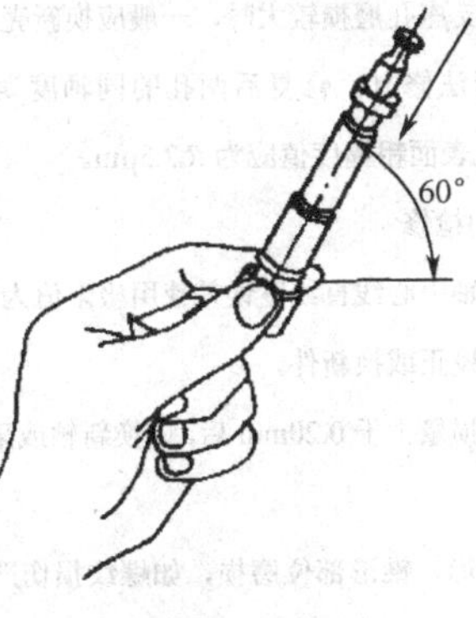

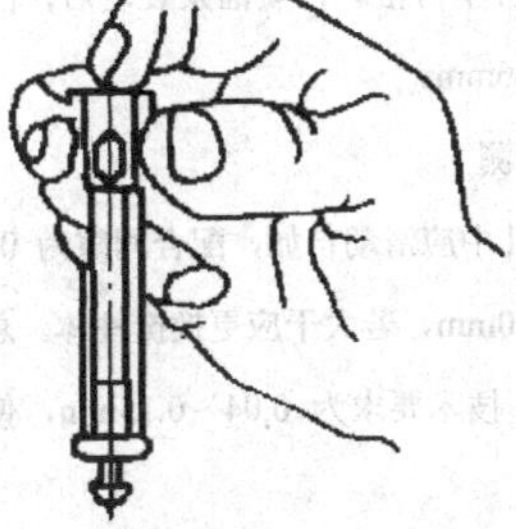

图　解	操作步骤及技术要求
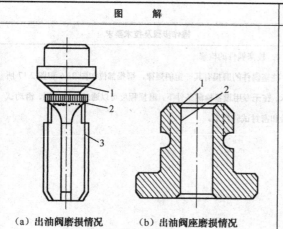 （a）出油阀磨损情况　　（b）出油阀座磨损情况 1—密封锥面；2—凸缘环带；3—配合表面 图2.20　出油阀偶件的磨损 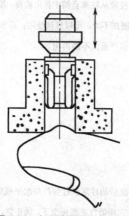 图2.21　出油阀偶件密封性检查 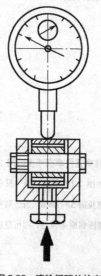 图2.22　滚轮间隙的检查	**2. 出油阀偶件的检修** 出油阀偶件的磨损主要在密封锥面和凸缘环带，如图2.20所示。检修方法和柱塞偶件检修方法类似。 （1）外观检视 工作面不允许有任何刻痕、裂纹、锈蚀、局部阴影及斑纹；密封锥面环带应光泽明亮，连续完整，宽度不得大于0.5mm。 （2）滑动试验 将经用柴油浸润湿后的出油阀偶件直立于水平位置，用手轻轻地将出油阀从阀座中抽出1/3左右，当出油阀相对阀座转到任何角度位置时，都应能靠自身重力均匀地自由落入座中。若下滑速度太快，说明配合间隙过大，应换新件。 （3）密封试验 如图2.21所示，将出油阀偶件放在手指上堵住出油阀大端孔口，另一只手反复拉动出油阀，当出油阀在向外拉动时，封堵孔口的手指如无吸力或吸力微弱，说明出油阀偶件已严重磨损，应换新件。 **3. 壳体的检修** 喷油泵壳体是喷油泵的基础件，壳体出现轻度裂纹，可用黏结法修复。较大裂纹或受力部位出现裂纹应更换新件。 凸轮轴轴承支座孔磨损较大时，一般应换新壳体，如缺件，可用镗孔镶套法修复，修复后两孔的同轴度误差不得大于0.05mm，座孔表面粗糙度值应为$R_a2.5\mu m$。 **4. 凸轮轴的检修** 喷油泵凸轮轴中心线直线度误差使用极限值为0.15mm，大于此值应冷压校正或换新件。 凸轮升程磨损量大于0.20mm后，应换新轴或采用堆焊修磨修复。 键槽磨损变形，锥形部位磨损，如螺纹损伤严重时，应更换新凸轮轴或修复。 轴与轴承的配合不得松旷，喷油泵装复后，凸轮轴的轴向间隙不得大于0.06mm。 **5. 挺柱体的检测** 挺柱体在导程孔中应滑动自如，配合间隙为0.02～0.07mm使用极限值为0.20mm，若大于应更换挺柱体。总间隙的检查如图2.22所示。技术要求为0.04～0.15mm，使用极限值为0.20mm。

图　解	操作步骤及技术要求
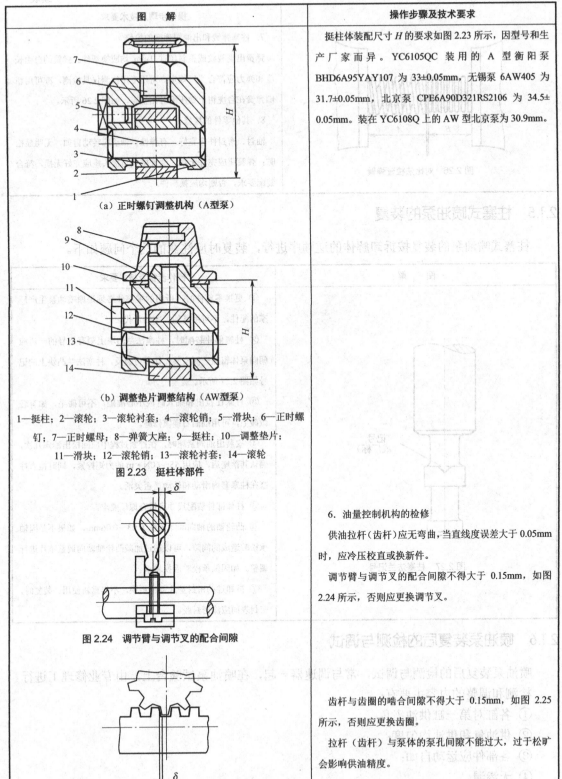	挺柱体装配尺寸 H 的要求如图 2.23 所示，因型号和生产厂家而异。YC6105QC 装用的 A 型衡阳泵 BHD6A95YAY107 为 33±0.05mm，无锡泵 6AW405 为 31.7±0.05mm，北京泵 CPE6A90D321RS2106 为 34.5±0.05mm。装在 YC6108Q 上的 AW 型北京泵为 30.9mm。 6. 油量控制机构的检修 供油拉杆（齿杆）应无弯曲，当直线度误差大于 0.05mm 时，应冷压校直或换新件。 调节臂与调节叉的配合间隙不得大于 0.15mm，如图 2.24 所示，否则应更换调节叉。 齿杆与齿圈的啮合间隙不得大于 0.15mm，如图 2.25 所示，否则应更换齿圈。 拉杆（齿杆）与泵体的泵孔间隙不能过大，过于松旷会影响供油精度。

（a）正时螺钉调整机构（A型泵）

（b）调整垫片调整结构（AW型泵）

1—挺柱；2—滚轮；3—滚轮衬套；4—滚轮销；5—滑块；6—正时螺钉；7—正时螺母；8—弹簧大座；9—挺柱；10—调整垫片；11—滑块；12—滚轮销；13—滚轮衬套；14—滚轮

图 2.23　挺柱体部件

图 2.24　调节臂与调节叉的配合间隙

图 2.25　齿杆啮合间隙

图　解	操作步骤及技术要求
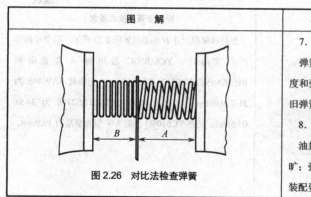 图 2.26　对比法检查弹簧	7. 柱塞弹簧和出油阀弹簧的检修 　弹簧出现裂纹或歪斜超过 1mm 均应换新件。弹簧的自由长度和弹力应符合原厂规定。可用专用检测仪具检测，亦可用新旧弹簧在台虎钳上做压缩对比检查，如图 2.26 所示。 　8. 其他零件的检修 　油封、密封件应完好，有弹性；轴承应转动自如，无明显松旷；弹簧座应完好无损；油管接头与接头座应完好无损，符合装配要求，否则均应换新件。

2.1.5　柱塞式喷油泵的装复

柱塞式喷油泵的装复按拆卸解体的逆顺序进行，装复时应注意的几个问题如下。

图　解	操作步骤及技术要求
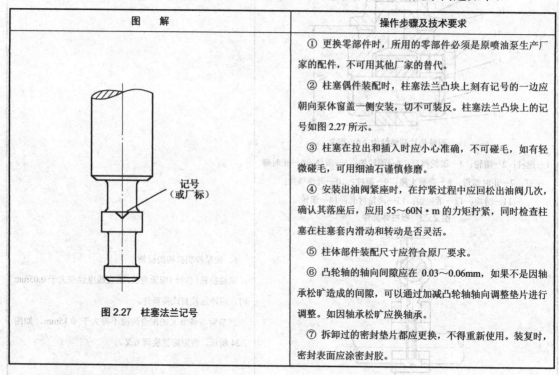 记号 （或厂标） 图 2.27　柱塞法兰记号	① 更换零部件时，所用的零部件必须是原喷油泵生产厂家的配件，不可用其他厂家的替代。 ② 柱塞偶件装配时，柱塞法兰凸块上刻有记号的一边应朝向泵体窗盖一侧安装，切不可装反。柱塞法兰凸块上的记号如图 2.27 所示。 ③ 柱塞在拉出和插入时应小心准确，不可碰毛，如有轻微碰毛，可用细油石谨慎修磨。 ④ 安装出油阀紧座时，在拧紧过程中应回松出油阀几次，确认其落座后，应用 55~60N·m 的力矩拧紧，同时检查柱塞在柱塞套内滑动和转动是否灵活。 ⑤ 柱体部件装配尺寸应符合原厂要求。 ⑥ 凸轮轴的轴向间隙应在 0.03~0.06mm，如果不是因轴承松旷造成的间隙，可以通过加减凸轮轴轴向调整垫片进行调整。如因轴承松旷应换轴承。 ⑦ 拆卸过的密封垫片都应更换，不得重新使用。装复时，密封表面应涂密封胶。

2.1.6　喷油泵装复后的检测与调试

喷油泵装复后的检测与调试，常与调速器一起，在喷油泵试验台上，由专业修理工进行。检测和调整的内容主要有：

① 各缸对第一缸供油夹角；

② 供油量和供油均匀度；

③ 各部件应运动自如；

④ 无渗漏。

其方法和步骤如下。

1. 各缸对第一缸供油夹角的检查与调整

图 解	操作步骤及技术要求
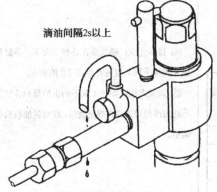 旋松 供油压力： 1.5MPa 图 2.28 旋松溢流管螺塞 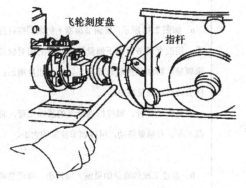 滴油间隔2s以上 图 2.29 溢流管停止流油 飞轮刻度盘 指杆 图 2.30 飞轮刻度盘及指针	① 旋松试验台上的喷油器溢流管螺塞，将试验台供油压力调整至 1.5MPa，使试验油从喷油器溢流管流出，如图 2.28 所示。 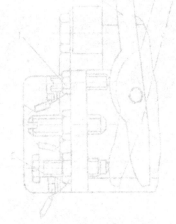 ② 用手或拨杆沿逆时针方向（从喷油泵后端向前端看）缓慢转动试验台的飞轮，看到喷油泵第一缸所对应的喷油器溢流管停止流油的瞬间，作为该缸开始供油时刻，如图 2.29 所示。 ③ 将试验台飞轮上的角度指针拨至飞轮刻度盘的"0"度位置，如图 2.30 所示。 ④ 按 1-5-3-6-2-4 的供油顺序，依次检查并记录下各缸供油时刻，找出各缸供油角度位置。 ⑤ 技术要求：各缸对第一缸供油夹角的偏位应为±0.5°。 ⑥ 供油夹角的调整 a. 对 A 型泵，可用专用工具调整挺柱体部件上的正时螺钉，如图 2.23（a）所示，向上拧正时螺钉，供油夹角减小，向下拧供油夹角增大。 b. 对 AW 型泵，可用增减挺柱体上的调整垫片厚度来调整，如图 2.23（b）所示，增加调整垫片厚度，供油夹角减小，减小调整垫片厚度，供油夹角增大。

2. 供油量及供油均匀度的检测与调整

图　解	操作步骤及技术要求

图解部分：

全负荷　　怠速

3

1

2

1—小油门限位螺钉；2—大油门限位螺钉；3—油门手柄

图2.31　调速器油门限位螺钉

操作步骤及技术要求部分：

① 将油泵试验台的供油压力调整到 0.10MPa，拧紧喷油器溢流管螺塞。

② 将调速器油门手柄压紧在在油门限位螺钉处，如图 2.31 所示，试验台转速由低速向高速，依次检测起动工况、校正工况、标定工况和高速空车工况时的供油量，以及各缸供油不均匀度。

③ 将调速器油门手柄紧压在小油门限位螺钉处，检测怠速工况时供油量和各缸供油不均匀度。

表2.2　各工况下各缸供油量及不均匀度

工况	因杆行程（mm）	喷油泵转速（r/min）	供油量（mL/200 次）		不均匀度（%）
			YC6105QC	YC6108Q	
起动工况	100～150		15±0.75	16±0.8	±5
最大扭矩工况	10.3	900	15±0.38	16±0.40	±2.5
标定工况	10.0	1400	14.5±0.43	15.5±0.46	±3
高速空车工况	4～5	1540	<3.0	<3.0	
怠速工况	6.7～7.5	275～300	2.5～3.0	2.5～3.0	±12

④ 技术要求：喷油泵在各种工况下，各缸供油量及供油不均匀度应符合表 2.2 的要求。

⑤ 调整方法：如各工况下的供油量和各缸供油不均匀度超过表 2.2 规定值时，应对供油机构进行调整。

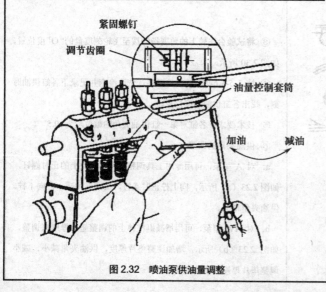

紧固螺钉
调节齿圈
油量控制套筒
加油　　减油

图2.32　喷油泵供油量调整

a. 如图 2.32 所示，将调节齿圈上的紧固螺钉拧松，用改变调节齿圈下油量控制套筒的相对位置来调整。将油量控制套筒向左转动，油量增加；向右转动，油量减少。

如是供油拉杆，则拧松调节叉的紧固螺钉，将拨叉左、右微量移动，可以调节油量的大小。

b. 怠速工况供油量如果偏大或偏小，可调整调速器的小油门限位螺钉，小油门限位螺钉向内拧进，供油量增加；向外拧出，供油量减少。如果怠速供油量太小，怠速工况各缸供油不均匀度超差，说明油泵柱塞偶件磨损严重，应更换新件。

续表

图　　解	操作步骤及技术要求
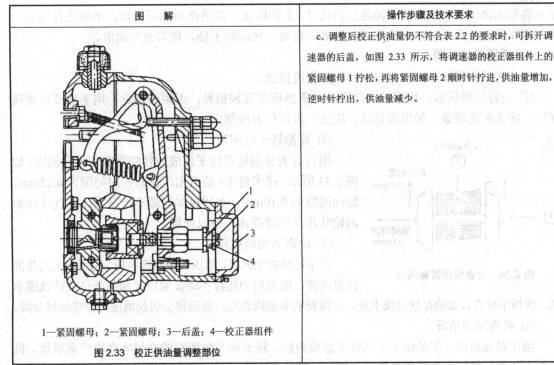　　1—紧固螺母；2—紧固螺母；3—后盖；4—校正器组件　　**图2.33　校正供油量调整部位**	c.调整后校正供油量仍不符合表2.2的要求时，可拆开调速器的后盖，如图2.33所示，将调速器的校正器组件上的紧固螺母1拧松，再将紧固螺母2顺时针拧进，供油量增加，逆时针拧出，供油量减少。

2.2　柴油机增压装置的检修

　通过本节内容的学习，使学生懂得柴油机废气涡轮增压装置的检修要领和技术要求。

目标

学会清洗和检修废气涡轮增压器的操作技能。

知识要点

1．废气涡轮增压器的检修；

2．中冷器的检修。

2.2.1　废气涡轮增压器的检修

1．增压器的清洗

柴油机废气涡轮增压器的工作条件恶劣，转速每分钟高达11万转，因此对轴承的润滑及转子总成的动平衡要求非常高。由于增压器是靠柴油机机油来润滑的，柴油机工作时间长后，机油的杂质增多，尤其是碳粒子增多，增压器又处在高温环境下工作，轴承部位就很容易形成积碳或被烧坏，润滑性能急剧下降，轴承和密封环容易损坏。因此，除了用户应在每次更换机油时都要清洗一次之外，柴油机进行维修时，也必须认真清洗增压器。

清洗的方法，拆下增压器，堵住机油出油口，把柴油从机油口中注满，不断晃动增压器，最后将柴油倒出，再加入新柴油连续清洗 2、3 次即可。经清洗后的增压器，必须进行预先润滑，即在柴油机启动前，向中间壳内腔灌入机油，转动转子轴，使其充分润滑。

2. 增压器的检测

经清洗后的增压器，须对轴承的松旷程度检查。

① 良好的增压器，用手转动转子轴，手感应是很轻很轻，无阻滞感觉，用手抬或拉推转子轴，应无旷动现象。如出现异常，应进一步用仪表检测。

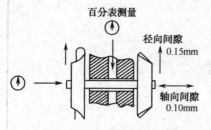

图 2.34　检查增压器轴间隙

② 监测转子轴间隙。

用百分表分别检测转子总成的径向间隙和轴向间隙，如图 2.34 所示。技术要求：新机出厂检验径向间隙为 0.15mm，轴向间隙为 0.10mm。在用机如间隙不是很大，压气叶轮和涡轮叶片又不碰壳体，可以使用。

③ 检查旁通阀拉杆。

正常运转的柴油机，增压器旁通阀拉杆，用手出大力是能拉得动的，如果用力还拉不动证明控制阀部分已被锈蚀或卡死，应拆下检查，如确是锈蚀或卡死，应换新的旁通阀总成，否则将会引起增压器和柴油机故障。

④ 检查漏油情况。

增压器漏机油，多是由于中间转子总成内腔，转子轴与轴两端的密封环磨损严重所致。机油漏入压气叶轮端，会随着进气吸入汽缸，柴油机工作时，排气会冒蓝烟；机油漏入涡轮端严重时从排气管中可以看到有机油漏出的痕迹。由于密封环在中间壳转子总成内，一般修理必须整体更换转子总成。

2.2.2　中冷器的检修

1. 空气冷却式中冷器的检修

① 检查所有连接气管和接口，不得有裂纹、松动和渗漏。

② 将出气口堵住，把中冷器浸没于水槽中，从进气口中通入 0.30MPa 压力空气，检查中冷器漏气情况。

③ 由于空气冷却式中冷的冷却管是薄壁管，焊接比较困难，对漏气量大，又难以补焊的中冷器，宜换新件。

2. 水冷式中冷器的检修

① 水冷式中冷器内层水管壁有砂眼或裂纹，会导散热器冒出大量的气泡，像汽缸垫水道被冲坏一样；外层气室漏气处，多在气室的焊缝处，如图 2.35 所示。

图 2.35　水冷式中冷器的检修

② 用浸水充气法可以检查外层漏气处。一般可用焊补法修复。

③ 如内壁漏气或外层漏气又无修补价值，应换新件。

复习思考题

判断题（正确打√，错误打×）

（1）油底壳内机油面增高，机油被乳化成白色，是机油有水所致。　　　　　（　　）

（2）汽缸磨损，测出直径长轴与短轴之差即是圆度误差。　　　　　　　　　（　　）

（3）修理缸盖时，检测气门座下沉量超过 2mm，应更换气门座圈和新气门。（　　）

（4）对弯扭并存的连杆校正的原则是先校正弯曲后校正扭曲。　　　　　　　（　　）

（5）气门工作面边缘厚度尺寸应不小于 1mm。　　　　　　　　　　　　　（　　）

（6）同一台柴油机各缸喷油器的喷油压力差不得小于 245kPa。　　　　　　（　　）

（7）机油泵齿轮磨损过大，必须成对更换。　　　　　　　　　　　　　　　（　　）

（8）节温器性能测试，当冷却水温达到 76±2℃时，大循环阀门应全开。　 （　　）

（9）柴油机一般装用两个 12V，大容量的铅酸蓄电池串联成 24V 电气系统。（　　）

（10）废气涡轮增压器漏机油，多是由于转子轴与轴两端的密封环磨损所致，只要更换密封环即可。

（　　）

第3章
电控柴油机的使用与保养技术

通过本节内容的学习，使学生了解电控柴油机日常使用注意事项，掌握电控柴油机的技术保养知识，为正确使用和运行电控柴油机打基础。

通过教学，使学生学会电控欧Ⅲ系列柴油机的日常使用和维护方法。

1. 介绍电控欧Ⅲ系列柴油机的主要功能和日常使用的注意事项；
2. 操作电控欧Ⅲ系列柴油机的步骤、方法和注意事项。

3.1 电控系统的主要功能

柴油机的电控系统集成技术是将传感器、控制器、执行器构成的电控系统组合应用到柴油机上，完成柴油机与电控系统的机械、电气、控制的有机结合的技术，并最终与车辆技术结合，实现整车集成应用。不同的电控系统能完成的功能有所不同，本节主要对 BOSCH 共轨系统的电控功能进行介绍。

1. 起动油量控制

电控柴油机的起动由电控系统直接控制，在柴油机起动工况中，ECU 自动控制起动油量，保证起动迅速并不冒黑烟。在起动时，驾驶员只需要将点火钥匙旋转到起动挡，不需要踩油门。

2. 扭矩输出控制

通过电子油门开度及其变化将驾驶员的意图传递给 ECU，并结合传动比控制输出扭矩的变化，可实现对整车加速性的控制，包括加速冒烟限制、突加油门与突减油门时司机的驾驶感觉控制、空车最高稳定车速控制、柴油机冷却水温过高时减扭矩等。

3. 怠速闭环控制

柴油机怠速控制是指 ECU 可根据冷却液温度、蓄电池电压与空调请求等自动调节怠速，并通过 ECU 的闭环控制使柴油机运行在设定怠速。冷却液温度过低时，柴油机自动提升怠速以快速暖机；打开空调时，柴油机怠速自动提升。

4. 起动预热控制

ECU 在冷起动工况下控制预热装置对柴油机进气进行加热，保证柴油机起动顺畅。加热过程中，预热指示灯亮以提醒驾驶员，预热指示灯灭才能起动柴油机。

5. 排气制动控制

驾驶员打开排气制动请求开关，ECU 根据实际运行工况对排气制动装置进行控制，实现制动功能。

6. 油门控制

电控系统采用的是电子油门踏板，通过电信号将驾驶员的驾驶意图（油门开度）传递给 ECU，ECU 根据油门开度实现对柴油机转速的控制。

7. 跛行回家控制

当发生严重电控系统故障时，ECU 采用跛行回家控制策略限制柴油机转速，从而使柴油机在故障状态下缓慢行驶，这是避免车辆半路抛锚的一种失效保护策略。

8. 柴油机转速限制

当柴油机出现电控元件故障时，ECU 对柴油机空车最高转速进行限制，以保护柴油机。如博世共轨系统燃油计量阀故障、水温传感器故障等，都会导致柴油机限转速 1800 转/分。

9. 减速断油控制

当柴油机运行在高转速状态，松开电子油门踏板，ECU 进入减速断油控制，此时控制器会停止燃油喷射，车辆带挡滑行，柴油机转速逐渐下降到设定值时，控制器恢复供油，维持柴油机运转。采用减速断油控制策略不仅可以降低燃油消耗，还可以改善不稳定燃烧造成的排放污染。另外其还可以增加柴油机的制动作用。

10. 空调控制（选装）

当车辆处于正常运行工况，且空调开启时，ECU 将根据实际工况对动力的需求，自动短暂关闭空调以满足大动力输出的需求。

11. 冷却风扇控制

柴油机对电子风扇的运行控制，ECU 根据当前冷却水温控制风扇的转速，以调整冷却水温稳定在正常范围内，保证冷却系统的高效运行。

12. 蓄电池电压控制

ECU 随时监测蓄电池的电压，合理使用电能，在需要的时候对蓄电池及时充电，延长其使用寿命。

13. 噪声控制

应用多次喷射和油压闭环控制技术，降低柴油机中低负荷下的运行噪声。

14. 故障诊断控制

ECU 实时对柴油机的各个参数进行监测，进行故障诊断，以便于维护柴油机并提高车辆行驶安全性。当系统检测到故障时将点亮柴油机故障灯，告知驾驶人员及时检修柴油机。

3.2 电控柴油机的日常使用注意事项

1. 起动前准备工作

① 检查各传感器外表面是否完好，传感器线束是否扎紧，线束接插件接触是否良好。

② 检查油底壳机油油面，确保机油足够，保证润滑，若不够，则应添加到机油标尺的规定位置。

③ 检查水箱中的冷却液，不足应加注，保证正常冷却效果（必须使用牌号相同的防冻冷却液）。

④ 检查燃油预滤器并及时放水。

⑤ 检查油箱燃油是否充足，若不够，添加燃油。

⑥ 检查电气系统（各连接线路、开关接线等）是否牢固可靠。

⑦ 电瓶电解液是否充足，若不够，加足电解液。

⑧ 检查皮带，松紧度应适宜，皮带过松则易打滑，使水泵、风扇的工作不正常，冷却效果差，柴油机水温高，过紧则使皮带轮轴受力过大、皮带寿命缩短。

⑨ 检查汽车底盘和操纵装置，禁止车辆带病行驶。

⑩ 打开电源开关，观察仪表板上的故障指示灯，如长亮或闪烁表示系统有故障（德尔福共轨系统、博世共轨系统会进行自检，故障灯先点亮后熄灭）。

2. 起动过程检查

完成起动前准备工作并确认符合要求后，才可以起动柴油机（冬天天气寒冷时须对柴油机预热后才能起动），起动柴油机时，持续起动时间不能超过 10 秒钟；二次起动的时间间隔不应少于 30 秒钟；若连续三次均无法起动，则应检查原因，排除故障，再行起动。

起动后应检查：

① 机油压力，在怠速时不能低于 0.1MPa，压力过低，柴油机则润滑不良，会造成各运动副磨损。

② 检查柴油机有无"三漏"（漏水、漏油、漏气）与异响。

③ 各汽车仪表的工作情况。发现有不正常现象，应立即停车检查排除，必要时送修。

④ 故障指示灯：如柴油机无故障，故障指示灯则表现为暗亮或不亮。强亮或闪烁，表示柴油机存在故障，应及时排查。

3. 运行过程检查

柴油机起动之后，使柴油机在低速和中速下空车暖机，当柴油机冷却液温度高于 60℃，才允许带负荷工作，并注意以下几点。

① 不允许柴油机长期在怠速下运转。

② 怠速时机油压力不得低于 0.1MPa，中高速时机油压力应在 0.2～0.6MPa 之间。

③ 运转期间的机油压力、冷却液温度应正常。

④ 如发现柴油机有异响，应立即停车检查。

⑤ 注意油、气、水的密封情况，如有泄漏，应立即停车检查。

⑥ 新的柴油机或大修后的柴油机在最初的 2500 公里或 60 小时之内不允许高速、重负荷工作，应不超过额定负荷的 65%，以保证良好的磨合。

4. 停机

① 柴油机应避免急速熄火。停机前应怠速运转 3~5 分钟。

② 注意在环境气温低于 5℃时，如果柴油机冷却液不能确保不发生冰冻，应及时把冷却液放完，以免冻坏机件。

③ 当气温低于-30℃时，应将蓄电池拆下，搬入暖室内保温，避免电池亏电。

④ 关闭第一级钥匙后，柴油机 ECU 需要时间进行数据保存，需要等待 30s 以后，才能关闭总电源。

3.3 电控柴油机的操作

本节只介绍电控柴油机与传统的机械泵柴油机不同的或应加以注意的步骤、方法和注意事项，其他步骤、方法和注意事项与传统的机械泵柴油机相同。

1. 起动柴油机

将车辆的电源总开关闭合（若车辆无此开关则省略此步骤），确认故障诊断开关处于关闭状态，然后再按常规起动方式与注意事项起动柴油机。

注意：起动时不允许踩油门。

冷起动：在较冷的环境下，起动操作与常规一样，但是柴油机的 ECU 会根据环境温度以及车辆上的附件发出一些控制指令，以利于起动顺利。装有预热装置的柴油机，预热指示灯灭后才允许起动。

2. 车辆的操作

车辆起步：按常规操作，要求尽量用一挡起步，避免高挡起步。建议起步转速为1100r/min左右。

加速油门踏板的操作：轻踩慢放，在一些条件下，ECU 为了保护柴油机免受过热、过载的伤害，或为避免柴油机冒烟，猛踩油门并不能得到想象中的急速加速。

换挡点的推荐：为了使柴油机获得更好的动力性和经济性，建议柴油机的换挡转速应在最大扭矩点转速附近。

涉水行驶的注意事项：当车辆通过积水路面时，车辆应遵循以下规定，避免电控系统因进水受损和失效。原则上 ECU 离水的高度应超过 200 毫米，并且在水面接近此高度时车辆应以小于 10 公里的时速通过，在积水较浅时车辆应该慢速通过。一旦涉水行驶柴油机熄火，应立即切断点火开关和电源总开关，且在确认 ECU 和线束未干燥之前不能再接通电源。

排气制动：按常规操作，若车辆的排气制动装置由柴油机的 ECU 控制时，必须同时满足以下条件排气制动才能执行。

① 闭合排气制动请求开关。

② 不踩油门踏板（油门开度为0）。

③ 柴油机转速高于设定转速。

3. 停机

关闭第一级钥匙后，柴油机 ECU 需要时间进行数据保存，需要等待 30s 以后，才能关闭总电源。

4. 燃油抽空，重新加注后的排空方法

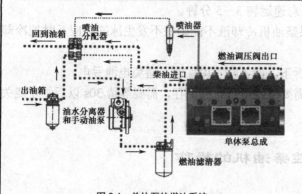

图 3.1　单体泵的燃油系统

图 3.2　单体泵的燃油系统

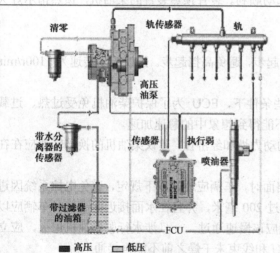

图 3.3　共轨系统的燃油系统

图 3.4　柴油精滤器

① 单体泵的燃油系统如图 3.1 所示。

具体的排空方法：

● 松开油水分离器座上的放气螺塞，上下按压手泵将油水分离器前管路的空气排空，没有气泡冒出再上紧放气螺塞。

● 如图 3.2 所示，将单体泵泵室顶部的放气螺塞松开，上下按压手泵排空直到将滤清器、单体泵泵室充满燃油，没有气泡冒出再上紧放气螺塞。

● 将各缸高压油管连接喷油器的接头松开，上下按压手泵将高压油管中的空气排出，直至燃油流出再上紧接头。

● 排空完成后，将流出在柴油机和车架上的燃油擦拭干净后才能起动柴油机。

警告：

● 禁止以起动机拖动柴油机来排空。

● 在排空的过程中应避免燃油溅到排气管、起动机、线束（特别是接插件）上，若不小心溅到，则须将燃油擦拭干净。

● 在排空操作的过程中必须保证燃油清洁免受污染。

● 严禁在柴油机运转时拆卸柴油机的高压油管，由于高压油管内的压力高达 1800bar，同时高压油管内的压力有一个保压延时，因此要在停机半分钟后才能进行拆卸油管，确保安全。

② 共轨系统的燃油系统如图 3.3 所示。

● 松开油水分离器座上的放气螺塞，上下按压手泵将油水分离器前管路的空气排空，没有气泡冒出再上紧放气螺塞。

● 将柴油精滤的出口过油螺栓清洗干净，拧松该过油螺栓（不要拧掉），按压手泵，到拧松的精滤出口过油螺栓处不再有气泡冒出为止，然后扭紧该过油螺栓即可。最后注意清理排空时流到柴油机和车架上的燃油，如图 3.4 所示。

警告：

请关掉柴油机电源后再排空，不允许拧松高压油管螺母进行排空，高压部分的排空由高压油泵运行时自动将空气排回油箱内。

5. 燃油预滤器放水操作方法

电控柴油机运行一段时间后，请务必注意对油水分离器（即燃油预滤器）适时放水，放水周期视所用柴油的含水量情况灵活调整。

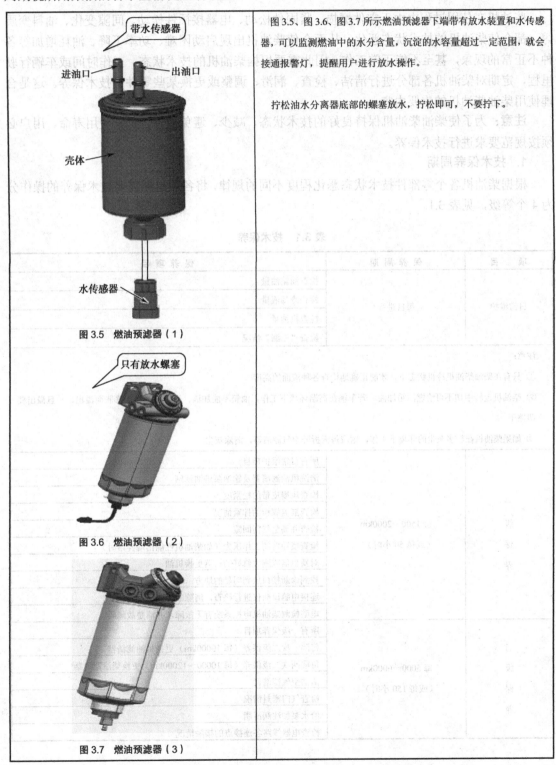

图 3.5、图 3.6、图 3.7 所示燃油预滤器下端带有放水装置和水传感器，可以监测燃油中的水分含量，沉淀的水容量超过一定范围，就会接通报警灯，提醒用户进行放水操作。

拧松油水分离器底部的螺塞放水，拧松即可，不要拧下。

图 3.5 燃油预滤器（1）

图 3.6 燃油预滤器（2）

图 3.7 燃油预滤器（3）

3.4 电控柴油机的技术保养

柴油机在使用过程中由于零件磨损、紧固件松动、电器接插件松动、间隙变化、油料变质等，都会使柴油机的技术状态恶化。从而会使柴油机出现启动困难、功率下降、油耗增加等各种不正常的现象，甚至不能正常工作。因此需要根据柴油机的技术状态、工作时间或车辆行驶里程，定期对柴油机各部分进行清洁、检查、润滑、调整或更换某些零件等技术保养。这是合理使用柴油柴油机的重要内容。

注意：为了使柴油柴油机保持良好的技术状态，减少、避免故障，延长使用寿命，用户必须按规范要求进行技术保养。

1. 技术保养周期

根据柴油机各个零部件技术状态恶化程度不同的规律，将各项定期需要技术保养的操作分为 4 个等级，见表 3.1。

表 3.1　技术保养

项　　目	保养周期	保养项目
日常维护	每日进行	检查油箱油量
		检查冷却液量
		检查机油量
		检查"三漏"情况
注意： ① 只有在柴油柴油机冷机状态下，才能正确地检查各种液面的高度 ② 柴油机运转中切不可给燃油箱加油。若车辆在高温环境下工作，油箱不能加满，否则燃油会因膨胀而溢出，一旦溢出要立即擦干 ③ 如果柴油机在较多灰尘的环境下工作，则应每天拆开空气滤清器，清除灰尘		
一级保养	每 1500～2000km （或每 50 小时）	所有日常维护项目
		清洗机油滤清器及输油泵进油滤网
		检查风扇皮带的松紧度
		检查缸盖螺栓的拧紧情况
		检查并调整气门间隙
		检查喷油器的工作压力（如柴油机性能出现异常时）
		对新机器或刚大修好的机器更换机油
		找到诊断接口放到明显的地方
		连接电脑诊断仪进行检查，清除故障码
		电脑检测柴油机电控系统有无故障，并清楚故障码
二级保养	每 5000～6000km （或每 150 小时）	所有一级保养项目
		每隔一次二级保养（每 10000km）更换机油滤清器
		每隔两次二级保养（每 10000～12000km）更换柴油滤清器
		清洁空气滤清器
		检查气门密封情况
		给水泵加注润滑脂
		检查电器线路各连接点的接触情况

续表

项　　目	保养周期	保养项目
二级保养	每5000~6000km （或每150小时）	检查所有重要螺栓、螺母的拧紧情况
		若水套结垢严重应清除掉
		清洗呼吸器滤芯
		更换机油
		电脑检测柴油机故障码并清除故障码
三级保养	每30000~40000km （或每800~1000小时）	（视情况）解体整机清除油污、积炭、结焦等
		检查各摩擦副、运动件的磨损变形情况
		检查喷油泵的工作情况
		检查喷油器的工作情况
		检查机油泵的工作情况
		检查发电机及起动马达的使用情况，清洗轴承及其他机件，加注润滑脂
		检查汽缸垫及其他垫片的使用情况
		排除各种隐患
		更换机油
		电脑检测柴油机故障码并清除故障码

注意：三级保养完成的柴油机应有2500km磨合期，不能马上高速高负荷运转，以免损伤机件，影响使用寿命

特别提醒：
- 用户必须在新车行驶 1500~2500km 内到相应厂家的服务站进行走合保养并记录走保情况。
- 走保后每10000km 内到相应厂家的服务站进行一次强制保养，要求50000km 内强制保养不少于三次。
- 柴油机在使用期间，还应按要求进行例行维护保养。

2. 技术保养汇总表

每天进行日常维护，检查冷却水量、油底壳及喷油泵内的机油量、检查"三漏"情况，见表3.2。

表3.2　技术保养汇总表

检查保养项目	里程（×1000km）	走合期	4	8	12	16	20	24	28	32	36	40	44	48
	时间（月）		1	2	3	4	5	6	7	8	9	10	11	12
清洁柴油机总成			△	△	△	△	△	△	△	△	△	△	△	△
检查并调整皮带松紧度		○		△		△		△		△		△		△
检查和清洁空气滤清器滤芯					△			△			△			△
更换空气滤清器滤芯														△
检查加速和减速性能及排气状况		○	△	△	△	△	△	△	△	△	△	△	△	△
检查汽缸压缩压力														
检查、调整气门间隙		○		△			△			△			△	△
检查柴油机"三漏"情况		○	△	△	△	△	△	△	△	△	△	△	△	△

续表

检查保养项目	里程（×1000km） 时间（月）	走合期	4 1	8 2	12 3	16 4	20 5	24 6	28 7	32 8	36 9	40 10	44 11	48 12
检查润滑油的清洁度和剩余量		△	△	△	△	△	△	△	△	△	△	△	△	△
更换柴油机润滑油		o		△		△		△		△		△		△
更换机油滤清器总成				△		△		△		△		△		△
检查缸盖螺栓的拧紧情况		o												△
消除燃油滤清器的沉积物		o	△	△	△	△	△	△	△	△	△	△	△	△
增加														
检查喷油器（单体泵系统）压力		o												△
检查高压共轨系统是否工作正常		o												
检查单体泵系统是否工作正常		o												△
检查节温器的功能														
更换燃油滤清器					△			△				△		
检查散热器是否工作正常														
清洁柴油机冷却系														
检查增压器是否工作正常														
清洗呼吸器滤芯				△		△		△		△		△		△

说明：o项目为三包服务站完成。

3. 电控柴油机的日常维护注意事项

（1）燃油系统的日常维护

① 对燃油清洁度的特别要求。

相对于传统的机械式燃油系统而言，电控系统对燃油的清洁度要求更苛刻。因为电控系统要产生更高压力的燃油以及实现更高精度的控制，内部的量孔更加精细，运动元件的配合也更精密，不清洁的燃油会使单体泵和共轨高压泵及喷油器堵塞而失效，也会使运动元件受到磨损而缩短使用寿命。

图 3.8　加注清洁燃油

a. 不要加注不符合国标的燃油，应该在正规的加油站进行燃油加注（图 3.8）。

b. 不要让加注后的燃油受到污染。

c. 在需要拆装燃油管路时，必须保持操作人员的手及所使用工具的清洁，避免燃油管路受到污染，必须按照厂家要求的拆装方法进行操作。

d. 更换柴滤器时，先用清洁的柴油加满新的滤清器，再顺便清洗一下油管接头，以免因燃油系中进入空气或杂质，引起起动困难，运转不稳。然后用少量清洁的机油润滑橡胶密封圈，再安装滤清器。

② 燃油主滤清器（精滤器）和预滤器（粗滤器）。

a. 电控柴油柴油机采用两级专用高效的燃油滤清器，即安装在车辆上的燃油预滤器和安装在发动机上的燃油精滤器。

b. 燃油滤清器和预滤器是保证燃油清洁度的关键部件，使用厂家指定要求的燃油滤清器和预滤器对于保证电控系统能够长期稳定工作是十分重要的。电控柴油机系统的燃油滤清器和预滤器必须用厂家专用件，不要购买劣质燃油滤清器与油水分离器，绝不允许用传统（欧Ⅱ以前）的柴滤或不经厂家认可的产品代替，否则容易造成电控系统部分零部件早磨等故障，对于因用户使用劣质燃油滤清器与油水分离器，引发的无法起动、起动困难、功率不足等故障，厂家不予保修。

c. 滤清器更换周期：每运行 10000～12000km 或累计运行 200～250 小时（先到为准），更换一次柴滤。更换柴滤时，一定要使用厂家指定的配件。

警示：开通放水报警功能的电控柴油机，出现放水报警信号后必须及时放水；没开通放水报警功能的电控柴油机，请务必注意观察燃油预滤器积水杯的积水情况，及时放水。

③ 燃油抽空，重新加注后的排空方法。

a. 严禁在柴油机运转时拆除柴油机的高压油管，由于高压油管内的压力可以高达 1600～1800bar，所以必须要在停机后才能进行拆卸油管，确保安全。

b. 松开油水分离器座上的放气螺塞，上下按压手泵将油水分离器前管路的空气排空，没有气泡冒出再上紧放气螺塞。

将柴油精滤的出口过油螺栓清洗干净，拧松该过油螺栓至有油流出（不要拧掉），按压手油泵至拧松的精滤出口过油螺栓处不再有气泡冒出为止，然后扭紧过油螺栓，最后注意清理排空时流到柴油机和车架上的燃油。

c. 为了完全将空气排出，对于单体泵电控柴油机还要进行如下操作。

将单体泵泵室前端顶部的放气螺塞松开，以手泵排空直到将单体泵泵室充满燃油，没有气泡冒出再上紧放气螺塞。

将各缸高压油管连接喷油器的接头松开，以手泵将高压油管中的空气排出，直至燃油流出再上紧接头。

注意：请关掉柴油机电源后再排空。高压共轨系统不允许拧松高压油管螺母进行排空，高压部分的排空由高压油泵运行时自动将空气排回油箱内。

（2）电气部分的日常维护

电控柴油机的电器元件主要有控制器（图 3.9）、传感器、执行器和线束等，柴油机电控元件一定要保持干燥、无水、无油、无尘。

图 3.9 DELPHI 单体泵系统 ECU、DELPHI 共轨系统 ECU 和 BOSCH 共轨系统 ECU

ECU（控制器）是整个电控系统的"大脑"，由硬件和软件组成，安装时应尽量远离柴油机和车辆的高温区，在使用和维修过程中严禁碰撞和摔落。DELPHI 共轨系统每个电控喷油器均有 16 位修正码，一旦将喷油器修正码输入控制器，则控制器和柴油机必须配对，各缸喷油器之间不能互换；DELPHI 单体泵系统的电控单体泵也有修正码，同样要求控制器和柴油机必须配对，各缸单体泵之间不能互换。

ECU 控制器必须要安装在防水、防油、防振的地方。DELPHI 单体泵和 BOSCH 共轨系统 ECU 控制器壳体与车身必须接地良好（部分柴油机的装在柴油机上），DELPHI 共轨系统的控制器要求必须与车身绝缘。注意，进行电焊作业时，一定要关总电源并拔掉 ECU 上的所有插件。

虽然电控系统各个零部件采用了一些防护措施，例如传感器或执行器与线束接插件之间的连接采用了隔水橡胶套圈，控制器（ECU）与线束之间的连接有盖板覆盖，但是仍然不能用水直接冲洗柴油机电控部分的零部件和接插件。电控系统安装与拆卸必须要经过专业的电控培训，不允许用户自行拆装电控系统零件。因此，电控燃油喷射柴油机的日常维护应注意以下几点。

① 拔插线束及其与感应器/执行器的连接部分之前，切记首先关掉点火开关与蓄电池总开关，然后才可以进行柴油机电气部分的日常维护。定期用洁净的软布擦拭柴油机线束上积累的油污与灰尘，保持线束及其与感应器/执行器的连接部分的干燥清洁。

② 当更换柴油机零部件后，例如更换高压油管后，电控系统接线柱周围积油时，应立即用洁净软布或卫生纸将积油吸干。

③ 当电气部分意外进水后，例如控制器（ECU）或线束被水淋湿或浸泡，切记首先切断蓄电池总开关，并立即通知维修人员处理，不要自行运转柴油机。

④ 由于很多接插件都是塑料材料，安装拔插时禁止野蛮操作，一定要确保锁紧装置拉到位，插口中无异物存在。

⑤ 注意维护整车线路，发现线束有老化、接触不良、外层剥落或破损时，要及时维修更换，但是对于传感器本身出现损坏时，一定要由专业的维修人员进行整体更换，不允许自行在车上进行简单的连接或维修。

（3）蓄电池的日常维护

尽量保持蓄电池的电压在各电控系统要求的正常范围（DELPHI 单体泵为 18～32V，BOSCH 共轨为 9～32V），DELPHI 共轨系统为 10～14V）。环境温度过低时，要对蓄电池进行保暖防护。

接通断开蓄电池和点火开关的要求如下。

① 司机断开蓄电池总开关之前，应先关闭点火开关。一般来说，因为电子控制单元（ECU）在点火开关断开后，需要一段时间存储柴油机的运行状态参数（例如故障码），因此建议在关点火开关 30s 以后后再断开蓄电池总开关。

② 司机接通蓄电池与点火开关时，应先接通蓄电池总开关，然后再接通点火开关。

（4）进排气系统的日常维护

进排气系统的作用是保证进气清洁、充足，排气通畅。如果进排气系统出现问题，会引发零件早磨、燃油耗高、功率不足等问题。

空气滤清器的使用、保养：

① 绝对禁止柴油机在不装空气滤清器或空气滤清器失效的情况下工作。

② 平时可以通过观察装在空气滤清器后的进气管上的空气阻力指示器来判断空气滤清器的堵塞情况，当空气阻力指示器的指示窗口由正常情况下的绿色变成红色时，则表明滤清器进气阻力超过限定值，需要对其进行清理或更换。如果空气滤清器上没有空气阻力指示器，则视环境空气中含尘量的高低来定期检查、清理或更换。

③ 每运行 1 个月（2000～5000km），应对滤芯清洁积尘，检查密封性等，每运行 2 个月（5000～8000km）应对空滤器的整体滤芯进行更换。由于车辆用途和使用差异性大，应该灵活调整保养、更换周期。一旦出现空气滤清器堵塞，应立即停机清理或更换空气滤清器滤芯。

空滤保养操作要点如下。

  图 3.10　主滤芯　　图 3.11　安全滤芯	图 3.10 所示主滤芯用 0.15～0.4MPa 左右的压缩空气由里向外吹干净。禁止用水清洗滤芯。 安全滤芯只能用软毛刷刷拭干净，不能用压缩空气吹，如图 3.11 所示。
  图 3.12　主滤芯　　图 3.13　安全滤芯	用干净的棉布擦拭干净主滤芯、安全滤芯的密封胶圈，如图 3.12、图 3.13 所示。
  图 3.14　空滤壳	用干净的棉布把空滤壳内腔、盖擦拭干净，如图 3.14 所示。
 图 3.15　各种密封件	检查密封件的气密性。各种密封垫片、密封圈须齐备，如图 3.15 所示。

续表

这样的胶垫不许使用了！ 图3.16　密封胶垫	密封件如有松脱、破损、切边就要更换，如图3.16所示。
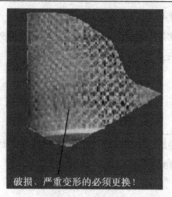破损、严重变形的必须更换！ 图3.17　破损滤芯	检查滤芯，破损、严重变形的就要更换，如图3.17所示。

④ 养成定期检查进、排气管路和增压器的习惯。要求：管路结合可靠，无破损、无打折、无真空节流；增压器叶轮转动灵活，轴向间隙适当，无窜油窜气现象；排气背压正常，排气制动阀和消声器无堵塞。怠速运行3～5分钟后才能熄火，否则，增压器容易损坏。

（5）润滑系统的日常维护

① 电控柴油机零部件的精度很高，对于机油油品的要求较高，必须使用CF-4级或以上级别的柴油机机油，见表3.3。

表3.3　机油的使用

使用条件	夏季	≥0℃	≥-15℃	≥-30℃
油品牌号	15W/40CF-4	15W/30CF-4	10W/30CF-4	5W/30CF-4

② 机油的工作温度要求在90～116℃，机油压力在正常使用时应在0.2～0.6MPa之间，怠速时应不低于0.1MPa，当发现机油压力不够时，要及时停机检查，排除故障，否则会引发烧瓦、烧毁增压器等严重故障。柴油机起动后必须怠速（低速）运转3～5分钟，要让润滑油充分润滑增压器轴承后再加速运行；停机前，柴油机应怠速运转3～5分钟后再停机，让增压器得到充分冷却后再停机。不允许急加速后突然停机。

③ 用户要定期检查油底壳内的油面高度和油品质量，油面高度要保持在油标尺的上下刻度之间，如图3.18所示。机油变质后要及时更换。

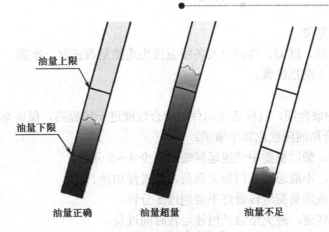

油量正确　　　　油量超量　　　　油量不足

图3.18　油面高度要求

汽车每行驶里程10000km（或每累计工作时间250小时），应更换机油滤清器。以免造成零部件的磨损和烧蚀。起动频繁或经常在高速大负荷下运行的机器应缩短换油周期。

机油滤清器为主旋装式滤芯结构，在保养更换时，只要拧下旧滤芯并装上新滤芯即可，方便、可靠。

（6）冷却系统的日常维护

冷却系统是否正常运行关系到柴油机的性能和可靠性。当冷却系统出现问题时，会有水温高（"开锅"、"返水"），继而引发机油温度高、排温高、燃油耗高、功率不足甚至零部件烧损等问题。

① 日常维护保养和使用中要注意检查，各结合处是否存在泄漏，冷却液的容量是否足够，如果不足要及时添加。定期检查水泵皮带轮的松紧度和磨损程度，水泵工作是否正常，节温器和水温表是否有效。使用较长时间后，要定期对水腔内的水垢进行清理。在寒冷地区停机时间较长时要放尽冷却液（加防冻液的不需要放），以免缸体、机油冷却器等机件冻裂。厂家强烈推荐使用防冻液。

② 当冷却液温度过高时，柴油机会进入热保护状态，降低柴油机输出功率，甚至会自动停机，此时用户应该仔细检查导致高温的原因并予以排除。

3.5　柴油机的磨合

新机或刚大修过的（包括换过活塞、活塞环或主轴瓦、连杆瓦）柴油机在正常使用前必须先经过从小负荷开始逐步增加负荷的磨合过程，通过磨合进行初期检查、调整走合保养，尽量使柴油机各运动副磨合良好，避免不正常的磨损。

1. 磨合前的准备工作

① 操作人员必须认真阅读使用说明书，熟悉柴油机的机构、性能、操作和维护、保养方法。

② 将柴油机外表面清理干净。

③ 检查油底壳内机油油位，不足时按要求添加至规定油面高度。

④ 向各润滑点加注润滑脂。

⑤ 检查、添加燃油、冷却液。

⑥ 检查蓄电池液面，不足时按技术要求添加至规定液面高度。

⑦ 检查皮带松紧度。

⑧ 检查电器线路、ECU、传感器及各线束接头连接是否正常、牢固。

⑨ 将变速箱处于空挡位置。

2. 磨合

需要 2500km 的磨合期，以使各运动件的配合性能进一步提高，保证柴油机的工作可靠性及使用寿命。在磨合期间应注意以下事项：

① 汽车起步前，柴油机要中低速运转暖机至少 3～5 分钟。

② 汽车起步后，不能急踩油门加大负荷，须缓慢加速。

③ 柴油机怠速或满负荷运转最好不要超过 5 分钟。

④ 要经常变换转速，避免柴油机恒速运转时间过长。

⑤ 要适时换挡，防止柴油机低速硬拖。

⑥ 经常观察机油，水温表，保证柴油机的正常工作状态。

⑦ 避免高速高负荷运转。

对刚大修好的柴油机，也需要 2500km 的磨合期，以保证各摩擦副的配合效果。

3. 磨合期结束后的技术保养：

① 放出润滑系统内的机油，清洗润滑系统，更换机油滤清器滤芯，按规定标号更换机油。

② 检查调整气门间隙。

③ 检查各部件螺栓的紧固情况，检查各电器接插件、传感器、ECU 的连接情况。

注意：只有按技术要求进行磨合、保养后，柴油机才能转入正常使用，否则将缩短柴油机的使用寿命。

小　结

1. 了解电控柴油机主要功能

① 起动油量控制，正确操作：驾驶员只需要将点火钥匙旋转到起动挡，不需要踩油门。

② 扭矩输出控制。

③ 怠速闭环控制是指 ECU 可根据冷却液温度、蓄电池电压与空调请求等自动调节怠速。

④ 起动预热控制，在加热过程中，预热指示灯亮以提醒驾驶员，预热指示灯灭才能起动柴油机。

⑤ 跛行回家控制：是指汽车发生严重电控系统故障时，ECU 采用跛行回家控制策略限制柴油机转速，这是避免车辆半路抛锚的一种失效保护策略。

还有多种控制电控柴油机运行的方法，ECU 实时对柴油机的各个参数进行监测，进行故障诊断，以便于维护柴油机并提高车辆行驶安全性。当系统检测到故障时将点亮柴油机故障灯，告知驾驶人员及时检修柴油机。

2. 电控柴油机起动前要检查以下项目

① 检查各传感器外表面是否完好，传感器线束是否扎紧，线束接插件接触是否良好。

② 检查油底壳机油油面，确保机油足够。

③ 检查水箱中的冷却液，不足应加注（必须使用牌号相同的防冻冷却液）。

④ 检查燃油预滤器并及时放水。

⑤ 检查油箱燃油是否充足。

⑥ 检查电气系统（各连接线路、开关接线等）是否牢固可靠。

⑦ 检查电瓶电解液是否充足。

⑧ 检查皮带，松紧度应适宜。

⑨ 检查汽车底盘和操纵装置等。

3. 电控柴油机启动、运转中应该注意的问题

① 起动时不允许踩油门。

② 装有预热装置的柴油机，预热指示灯灭后才允许起动。

③ 车辆起步：要求尽量用一挡起步，避免高挡起步。

④ 加速油门踏板的操作要轻踩慢放。

⑤ 换挡点的推荐：建议柴油机的换挡转速应在最大扭矩点转速附近。

⑥ 涉水行驶的注意事项：车辆应遵循以下规定，原则上 ECU 离水的高度应超过 200 毫米，并且车辆应以小于 10 公里的时速通过。

⑦ 停机时：关闭第一级钥匙后，电控柴油机需要等待 30s 以后，才能关闭总电源。

4. 日常维护

电控柴油机的日常维护是预防性维护，主要工作是检查，由驾驶员完成，主要是：检查油箱油量、检查冷却液量、检查机油量和检查"三漏"情况等；一级维护是专业人员执行的，主要是以清洁、检查、调整和补充更换为主；二级维护工作主要以检查、调整和更换为中心内容。

5. 换季保养

换季保养主要是夏季、冬季温度差别大，电控柴油机内的油、水受温度影响较大，故转季时应该进行换季保养。

6. 磨合

电控柴油机的磨合主要针对新柴油机或大修后的柴油机，在 1500～2500km 或 50 小时运行时，要进行磨合期保养，其目的是改善零件摩擦表面几何形状和表面层物理机械性能。

实训要求

实训：二级维护保养项目

1. 实训内容

对照电控柴油机说出二级维护保养的内容。

2. 实训要求

懂得二级维护保养电控柴油机的作业项目和技术要求。

复习思考题

1. 电控柴油机启动前应该做什么检查？

2. 燃油抽空重新加注后如何排空气？

3. 电控柴油机日常维护保养项目有哪些？

4. 电控柴油机磨合前准备工作有哪些？磨合后应该做哪些技术保养？

第4章

柴油机故障诊断与排除

一台柴油机质量好与坏，主要取决于三个方面：一是产品本身质量（性能及可靠性）。二是使用者的使用与维护保养是否符合产品说明书的有关要求。三是维修者的维修技术能否恢复或接近产品的技术性能。以上三者的任何环节出现问题，都会给产品质量造成不良影响，为使使用者和维修者能更好地使用维修好的柴油机产品，不断地增加经济效益，本章主要介绍柴油机在使用过程中，出现的故障如何进行诊断与排除方面的有关知识。

4.1 柴油机故障信息的收集和分析原则

通过本节内容的学习，使学生了解柴油机故障类别，信息收集、分析的重要性，以及故障分析及排除的原则。

使学生熟知诊断和排除柴油机故障的原则。

知识要点

1. 柴油机故障的类别；
2. 柴油机故障信息的收集；
3. 柴油机故障分析的原则。

4.1.1 柴油机故障的类别

1. 柴油机的先天故障

先天故障是指来自柴油机自身的质量问题，而与使用保养及维修技能无关的故障，如机体有砂眼而漏水或漏油，曲轴轴颈因硬度不够，使用时间不长就磨损超差等。

2. 柴油机的人为故障

人为故障是指来自使用者不按使用说明书要求去进行使用和保养，或维修人员缺乏技能及失误造成的故障，例如少装或错装零件或不按规定更换符合要求的机油等。

这两种故障存在着前因与后果的密切关系。要知其前因和后果的真实情况，必须向有关人员进行了解，这是判断故障的最有效的依据之一。

4.1.2 柴油机故障信息的收集

1. 询问使用者（司机），了解故障产生的情况

① 故障症状的发生是突发性还是使用时间较长而逐渐扩大的。例如机油压力偏低。如得来的信息反映新机时已偏低，目前更低，那原因多为机油泵供油压力偏低或机油泵安全阀调整失灵，或者机油调压阀调整不当。

② 如果信息反映原新机时机油压力正常，现在因使用时间较长而出现油压偏低，多属机油泵磨损，供油不足，运动副磨损过大泄漏机油过多，或油道被油污堵塞使机油压力提不起来。

③ 如果是突然油压降低，原因多为机件损坏，如机油泵垫损伤；集滤器因油污堵塞，轴瓦突然损坏或某处油管断裂漏油严重。

2. 询问使用者了解该机的使用与维修过程的情况

① 机油压力和水温高低变化情况：变化时间、变化现象，是维修前还是维修后变。

② 柴油机用油（机油、柴油）、用水出现的情况。

③ 何时何地何人做过哪些保养、维修调整或换件。

④ 什么时候，在什么情况下柴油机出现过异响或异常烟色。

⑤ 柴油机动力（功率和转速）的变化情况等。

3. 对柴油机现场实地观察和试验

① 观察柴油机三漏情况，以确定造成三漏的形式（如：螺栓紧固力矩不足、密封垫或机件损坏）。

② 倾听异响模式及其部位，以确定故障根源。

③ 观察排气烟色，以便分析故障原因。

④ 检查柴油机转速变化情况，可觉察柴油机性能的好与坏，有利于故障的判断。

一般来说，凡柴油机出现故障，必然会伴随出现上述四种现象中的一种或多种，不同的故障出现不同的现象，反过来说，不同的现象对应着不同的故障，掌握这一点，就成功了一半。

4.1.3 柴油机故障分析及排除的原则

故障分析包含如下内容。

1. 判断并确定柴油机是否存在故障

判断是否存在故障，不能凭猜测。要想做到这一步，必须熟悉下面四点。

① 熟悉掌握柴油机各零部件配合（配套）参数及技术数据。这是判断零部件是否合格（或有故障）的依据，除此之外，即属于凭经验所为，不够确切。

② 掌握柴油机性能指标，例如，柴油机标定功率、最大扭矩及转速，全负荷最低燃油消耗率，排放温度及烟度（含烟色）等，在试验台架上进行检测，或凭实践经验相比较，可以判断柴油机是否合格或近似合格。

③ 柴油机异响的确认。柴油机里里外外及四周都会有响声源，哪些是自然（柴油机必然存在）的响声，哪些是异响，鉴定者必须有所了解，善于比较，懂得鉴别。

④ 柴油机转速稳定性。柴油机转速稳定与否，直接反映柴油机是否有故障，柴油机转速不稳定，多在低转速段，在高中速段转速不稳定的也有，但少见。在高中速段，加速不起倒是

常见现象，转速不稳或加速不起，故障多在燃油供给系统上。

2. **分析并确定故障的部位**

根据多方了解到的信息及现场故障现象的鉴别，初步确定故障部位及其严重性，以此来决定故障处理的步骤和方法。

3. **确定原因**

通过拆卸解体检测，确定其故障原因。

4. **排除故障的原则**

故障排除应遵循由简到繁、由易到难、由外及里的原则，避免无谓的拆装解体，做到稳、准、快、省，一切为用户着想。

小　结

① 柴油机故障分为先天故障和人为故障。

② 柴油机故障信息的收集方法一是询问使用者；二是了解该机的使用保养及维修过程（包括换件）情况；三是对柴油机进行实地观察和试机，了解柴油机的故障现象。

③ 柴油机故障分析的原则：首先判断柴油机是否存在故障，掌握该机的各种参数和性能指标，以及确定柴油机的故障现象（如异响或速度不稳定等）；再次分析确定故障原因部位；通过拆检，确定故障原因。

④ 故障排除应由简到繁、由易到难、由外及里，做到稳、准、快、省。

复习思考题

1. 判断故障时如何询问使用者（司机）？
2. 判断并确定柴油机是否存在故障必须熟悉哪些内容？
3. 故障排除的原则是什么？

4.2　柴油机起动困难

 任务

通过本节内容的学习，使学生懂得从故障的现象分析其产生的主要原因，学会诊断和排除柴油机起动困难故障的基本思路和方法。

目标

使学生掌握诊断和排除柴油机起动困难故障的基本操作技能。

知识要点

1. 柴油机起动困难的现象；
2. 引起起动困难的原因；

3．起动困难故障的诊断与排除方法。

所谓柴油机起动困难，指的是新机在环境温度为 5℃ 左右的温度时，或技术条件规定的温度范围内，连续起动三次均不成功者。对在用柴油机，在常温下，多次起动都难以成功。这是常见的故障之一。

柴油机起动困难分两种情况，一是冷机起动困难，而热机起动不困难；二是冷机起动困难，热机起动同样困难。

4.2.1 柴油机冷机起动困难而热机起动不困难

1．现象

① 起动转速正常，排气管无排烟；
② 起动转速正常，排气管冒白烟；
③ 起动转速正常，排气管冒黑烟；
④ 冷机起动后，热机起动比较容易。

2．原因

（1）起动转速正常，排气管无排烟
① 低压油路中有空气，致使无油到喷油泵、喷油器。
② 喷油泵的断油电磁阀未处于供油位置，致使无法向喷油器供油。
（2）起动转速正常，排气管冒白烟
① 柴油质量不良或油箱底部有水。
② 环境温度低造成机体温度低，柴油在汽缸内燃烧不完全或不燃烧即被排出。
③ 汽缸垫被冲了水孔位或缸套内进水。
④ 低温起动，热机后白烟消失是正常现象。
（3）起动转速正常，排气管冒黑烟并带有半爆炸声
① 喷油器雾化不良，个别或多个喷油器工作不良。
② 喷油泵供油角度大，供油多，造成燃烧不完全。
③ 进气量不足。
（4）冷机起动运转升温后热机起动容易
① 是活塞环或汽缸的磨损达到临界间隙所致，升温后机油均匀润滑，弥补此间隙，机油温度升高，黏度下降，摩擦阻力减少，使热机容易起动。
② 喷油器油嘴的磨损同样到达临界间隙，热膨胀后间隙减少，恢复良好的喷油状态致使热机容易起动。
（5）冷机起动曲轴转速不快，热机正常
① 蓄电池电池容量不足，起动后发电机对蓄电池补充充电后容量回升。
② 起动机有"拖底"现象，转矩不够，热机后起动阻力相对减少，易起动。

3．诊断与排除

诊断思路如图 4.1 所示。

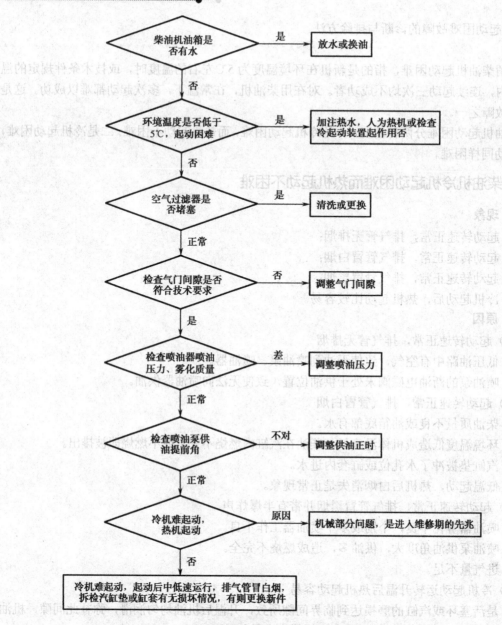

图 4.1 柴油机冷起动困难而热起动不困难诊断思路

4.2.2 柴油机冷机起动、热机起动都困难

1. 现象

① 除了 4.2.1 节所述的前三点现象之外，热机起动同样困难。

② 呼吸器口有窜气、窜机油或冒较大的烟气，且气味辛辣难闻。

2. 原因

① 多为机械方面的原因，如：活塞、活塞环与汽缸的磨损超过技术要求。

② 个别汽缸或数个汽缸活塞环出现"对口"现象。

③ 气门间隙过大，造成升程不足；间隙过小，气门关闭不严或烧伤工作面，导致汽缸的

压缩压力降低，燃气难以自然。

④ 喷油器喷油压力不足，或个别乃至多个喷油器工作不良。

⑤ 喷油泵不供油或供油量过小。

⑥ 调速器调整不当。

⑦ 低压油路有故障。

3. 诊断与排除

诊断思路如图4.2所示。

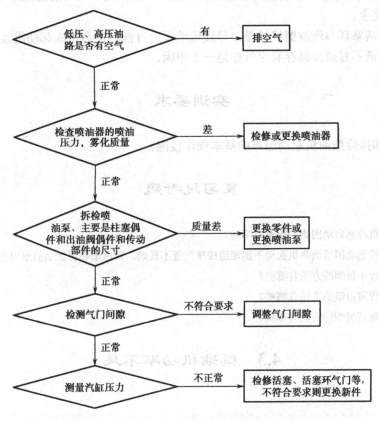

图 4.2 柴油机冷、热起动困难的诊断思路

① 排除油路中空气的方法。

a. 低压油路中的空气排除。先拆松柴油滤清器盖上的放油螺栓，用手抽压输油泵手泵泵油，先看到螺栓孔处有气泡冒出，直到无气泡冒出，而后冒出的全是柴油时，旋紧螺栓。随着柴油的流向，用同样的方法拆松喷油泵的放气螺栓（有些泵的限压阀有放气功能）排气。

b. 拆松喷油器上的高压油管接头，用起动机转动柴油机数转，可将高压油路中的空气排除，便于起动。

② 测量汽缸压力，判断汽缸密封程度，各缸压力因机型而异，一般不得低于20MPa。压力过低或各缸压力差过大，应检修柴油机，使之符合技术要求，恢复性能。

注意： 当发现新装好的柴油机，或大修竣工的柴油机出现起动困难故障时，应考虑配气相位是否准确这一因素，还应考虑油泵安装是否正确。

小　结

① 柴油机起动困难的现象，一是起动运转正常，排气管无排烟；二是起动运转正常，但排气管冒白烟或黑烟。一些机器是冷机不易起动，热机容易起动；另一些机器是冷机热机都不容易起动。

② 起动运转正常，但排气管无排烟，原因是无油到汽缸；排白烟是机器温度太低或柴油有水，也有可能汽缸进水；排黑烟是喷油泵供油量大，油多气少或喷油器工作不良，柴油雾化不好，燃烧不完全。

③ 活塞、活塞环与汽缸磨损过量，导致压缩压力过低，也会造成起动困难。

④ 柴油质量不好或油路存有空气亦是一个原因。

实训要求

学会诊断和排除柴油机起动困难的基本操作技能。

复习思考题

1. 造成柴油机冷热启动困难的因素有哪些？
2. 柴油机冷机起动困难而热机起动不困难造成排气管不冒烟、冒白烟和冒黑烟的原因有哪些？
3. 排除排气管不冒烟的方法有哪些？
4. 排除排气管冒白烟的方法有哪些？
5. 排除排气管冒黑烟的方法有哪些？

4.3　柴油机功率不足

通过本节内容的学习，使学生懂得从故障的现象分析其产生的主要原因，学会诊断和排除柴油机功率不足故障的基本方法。

目标

掌握诊断和排除柴油机功率不足故障的基本操作技能。

知识要点

1. 了解柴油机功率不足的故障现象及原因；
2. 柴油机功率不足故障的诊断和排除。

所谓柴油机功率不足，作为柴油机使用者来说，其反映：

一是柴油机空载转速达不到标定转速值，表现为汽车在平路行驶时达不到标定车速；

二是扭矩达不到说明书要求的最大转矩指标，表现为汽车爬坡无力。

4.3.1 供油系统引起柴油机功率不足故障的诊断与排除

1. 现象
① 柴油机中低速运转均匀，但转速提不高，排烟过少。
② 急加速时，转速提不高，排气管排少量黑烟。

2. 原因
（1）气路
空气滤清器和进、排气道堵塞或气道过长，阻力增大，气流不畅。增压机的连接胶管破裂。

（2）油路
① 喷油器喷油量不足，有滴漏。
② 输油泵供油不足，低压油路有空气，或柴油滤清器堵塞，来油不畅。
③ 喷油泵油量调节齿杆达不到最大供油位置。
④ 喷油泵柱塞磨损过量、粘滞或弹簧折断。

（3）机械
汽缸磨损过量，造成压缩压力过低燃烧不完全。

（4）柴油
柴油质量不符合要求。

3. 诊断与排除
应本着先易后难、先气路后油路、先外后内的原则进行诊断与排除。
诊断思路如图 4.3 所示。

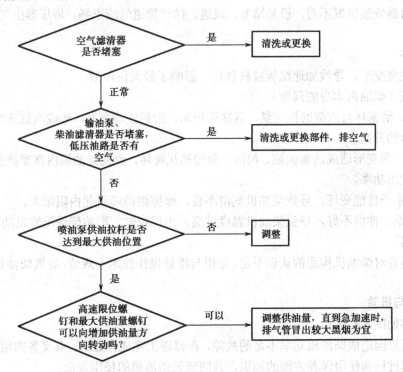

图 4.3 供油系统引起柴油机功率不足故障的诊断思路

① 检查喷油泵油量调节齿杆，确认它是否能移动到最大供油位置。方法是将加速踏板踩到底，然后拉动喷油泵油量调节臂，若还能向加油方向移动，说明加速踏板阻碍了最大供油量，应予以调整。

② 当上述检查尚不能确诊时，则应检查喷油泵、调速器等高压油路部分，方法如下。

● 拆下喷油泵边盖，查看供油齿杆是否能达到最高速位置；

● 查看喷油泵各柱塞或挺杆是否粘滞；

● 检查柱塞、挺杆、滚轮、凸轮是否过量磨损，影响柱塞升程不足；

● 查看柱塞弹簧是否折断；

● 检查出油阀是否密封；

● 检查调速器弹簧弹力是否符合规定标准；

● 在喷油器试验台上检查喷油压力、喷油质量、喷油角及有无滴漏，必要时更换喷油嘴，重新调整喷油压力使之符合技术要求。

4.3.2 机械部分引起柴油机功率不足故障的诊断与排除

1. 现象

① 柴油机中低速运转均匀，高速加不起油，声音软绵绵、不干脆。

② 柴油机振动，运转不平稳。

③ 排气管冒出白烟或滴水，中速、高速亦存在。

④ 从呼吸器冒出烟气，排气烟色呈蓝色或黑色。

2. 原因

（1）气路

空气滤清器安装位置不对，极易堵塞，或进、排气管道气流不畅。增压器出气口之后的连接胶管破裂。

（2）油路

由于驾驶室变形，导致加速踏板拉杆移位，影响了最大供油量。

（3）机械（柴油机本身的问题）

① 活塞、活塞环与汽缸磨损过量，活塞环折断，密封性能变差，造成汽缸压缩压力变低，影响燃烧压力的升高。

② 连杆弯曲变形造成活塞偏缸、拉缸，曲轴轴瓦烧坏，致使柴油机内部摩擦损耗功率大，影响柴油机输出功率。

③ 润滑系统性能变坏，导致柴油机润滑不良，摩擦副故障引起内阻增大。

④ 冷却系统性能不好，导致柴油机温度过高，出现拉缸，影响柴油机输出功率。

（4）使用

由于使用者对柴油机构造的认识不足，运用与维修操作技术不规范，导致柴油机提前衰老、性能变差。

3. 诊断与排除

诊断思路如图 4.4 所示。

由于使用原因造成柴油机功率不足的故障，在修理工完成作业后，有义务向用户解释故障的成因、修理过程和使用保养方面的知识，共同延长柴油机的使用寿命。

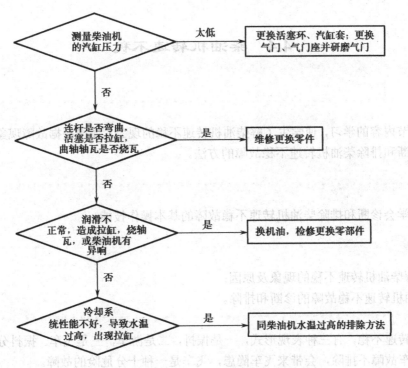

图 4.4 机械部分引起功率不足的诊断思路

小 结

① 柴油机功率不足的原因是多方面的，作为用户的反映一是转速达不到要求，汽车加大油门也行驶不快，二是爬坡无力等。在没有测功机检测功率、扭矩和油耗率的条件下，如何学会从分析外围影响条件着手，对"柴油机无力"故障的诊断，是本节的主要内容。

② 由于供油系统引起柴油机功率不足故障的现象是柴油机中低速运转均匀，但转速拉不高，排烟过少，急加速时，只有少量黑烟冒出，原因有气路、油路、机械和油品等方面的，有单项的，也有综合性的。

③ 诊断与排除应本着先易后难、先气路后油路、先外部后内部的原则进行。

实训要求

学会排除柴油机功率不足故障的基本思路和操作技能。

复习思考题

1. 由供油系统造成柴油机功率不足的现象，其原因主要有哪些？

2. 如何检查高压油路方面的故障。

3. 机械部分引起柴油机功率不足的主要原因有哪些？

4.4 柴油机转速不稳

任务 ··

通过本节内容的学习，使学生了解柴油机转速不稳的现象，懂得根据故障现象分析主要原因，学会诊断和排除柴油机转速不稳故障的方法。

目标 ··

使学生学会诊断和排除柴油机转速不稳故障的基本操作技能。

知识要点 ··

1. 了解柴油机转速不稳的现象及原因；
2. 柴油机转速不稳故障的诊断和排除。

··

柴油机转速不稳，有三种表现形式，一是振抖，二是游车，三是飞车。振抖分为先天性和后天性，游车故障不排除，会带来飞车隐患，飞车是一种十分危险的故障。

4.4.1 柴油机的振抖

1. 先天性振抖

（1）现象

新柴油机起动后，即有振抖现象发生，转速越高，振抖越激烈，怎样努力都无法排除。

（2）原因

柴油机旋转组件，如曲轴飞轮组、离合器总成动不平衡；往复运动组件，如活塞连杆组之间重量超差过大；怠速转速调整到低于额定转速，亦会造成振抖。

一般来说，这种故障不应该发生在新出厂的柴油机上，因为按规定，装新机时，要对运动各组件做严格的测试，如 YC6105、YC6108、YC6L 机型曲轴动不平衡量应小于或等于 50g·cm，而 YC6M 机型要求更加严格，小于 40g·cm，活塞连杆组的重量差也有严格的规定，并且是分组安装以保证整机往复惯性力和离心力的平衡。出现新柴油机振抖现象，多为拼装企业的产品。

一些修理厂，大修柴油机时，未按规定对新换的运动组件进行检验和修理，也有可能造成大修竣工的柴油机发生振抖故障。

另外，柴油机怠速调整过低，支承软垫太硬，与底盘发生共振，也会引起抖动，但调高怠速会消除。

（3）诊断与排除

新机出现这种故障，如是因为怠速调得过低而出现的故障，可以调高怠速来排除，或者选用硬度小些的软垫。排除不了应当找供货商或生产厂家处理。

大修换运动件后出现无法消除的振抖故障，应解体重点检测运动件的动不平衡量或重量差，同时检验喷油器和喷油泵，必要时，检查活塞、活塞环与汽缸的间隙，以确保柴油机压缩压力正常。

有些柴油机安装到底盘上倾角不合格，对中差，也会引起柴油机及整车振动。

2. 后天性振抖

（1）现象

① 汽车上的柴油机，起动后振抖，加速时振抖更厉害，行驶时有要散架的感觉。

② 柴油机发出清脆而又有节奏的金属敲击声，急加速时响声更大，排气管排黑烟。

③ 汽缸内发出没有节奏的、低沉的、不清晰的敲击声。

（2）原因

① 柴油机支架螺栓松动或支架断裂，胶垫老化破损剥落。

② 供油时间过早或过迟，喷油雾化不良或喷油器滴油。

③ 各缸供油不一致。

④ 柴油机机体温度太低，燃烧不充分，工作不均匀。

（3）诊断与排除

诊断思路如图 4.5 所示。

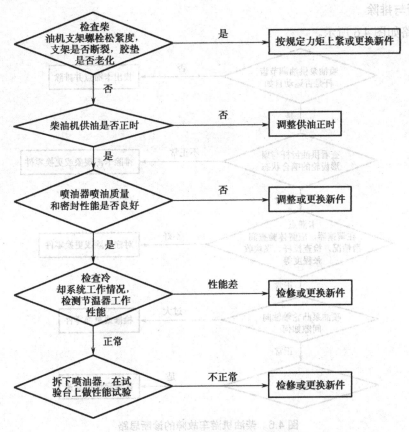

图 4.5 后天振抖的故障诊断思路

4.4.2 柴油机游车

1. 现象

① 柴油机在怠速或中低速工况下，有规律地忽快、忽慢运转。

② 柴油机的转速提不高，功率不足。

2. 原因

（1）喷油泵调速器的故障

① 调速器外壳的孔及喷油泵盖板孔松旷。

② 调速器内润滑油量少或胶结、润滑不良。

③ 飞块销孔、座架磨损松旷，灵敏度不一致或收张距离不一致。

④ 调速器弹簧折断或变形，弹簧刚度小，或预紧力小。

（2）喷油泵本体的故障

① 供油量调节齿杆与调速器拉杆销子松动。

② 供油量调节齿杆或拨叉卡滞，不能运动自如。

③ 供油量调节齿杆与扇形齿轮齿隙过大或变形、松动。

④ 凸轮轴轴向间隙过大，造成来回窜动。

（3）柴油机怠速调整过低

其低于原机标准，亦容易造成游车和振抖故障同时出现。

3. 诊断与排除

诊断思路如图 4.6 所示。

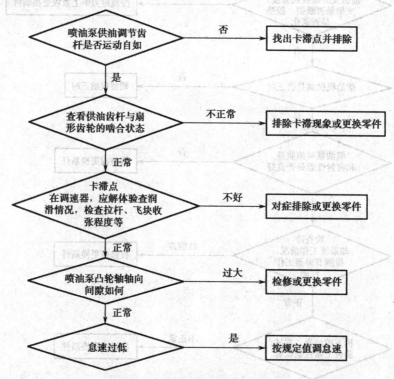

图 4.6 柴油机游车故障的诊断思路

① 若移动时发现卡滞或仅能在小范围内移动，应找出卡滞点。判断方法是将供油齿杆与调速器拉杆拆离，若齿杆运动自如，卡滞点在调速器，若齿杆仍有卡滞，说明卡滞点在喷油泵。

② 若卡滞点在调速器，应拆下解体检查润滑情况，检查拉杆、调速弹簧、飞块收张程度和距离等工作状态，并对症排除。

③ 如是怠速调整过低引起游车振抖，应将怠速调到原机规定值。YC6105、YC6108 机型稳定怠速不低于 700 转/分。

4.4.3 柴油机飞车

1. 现象

柴油机转速突然升高，越转越高，失去控制，并伴有可怕的异响。

2. 原因

（1）喷油泵故障

① 喷油泵油量调节齿杆和调节器拉杆脱开，调节失控，无法向低速方向运动。

② 喷油泵柱塞卡在高速供油位置，使齿杆无法向低速方向运动。

③ 喷油泵柱塞的油量调整齿圈固定螺钉松动，使柱塞失控。

（2）调速器故障

① 调速器润滑性能不好，润滑油太脏，冬季润滑油黏结，调速飞块难以甩开。

② 调速器高速调整螺钉或最大供油量调整螺钉调整不当。

③ 调速器拉杆、销子脱落或飞块销轴断裂，飞块甩脱。

④ 调速器弹簧折断或弹力下降。

⑤ 飞块压力轴承损坏，失去调速功能。

⑥ 全速调速器由于飞球座歪斜或推力盘斜面滑槽磨损，飞球无法甩开。

⑦ 推力盘与传动轴套配合表面粗糙，不能在轴上灵活旋转和移动。

（3）燃烧室进入额外燃料，无法熄火停车

① 汽缸窜入机油。

② 低温起动装置的电磁阀漏油，使多余的柴油进入燃烧室燃烧。

③ 多次起动不着火，汽缸内积聚过多的柴油，一旦着火，便燃烧不止，转速猛增。

④ 增压柴油机增压器油封损坏，机油被吸入燃烧室燃烧。

（4）踏板卡死

柴油车加速踏板踩下去被卡死在最大供油位置。

3. 诊断与排除

（1）紧急措施

① 立即将加速踏板拉回低速位置，并检查卡死踏板的地方。

② 将供油齿杆或调速拉杆迅速拉回低速位置。

③ 用衣物堵塞空气滤清器或进气道，阻止空气进入汽缸。

④ 迅速松开各缸高压油管接头，停止供油。

（2）柴油机熄火后确诊飞车原因

① 当柴油机出现高速运转，迅速抬起加速踏板不回位，转速也不再升高，是加速踏板拉杆或拉臂杠杆等处卡住，可对症排除。

② 若迅速抬起加速踏板，转速仍然继续升高，则可能是喷油泵柱塞或泵杆被卡住，可拆下喷油泵检查。

③ 若反复迅速抬起加速踏板，转速有所降低或熄火，则是调节器故障，应解体检查。

④ 若上述检查证实供油系统均正常时，应当考虑检查有无额外的燃油或润滑油进入汽缸内燃烧。

注意：当飞车原因未找到并没有排除完，禁止再次起动柴油机。

小　结

① 柴油机转速不稳定有振抖、游车、飞车三种形式，振抖分为先天性和后天性，游车故障不排除，会带来飞车隐患，在飞车故障未彻底排除之前，绝对不能再次起动柴油机。

② 柴油机先天性振抖，是旋转组件动不平衡或往复运动组件重量超差引起的，怠速调得过低也会出现振抖。后天性振抖多为柴油机支架螺栓松动或支架断裂，供油时间过早、过迟或各缸供油量不一致，柴油机机体温度太低等原因造成的，应对症修理。

③ 柴油机游车表现为在怠速或中速工况下，有规律地忽快、忽慢运转，加速不起，无力。原因出在喷油泵或调速器的齿杆或拉杆卡滞，弹簧折断或变形，飞块起不到调节作用，怠速过低也会造成怠速游车加振抖。

④ 柴油机飞车是一种十分危险的故障，其基本原因是使用者操作不当，或疏于正常的维护保养造成的。处理飞车的应急措施一是堵气路，二是断油路，迫使柴油机熄火。并对其喷油泵、调速器或加速踏板进行检查，确认供油系统无故障后，应考虑是否有额外的燃料如机油、柴油被吸入汽缸内燃烧。

操作技能训练

① 学习柴油机怠速转速太低造成游车、振抖故障的排除。

② 在试验台架上体会喷油泵供油齿杆运动自如无故障的感觉。

③ 拆除解体调速器，观察内部结构和工作原理，模拟卡滞故障的排除。

复习思考题

1．柴油机振抖故障的现象和原因有哪些？

2．柴油机游车故障的原因有哪些？如何诊断与排除？

3．如何紧急处理柴油机飞车故障？

4.5　柴油机排气烟色不正常

任务

通过本节内容的学习，使学生了解柴油机排气一般有三种不正常的烟色，懂得根据各种烟色故障的现象分析其产生的原因，学会诊断和排除这些故障的基本思路和方法。

目标

使学生掌握诊断与排除柴油机冒黑烟、白烟、蓝烟的基本操作技能。

知识要点  ......

1. 柴油机排气烟色不正常故障的现象及原因；
2. 柴油机排气烟色不正常故障的诊断与排除方法。

柴油机排气烟色不正常的情况一般分三种，即黑烟、白烟（灰白色）、蓝烟（暗蓝色）。由于柴油机各缸工作条件是不完全相同的，各缸内混合气物质的含量也不同，燃烧时所产生的烟色也就很难定性。在某种影响燃烧因素较严重时，比如有个别汽缸的喷油器工作不良，在各种工况都会产生黑烟，而当空气滤清器堵塞时也会产生黑烟，此时的黑烟，是整台柴油机排放出的黑烟，浓度就大不一样了。因此，在处理排气烟色不正常故障时，也要用透过现象看本质的思维方式，仔细分析，对症排除。

4.5.1 柴油机冒黑烟

1. 现象

① 柴油机难起动，且排气管大量冒黑烟。

② 柴油机勉强起动后在各种工况下运行，排气管都在大量冒黑烟。

2. 原因

柴油机排气冒黑烟，是油、气比例失调，油多气少燃烧不完全所致。造成此故障的因素是多种的，应从气路、油路、机械乃至油品诸多影响因素中逐个分析诊断，对症排除。

（1）气路

空气滤清器堵塞或进气渠道不通畅，增压器出气口后管路破裂漏气，中冷器堵塞。

（2）油路

① 喷油器喷油压力过低，雾化不良。

② 喷油器喷油压力过高，喷油量过大。

③ 喷油器针阀关闭不严，针阀与阀座间泄漏。

④ 喷油泵供油正时过早。

⑤ 喷油泵调速器调整不当。

（3）机械

汽缸压力过低，导致柴油雾化不良或个别汽缸不工作。

3. 诊断与排除

应本着由简到繁、先易后难、先外后内的原则进行诊断与排除。

诊断思路如图4.7所示。

小提示： 判断喷油器的工作状况，在柴油机怠速和中、低速运转工况下，用三个手指分别触摸对比各缸高压油管。正常工作情况下，手指可以感觉到有规律的脉冲，用此经验法可初步诊断出各缸喷油压力的均匀情况，然后拆下压力较低的喷油器检测调整。

4.5.2 柴油机冒白烟

1. 现象

① 柴油机起动时或在中速以下时，排气管冒的是白烟或灰白烟。

② 柴油机热机后仍然冒白烟，汽车行驶时无力，冷却水箱冒气泡或油渍。

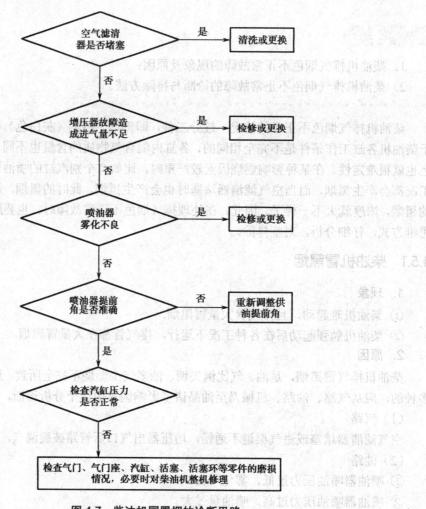

图 4.7　柴油机冒黑烟的诊断思路

2. 原因

柴油机排气冒白烟多是汽缸内有水，在高温下形成水蒸气排出，可从环境、机械与油品三方面逐项分析排除。

（1）环境

① 周边环境温度低；

② 柴油机机体温度低造成柴油雾化不良，燃烧不完全。

（2）机械

① 汽缸垫的水套孔被高压燃气冲坏。冷却水窜入汽缸。

② 个别缸套有隐蔽沙眼裂纹或穴蚀现象，冷却水浸入汽缸。

③ 汽缸套有裂纹或喷油器铜套损坏，冷却水被吸入汽缸。

（3）油品

油箱底层有水。

3. 诊断与排除

诊断思路如图 4.8 所示。

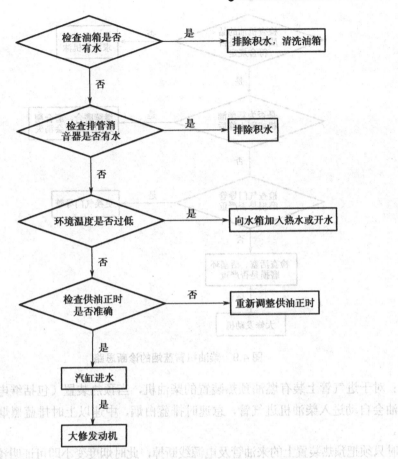

图 4.8　柴油机冒白烟的诊断思路

4.5.3　柴油机冒蓝烟

1. 现象

① 怠速或中低速时，排气呈暗蓝色，中速以上不明显，但气味难闻，刺眼刺鼻。

② 中速以上冒蓝烟，全速时更加明显。

③ 机油减少量超出正常补给量。

2. 原因

① 主要是机械故障。

a. 气门导管磨损严重，气门油封损坏，机油从气门导管吸入汽缸燃烧，但量少，蓝烟不严重。

b. 活塞环与环槽配合间隙不符合要求，造成卡死，导致机油容易往汽缸里窜。

c. 活塞和活塞环严重磨损，某缸或多缸活塞环断裂密封不严，造成机油窜入汽缸。

增压柴油机的增压器进气端密封环损坏，使增压器机油泄漏入进气管。当空气滤清器维护不当时，进气阻力增大，冒蓝烟的现象更为严重。

② 机油品质和牌号选择不当，亦会出现此故障。

3. 诊断与排除

诊断思路如图 4.9 所示。

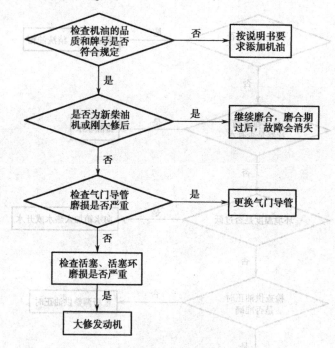

图 4.9　柴油机冒蓝烟的诊断思路

提示： 对于进气管上装有燃油预热装置的柴油机，当预热装置（包括继电器）失灵时，预热装置的油会自动进入柴油机进气管，怠速时排蓝白烟，中速以上时排蓝黑烟，随着转速升高烟度变小。

判别时只须把预热装置上的来油管及电源线断掉，此时烟度变小即可证明预热装置有故障。

柴油机排气烟色不正常故障的诊断如图 4.10 所示。

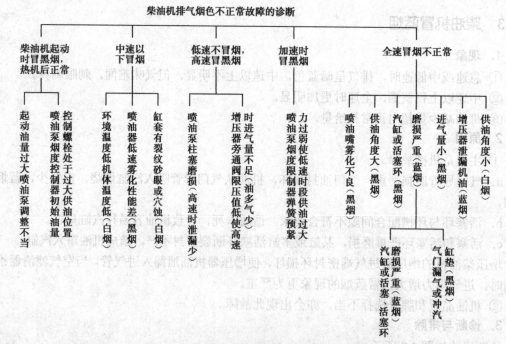

图 4.10　柴油机排气烟色不正常故障的诊断

小　结

① 柴油机排烟不正常的现象有排黑烟、排白烟和排蓝烟。

② 供油量大，燃烧不完全，就会排黑烟，造成这样的后果是空气少，燃料多的原故。而造成排黑烟可能是活塞、缸套磨损，空气滤清器堵塞，喷油泵调整不当，喷油器喷雾不好或喷嘴卡死等。

③ 排白烟是由于缸体、缸套、缸盖裂，水道的水进入汽缸；或温度低，燃料燃烧不完全；供油提前角小，部分燃油来不及燃烧就被排出去。

④ 排蓝烟是烧机油造成的。原因是汽缸、活塞、活塞环配合间隙大，机油窜至汽缸内；增压器压气端密封环损坏，使增压器机油泄漏进入气管；机油从气门导管进入汽缸燃烧等。

实训要求

1. 实训内容

柴油机排气烟色不正常故障的诊断与排除。

2. 实训目的

懂得排除柴油机排气烟色不正常故障的基本操作技能。

复习思考题

1. 柴油机排气烟色不正常的现象有哪些？

2. 产生柴油机排黑烟的原因是什么？

3. 产生柴油机排白烟的原因是什么？

4. 产生柴油机排蓝烟的原因是什么？

5. 全速时排烟不正常的诊断和排除方法是什么？

4.6　机油压力偏低

任务

通过本节内容的学习，使学生了解柴油机机油压力偏低的原因，懂得根据故障现象分析其产生原因，学会诊断和排除柴油机机油压力偏低故障的基本思路和方法。

目标

使学生掌握诊断和排除柴油机机油压力偏低故障的基本操作技能。

知识要点

1. 柴油机机油压力偏低的故障现象及原因；

2. 柴油机机油压力偏低的故障诊断和排除。

以玉柴产品为例，说明柴油机机油压力偏低的故障原因、现象、诊断和排除。玉柴产品说明书规定，怠速机油压力为 0.1MPa，高速油压小于 0.6MPa，如果柴油机怠速油压低于 0.1MPa，中速以上的油压低于 0.2MPa，都可以认为是机油压力偏低。当然，不同的柴油机机油压力低于多少为偏低，其产品说明书上都有规定。

柴油机润滑正常与否，对柴油机的性能及寿命影响极大，在柴油机中，机油除了起到减磨作用外，同时起到冷却、清洗、密封、防锈等不可缺少的作用，因此，只有在机油压力正常的情况下，才能保证足够的机油流量，以保证柴油机正常工作。

4.6.1 现象

YC6112 柴油机的润滑油路如图 4.11 所示，下面以此为例介绍润滑系统压力偏低的故障。

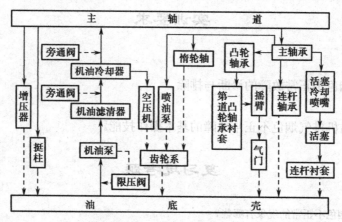

图 4.11 YC6112 润滑油路

机油压力偏低有以下三种变化形式。

1. 自然性渐降压式

新机或刚经修理的机子，原机油压力正常，后因用的时间较长，机油压力逐渐下降至偏低。

2. 突发性降压式

因机件突然损坏造成油压突然下降。

3. 人为性降压式

由于调试不当或人为错误操作造成油压下降。

4.6.2 原因

1. 自然性逐渐降压

① 由于机件逐渐磨损配合间隙过大所造成，或机油使用时间过长或长期在高温下工作，造成机油变质所造成。

② 机油泵内外转子及端盖磨损，机油泵安全阀因机油过脏活动不灵活，或弹簧变弱等原因至使回油过大。

③ 机油变脏变黏而堵塞机油滤芯，特别对于缸套活塞磨损严重的柴油机，更应该注意经常清洗或更换滤芯。

146

④ 集滤器滤网堵塞。如果是集滤器滤网及机油滤清器滤芯堵塞，当柴油机怠速或加速时，机油压力变化都很小，不像其他故障，油压随着柴油机速度提高而提高。有时甚至出现转速越高，机油压力越低的现象。

⑤ 主轴瓦、连杆轴瓦、凸轮轴衬套、惰轮轴铜套等磨损，泄漏过大造成油压偏低。

2. 突发性降压式

① 机油滤清器垫片被冲击损坏造成机油短路。

② 机油冷却器壳体裂或焊接件脱焊，使机油泄漏，此时水箱有机油。

③ 主油道有沙眼穿孔（此现象有，但不多见）。

④ 主轴承座上的机油射油嘴（塑胶件）老化腐蚀损坏或喷勾松脱而大量泄油。

⑤ 由于某种原因柴油机机油温度过高，机油变稀。

⑥ 机油泵轴断裂或轴套松脱，机油泵失效，造成机油压力偏低。

3. 人为性降压式

① 机油表（无油时指针不在 0 位）或机油传感器失灵，反映数据不准确。

② 主油道限压阀或机油调压阀调压过低或经常不清洗而造成失灵，对于某些机型没有此部件，如 YC6108ZLQB，但该机的机油泵上的安全阀（或限压阀）调整过低或失灵，同样影响机油压力。

③ 选用的机油质量差，容易变质变稀。

提示：柴油机突然无机油压力，原因多是机油泵轴或机油泵传动齿轮轴断裂，机油泵无法转动；机油滤清器进油管焊接件破裂或与机油泵连接的螺钉松脱，使油路中进入空气而无法吸油。在无任何检测条件下，为落实有无油压，可拆掉缸盖罩，在怠速时，观看摇臂上出油孔是否有油涌出来，如无，即可证实柴油机确无机油压力。

警告：当机油压力怠速时低于 0.08MPa，中速以上低于 0.15MPa 时必须及时停机检查，绝不能心存侥幸。

4.6.3 诊断与排除

机油压力偏低的故障判断排除思路如下。

① 冷机正常，热机偏低，排除方法如图 4.12 所示。

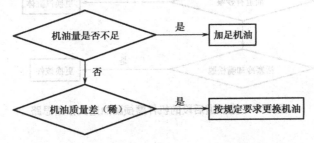

图 4.12 机油压力冷机正常，热机偏低的诊断思路

② 清洗机油滤清器，调整限压阀，若在短时间内（1 分钟内）堵死空压机和喷油泵进油道时，主油道油压增大。

油压变大说明主油道前段来油不足，诊断思路如图 4.13 所示。

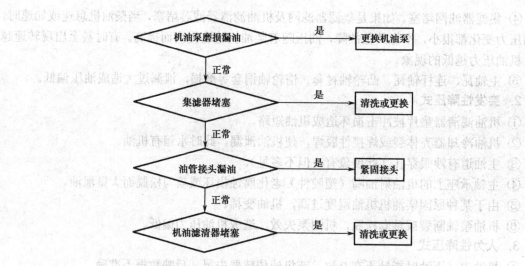

图 4.13 油压变大说明主油道前段来油不足的诊断思路

油压变化很少，说明主油道后段的机件磨损漏油过大，诊断思路如图 4.14 所示。

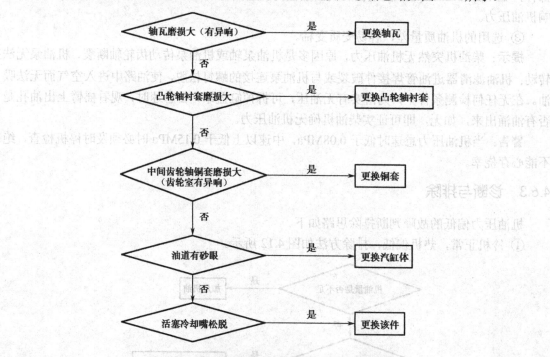

图 4.14 主油道后段的机件磨损漏油过大诊断思路

小　结

① 润滑系统的主要任务是润滑相对运动零件表面，此外还有散热、清洗、防锈和密封作用。

② 润滑系统润滑油压偏低的现象是：柴油机运转中机油压力表读数突然下降至零左右；

柴油机在温度和转速正常情况下，机油压力表始终低于规定值；柴油机使用时间长后，油压逐渐下降；人为操作不当造成的油压下降。

③ 柴油机机油压力偏低的原因是：机件的磨损或破裂，滤清器的堵塞，没有按时保养润滑系统的相关零件。

④ 润滑系统出现故障首先检查润滑系统的相应零件，针对出现现象采用相应的解决措施，如更换、清理、紧固相应零件或增减润滑油。

⑤ 如出现机油压力突然下降，应立刻停机检查润滑油路。

实训要求

1. 实训内容

柴油机机油压力偏低故障的诊断与排除。

2. 实训目的

懂得排除柴油机机油压力偏低故障的基本方法。

复习思考题

1. 什么原因会造成自然性逐渐降压？

2. 什么原因会造成突发性降压？

3. 冷机正常，热机机油压力偏低的排除方法是什么？

4. 油压变大说明主油道前段来油不足的排除方法是什么？

4.7 柴油机温度过高

 任务

通过本节内容的学习，了解柴油机温度过高的原因，懂得根据故障现象分析其产生原因，学会诊断和排除柴油机温度过高故障的基本方法。

目标

使学生学会排除柴油机温度过高的基本操作技能。

知识要点

1. 了解柴油机温度过高的故障现象及原因；

2. 柴油机温度过高的故障诊断和排除。

柴油机出水温度的高低，一般都是通过水温表的度数来反映的，水温表读数在98℃以上，或水箱水开锅，即认为柴油机水温过高。

柴油机工作温度过高，会给柴油机的寿命带来很多不利因素，但工作温度过低，消耗热量过大，使零件配合间隙过大，互相撞击严重；同时柴油机机油温度低，机油黏度大，缸套很容易造成腐蚀磨损及增大摩擦阻力，降低功率。

柴油机冷起动一次的磨损量几乎等于行车 50km 的磨损量。冷起动，润滑条件不良，缸套—活塞环摩擦副形成微小磨伤，起动后必须怠速运转几分钟这些微小磨伤才能被磨平，因此不能一起动就加速运行。

柴油机正常工作水温为 85～95℃，从零件磨损最小的角度讲，水温在 85℃ 为最好，因此，合理控制柴油机工作温度是提高柴油机工作效率的有效方法之一，应引起注意。

4.7.1 现象

柴油机水温过高的现象有：

① 冷却循环效果不好，造成温度过高。

② 汽缸燃烧不良，排气管冒黑烟；柴油机有爆震现象；用手摸压气机出水管口感到很热。

③ 安装使用不当，造成水温过高。

4.7.2 原因

1. 造成第一种现象的原因

① 水箱缺水、水箱散热管变形堵塞，机油冷却器水道不通畅，水箱结水垢造成严重散热不良（用手摸水箱上下方水温温差很大）。

② 节温器失灵，开度不足，水泵小循环管回水过大（用手指压小回水循环管感到水压较大）。

③ 水泵皮带过松或损坏，至使水泵转速不正常。

2. 造成第二种现象的原因

① 喷油泵供油量过大，燃烧时间过长，造成排气管冒黑烟。

② 供油提前角过小，喷油嘴雾化不良及喷油开启压力过大，至使汽缸燃烧恶劣，机油温度增高。

③ 排气门间隙过小，排气道不通畅。

④ 增压器旁通阀高速压力偏高致使进气压力过高，柴油机转速增加。

⑤ 冲缸床或缸套有裂纹，导致热废气进入水道，水温增高，但实际机油温度不一定高。

⑥ 压气机拉缸，使压气机温度过高，造成水温偏高，但机油温度不高。

3. 造成第三种现象的原因

① 水箱、导风罩与风扇匹配不合理。

② 增压机中冷器的安装位置影响水箱散热。

③ 排气刹车阀开启不合理（多在低速段），影响废气排温。

④ 柴油机长时间超负荷工作。

注意：有的汽车出现水箱返水时，温度指示并不高，而且开机不久即开始喷水，可能是膨胀水箱加水太满，或回水胶管堵塞、打折。也有的用户换错水箱盖。还有的客车带有暖风装置，其管路没有排完空气也会出现此现象。

水箱压力盖的压力是有规定的，在盖上有压力的标记数字，不可用错。

4.7.3 诊断与排除

① 水温突然升高的诊断思路如图 4.15 所示。

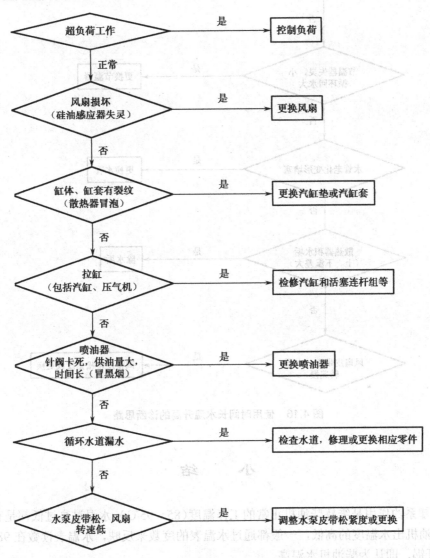

图 4.15 水温突然升高的诊断思路

② 新机初用时水温不高，时间长后逐渐变高（属于柴油机工作不良故障），诊断思路如图 4.16 所示。

③ 新机初用时水温高（属于原件安装故障）。

a. 汽缸盖水道不畅，清理汽缸盖水道。

b. 风、水冷循环匹配不合理，按规定装设风、水冷循环系统。

c. 柴油机四周通风差，改善柴油机的通风环境。

d. 水箱、导风罩与风扇匹配不合理，按规定装设风扇。

e. 水箱小，更换水箱。

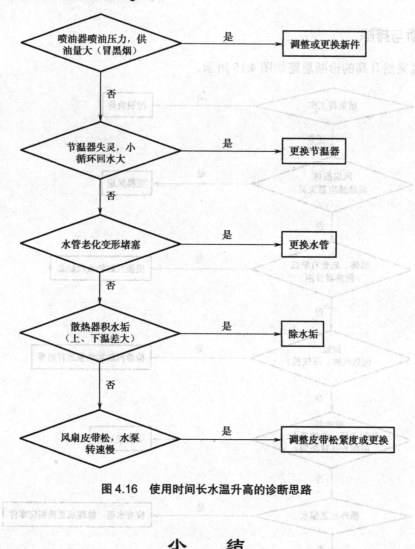

图 4.16 使用时间长水温升高的诊断思路

小   结

① 冷却系的作用是维持柴油机正常的工作温度（85～95℃），水温过高过低都是存在故障。

② 柴油机出水温度的高低，一般都通过水温表的度数来反映，水温表读数在 98℃以上，或水箱水开锅，即认为柴油机水温高。

③ 冷却系水温过高原因：一是冷却系统的零件损坏（如节温器失灵、水箱积水垢、水泵皮带过松等）；二是供油系统的原因，如喷油嘴供油量或供油提前角大，排气门间隙调整不对，冲缸或拉缸等；三是冷却系统安装不合理。

④ 故障排除的方法是根据诊断调整、修理或更换该部件。

实训要求

1. 实训内容

柴油机温度过高的故障诊断与排除。

2. 实训目的

懂得排除柴油机温度过高故障的基本方法。

复习思考题

1. 冷却循环效果不好，造成温度过高的原因是什么？
2. 造成新机初用时水温不高，时间长后逐渐变高的原因是什么？
3. 水温突然升高故障的排除方法是什么？

4.8 柴油机异响

通过本节内容的学习，使学生了解柴油机产生异响的三种现象，懂得根据产生异响故障现象分析其产生原因，学会诊断和排除柴油机异响故障的基本思路和方法。

目标

使学生掌握诊断与排除柴油机异响故障的基本操作技能。

知识要点

1. 柴油机产生异响故障的现象及原因；
2. 柴油机异响故障的诊断与排除方法。

柴油机工作时发出的响声很多，有正常声响（自然响声），也有不正常响声（异响），这种现象很难区别，其响声部位也不容易确定，要能较准确地判断异响的原因和部位，必须做到善于比较（即平时注意倾听正常机器的声音是怎样的，对照有可疑异响的机器进行比较）；善于实践（多亲手处理问题）；善于总结经验抓特点，只有这样才能通过异响找到故障的根源。

发现柴油机存在异响故障，必须及时进行诊断，采取有效的维修措施。

4.8.1 现象

柴油机异响现象可归纳为三种：

① 突发性异响（即柴油机原无此响声）。
② 自然渐增性异响（异响声由原来无声到小声，后逐渐扩大才听到响声）。
③ 人为性异响（安装不当和调整不当造成的响声）。

4.8.2 原因

柴油机发出的异响，主要是由于内部机件磨损松旷、断裂，干涉撞击，调整不当或使用不当引起的。

1. 出现突发性异响现象的原因

① 喷油嘴卡死，响位在缸盖上，冷热机同时存在。检查方法一是在喷油嘴试验台上检查，二是在柴油机怠速时用断缸法检查。其做法是：当柴油机怠速运转时，逐一地将各缸高压油管接头松脱（断油），松开哪个缸，如果异响消失，即为该缸喷油嘴卡死。

② 冲汽缸床，响位在缸盖上。

③ 活塞拉缸，在柴油机上出现沉重的撞击声。如果是汽缸拉缸，柴油机功率明显下降，特别在怠速时柴油机显得很吃力，甚至排气管冒黑烟。

④ 压气机轴干磨声，出现此故障时，压气机显得特别热，必须及时停机检查处理。

⑤ 增压器转动时的撞击声。撞击不严重，变速时容易听到；转速稳定时（因振动小）不容易听到。

2. 出现自然渐增性异响的原因

① 气门密封带因烧蚀和积炭造成密封不严的窜气声，响位在缸盖处。

② 主轴瓦或连杆瓦磨损，曲轴的撞击声是很大的，响位在油底壳处，离柴油机 10 米以外响声更清楚。如果连杆瓦磨损很严重，同时出现活塞打气门的声音（此时气门振动很大），则轴瓦磨损，机油压力有所降低，放机油时，油塞上必定有轴瓦合金碎片。

注意：轴瓦烧伤非常危险，一经发现烧瓦异响，必须及时停机检查处理。

③ 活塞销与销孔磨损过大，活塞与缸套拉缸，同样会发出沉重的撞击声，响位不易确定，只有拆检才能做出判断。

④ 在齿轮室处，出现很沙散的撞击声，在转速变化时，撞击声更明显。

⑤ 离合器处的响声，响位在飞轮壳处。

3. 出现人为性异响的原因主要是安装不当和调整不当

① 由气门间隙造成的异响，响位在缸盖上，一般在低速冷机时明显，高速热机时不明显。气门间隙过小，出现窜气声，热机时更明显（拿掉空气滤清器或排气总管更清楚）。

② 带提前器的高压油泵，在柴油机工作时，每个提前器都会有响声，只不过响声大小不同而已，这现象不属异响，不影响工作。

③ 共振声，有时柴油机在某一特定转速时，柴油机出现振击声（有时甚至连同整车振动）。

④ 排气管出现杂乱的气流冲击声，其原因主要是柴油机配气相位发生变化。

4.8.3 诊断与排除

异响故障的原因判断：一是根据异响的部位；二是结合异响的现象，对照上述产生异响原因就能准确地判断故障部位。

柴油机发出异响时，必然会产生一定的振动。根据振动的特点和部位，可以辅助诊断异响的部位和原因。柴油机常见异响所引起的振动部位和区域如图 4.17 所示，可以分为四个区域和两个部位。

四个区域：A-A 区域

B-B 区域

C-C 区域

D-D 区域

两个部位：

齿轮室部位

飞轮壳部位

图 4.17 异响诊断部位

① A-A 区域为缸盖部位。在该区域，可用长柄起子触试或用听诊器听诊安装在缸盖上的运动副异响声，如气门间隙过大、气门座脱落、气门弹簧折断导致气门关闭不严、摇臂轴或顶置凸轮轴缺油造成的干摩擦等异响故障。

② B-B 区域为汽缸中上部位。在该区域，可听到活塞连杆组的异响声，如由于气门弹簧折断造成气门与活塞打顶，活塞环与汽缸磨损导致配合间隙过大，活塞销与活塞销座、连杆小头衬套松旷造成敲缸等异响故障。

③ C-C 区域为汽缸中下部。在该区域可听到侧置式凸轮轴及其摩擦副的异响声，如凸轮轴颈与轴承间隙过大、顶柱与缸体承孔过度松旷，以及连杆大头与曲轴轴颈过度松旷（烧轴瓦）、连杆螺栓松动或折断等异响故障。还可辅助听诊曲轴轴承烧坏导致的曲轴轴向窜动，或曲轴折断等隐蔽性很强的异响故障。

④ D-D 区域为油底壳和缸体结合部。在该区域可以听到曲轴轴承发响或曲轴窜动、断裂以及机油集滤器支架松断、机油泵异响等故障。

⑤ 齿轮室部位。在该区域可听到齿轮室各齿轮的异响声。

⑥ 飞轮壳部位。在该区域可听到离合器的异响声和起动机齿轮与飞轮环齿的碰击声。

柴油机的异响，尤其是突发性异响，对柴油机的安全性致关重要，一旦诊断出异响源，应当及时停机排除，该解体检修就解体，绝不能凑合；对自然渐增性异响，亦不能等闲视之，不要因小失大。等到异响声大到极限时才处理，就会出大事故；对于人为性异响，一经发现，应当立即排除。

小　　结

① 柴油机产生异响的三种现象是：突发性异响，自然渐增性异响，人为性异响。

② 突发性异响主要是由于内部机件磨损、松旷或调整不当，使用不当突然发生的。比如喷油泵突然卡死，冲了汽缸垫，活塞拉缸，增压器有异响等故障。

③ 自然渐增性异响主要是长期使用后，机件慢慢衰变而出现的，异响声由原来无声到小声，后逐渐听到异响声。

④ 人为性异响主要是安装或调整不当造成的，如气门间隙调整不当等。

⑤ 故障诊断可以将柴油机分成四个诊断部位，结合异响现象和经验，以及整机的构造和装配关系、工作原理等知识综合分析。

实训要求

1. 实训内容
① 气门异响的诊断；
② 排气管垫漏气异响的诊断。
2. 实训目的
① 掌握气门异响的现象、特点、部位和排除方法，懂得调整气门间隙的操作技能。
② 掌握排气管垫漏气异响的现象、特点、部位和排除方法。

复习思考题

1. 柴油机异响现象有哪些？
2. 如何诊断和排除气门异响故障？
3. 采用分区诊断法，各区域能诊断哪些故障？

4.9 几种柴油机故障的应急处理方法

 任务

通过本节内容的学习，使学生懂得柴油机出现故障而又无维修条件时，对 7 种常见故障的临时应急处理方法。

 目标

使学生掌握 7 种柴油机故障的临时应急排除技能。

 **知识要点**

7 种可以临时应急处理的故障。

柴油机在使用过程中，随时会发生各种各样的故障，大部分故障必须把柴油机停下来维修好才能运行，而有些故障在无维修条件（如缺件）而又要继续短期运行时，对这些故障只要做适当的处理，就可以继续使用，但必须积极创造条件及时维修。

下面 7 种故障是可以临时处理后继续使用的。

1. 单缸（多缸机型）活塞、缸套损坏或烧连杆瓦

出现这种现象，可把该缸的活塞连杆组拆掉，然后把该连杆轴颈的油孔堵死，以免泄漏机油而降低油压。同时把该缸的高压油管拆掉，放松出油阀弹簧的预紧力，并把出油阀接头堵死。但要求必须在中速以下运行，避免柴油机出现较大的振动。

2. 机油表或机油感应塞不能真实反映油压

遇到这种现象时，可打开汽缸盖罩，使柴油机怠速运行，只要气门摇臂体中部机油口有机油流出来，加速时出来的机油不断增加，说明该柴油机怠速时最低油压在 0.1MPa 以上，柴油

机能继续运行，但必须注意及早处理好机油表或机油感应塞的问题。

3. 高压油管断裂

高压油管断裂，一时又没有配件更换，可以把断裂的油管拆下，把该缸出油阀松掉，并把出油阀接头堵死，或把油引回油箱，然后在中速运行。

4. 节温器失灵

由于节温器失灵会影响冷却水温度，此时可以把节温器拆掉，但必须用木条把节温上的小循环管口堵死，以免循环水短路而造成水温更高。

5. 喷油器喷嘴卡死

喷油器喷嘴打开时卡死，会影响柴油机工作和增加耗油量，出现这种情况时，可以采取以下处理方法，第一，如果能找到新喷嘴，自己换上按"比较法"调试使用。第二，找不到新件可以把该缸喷油泵出油阀松掉，让该缸柱塞不供油即可。

6. 喷油泵上的断油器或空调怠速提升器损坏

由于这两个部件损坏时，会使柴油机无来油或空调不能工作，这时，只要把断油器或空调怠速提升器上的调整螺钉往增加油量方向适当调整即可。

7. 硅油离合器失效

如果柴油机装的是硅油风扇，当硅油离合器失效而影响冷却水温度时，可以通过在硅油离合器壳体上合适的位置钻四个螺孔直通前盖板，然后用 M10 螺栓把前盖板与壳体连接起来，做成普通风扇来使用。但必须注意，如由于此改动造成柴油机振动增大的话，那么柴油机运行时，尽可能把转速降低。

小　　结

① 出现上述 7 种故障时，虽然可以进行临时应急处理，但要注意修理好后要中速行驶，同时要及早到修理部门进行处理。

② 出现单缸（多缸机型）活塞、缸套损坏或烧连杆瓦的应急处理方法，主要是使出现故障的那个汽缸不工作。

③ 机油表或机油感应塞不能真实反映油压时，只要确认低压≥0.1MPa，仍可以开往修理部门进行修理。

④ 高压油管断裂时，可把该缸油管拆下，让其不工作或把高压油引回油箱。

⑤ 节温器失效说明没有大循环，故取下节温器后只可进行大循环，以防止冷却水温升高。

⑥ 喷油器喷嘴卡死，把该缸喷油泵柱塞取掉，即该缸不工作，到修理部门再正确修理。

⑦ 出现喷油泵上的断油器或空调怠速提升器损坏，调整螺钉往增加油量方向适当调整即可。

⑧ 硅油离合器失效时，可把它变成普通风扇再使用。

实训要求

1. 实训内容

7 种柴油机故障。

2. 实训目的

掌握 7 种柴油机故障的应急处理办法。

第5章

电控共轨柴油机的构造与原理

5.1 电控柴油机概述

 目标

通过学习，使学生对柴油机电控燃油喷射系统的优点及常见的几种电控燃油喷射系统有初步的了解。

知识要点

1. 排放法规与柴油机电控燃油喷射技术的发展现状，机械式柴油机燃油喷射系统与电控燃油喷射系统的主要特点、优缺点对比；

2. 常见的电控共轨系统、电控泵喷嘴系统、电控单体泵系统等柴油机电控燃油喷射系统的简单工作原理。

随着汽车保有量的迅速增加，汽车尾气对环境的污染进一步加重。为改善人类自身生存环境，减少环境污染，同时缓解能源危机，各国都相继制定了严格的排放法规，控制和限制废气的排放。我国对柴油机尾气排放的限制已与欧洲排放法规接轨。

随着电子技术的进步及其在各个行业中的广泛应用，柴油机技术获得了空前的发展，柴油机制造商已成功将电子控制系统应用于柴油机上。有关专家认为，电控柴油机比汽油机二氧化碳的排放量大约低 30%~35%，而且具有更好的燃油经济性，如图 5.1 和图 5.2 所示。

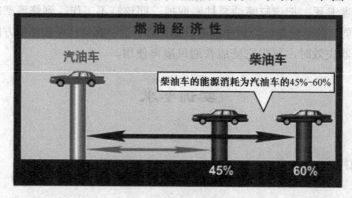

图 5.1 燃油经济性

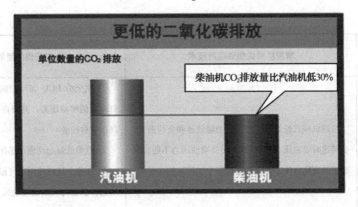

图 5.2　排放

目前，柴油机的应用日趋广泛，在西欧，轻型汽车中柴油车所占份额已经超过了 40%，中型和重型车中柴油车的份额超过了 90%。据美国洛杉矶时报报道，在 2003 年 9 月 28 日举行的巴黎汽车展上，宝马、戴姆勒·克莱斯勒、菲亚特、福特、通用汽车、标致雪铁龙、保时捷、雷诺、德国大众、本田、丰田、尼桑和马自达 13 家全球著名汽车公司的首席执行官们发表联合声明，倡导在全球范围内推广使用电控柴油汽车。

清洁的电控柴油机也将成为未来中国能源问题的重要解决方案之一。一汽大众公司率先在捷达轿车上装配柴油发动机，2003 年该公司又在宝来（TDI）轿车装配了采用电控泵喷嘴系统的柴油机。

柴油机电子控制的核心是电控燃油喷射系统，与传统机械式燃油喷射系统相比，电控燃油喷射系统显示出了巨大的优越性。两种喷射系统主要特点、优缺点对比见表 5.1。

表 5.1　机械式燃油喷射系统与电控燃油喷射系统的主要特点、优缺点对比

对比项目 ＼ 系统	常规机械式燃油喷射技术	电控燃油喷射技术
喷油量调节与控制	由驾驶员通过油门踏板及调速器拉动齿条控制，属机械设定，无法兼顾柴油机整个运行工况。目前机械喷油泵虽已考虑了多种补偿和保护措施（增压补偿、真空补偿、怠速与最高转速限制、最大供油量限制等），但瞬态工况仍无法控制，如：加速冒烟，加、减速过程超调等，均不能很有效地控制。此外，常规机械喷油泵不能自动调节各缸喷油量平衡，特别是怠速或低速时，各缸供油量不均匀性较大，造成整机振动较大；且易造成不完全燃烧引起冒烟。因此，柴油机怠速需要设定较高的转速，造成油耗相应增加	① 驾驶员通过电子油门踏板提供驾驶意图；操纵轻松简便 ② 控制器（ECU）根据编程的控制策略来决定整个运行范围内的喷油量，并根据转速、负荷状况变化予以修正 ③ 可以有几十种喷油量控制模式，使燃烧更完全，从而降低油耗，减少噪声和排放污染 ④ 通过监测燃油温度、冷却水温、进气温度等对各种不同工况的喷油量进行自动控制和修正
喷油提前角调节	常规机械式柴油机的喷油提前角由喷油泵提前器决定，其只随转速而变，无法实现整个运行区独立可调。	① 完全由 ECU 自动控制，有很宽的自动调节范围 ② 通过监测燃油温度、冷却水温、进气温度等，对不同工况的喷油提前角进行修正 ③ 在整个运行范围内可根据转速、负荷状况进行喷油提前角的自动调节和校正

续表

对比项目 \ 系统	常规机械式燃油喷射技术	电控燃油喷射技术
喷油压力调节	常规机械式柴油机的喷油压力随转速和负荷而变，低转速时喷油压力相对较低；另外喷油压力不能实现理想的变化规律，即无法实现整个运行区独立可调	① 完全由 ECU 自动控制，确保全速全负荷时有充足的喷油压力，并可在工作转速范围内保持高压喷射性能 ② 改善低温起动燃油雾化和燃烧性能 ③ 在整个运行范围内可根据转速、负荷状况自动选择独立可调的高喷油压力，以获得最佳扭矩特性和最低的排放性能。
怠速	常规机械式柴油机的怠速由怠速弹簧控制，一旦设定，就不可改变；也不能适应水温变化和空调等车辆附件功率要求提高怠速运转	可根据各种温度、蓄电池电压与空调请求等自动调节怠速转速
其他功能		① 可提供附加控制的功能（如各缸平衡、可变怠速和闭环控制、减速断油、起动控制等） ② 与车辆有更多的联系，可提供更多的服务功能（A/T、停缸、排气制动、A/C、P/S、ABS、仪表指示等） ③ 可提高柴油机本身的一致性和可靠性（有故障自诊断功能、跛脚回家模式、自学习功能等）

目前，广泛应用的柴油机电控燃油喷射系统主要有电控共轨系统、电控泵喷嘴系统、电控单体泵系统三种。

1. 电控共轨系统

电控共轨系统采用了共轨技术。共轨技术是指在高压油泵、压力传感器和 ECU 组成的闭环系统中，将喷射压力的产生和喷射过程彼此完全分开的一种供油方式，由高压油泵把高压燃油输送到公共供油管，通过对公共供油管内的油压实现精确控制，使高压油管压力大小与发动机的转速无关，可以大幅度减小柴油机供油压力随发动机转速的变化，因此也就减少了传统柴油机的缺陷。ECU 控制喷油器的喷油量，喷油量大小取决于燃油轨（公共供油管）压力和电磁阀开启时间的长短。电控共轨式系统的应用实例如图 5.3 和图 5.4 所示。

图 5.3 装配电控共轨系统的柴油机

图 5.4 电控高压共轨系统实物图

电控共轨系统的工作原理如图 5.5 所示，控制器（ECU）根据各种传感器采集的信号确定发动机工况，计算喷油量需求及喷油脉宽（喷油速率、喷油持续时间），同时通过油量计量阀调节进入高压油泵的油量，进而调节共轨压力到对应工况的喷油压力值。

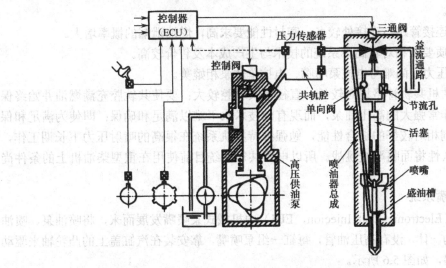

图 5.5 电控共轨系统工作原理图

共轨腔的高压燃油一路通向喷油嘴的盛油槽，另一路通向喷油器上的三通电磁阀。当控制器（ECU）控制指令切断泄油通路时，高压燃油经进油单向阀到达液压活塞上腔，此时整个活塞、顶杆、针阀组件处于液力平衡状态；在针阀弹簧的压力作用下，针阀处于关闭状态。一旦三通阀切换到高压油路并打开泄油通路时，液压活塞上腔迅速泄压，其中燃油流经节流孔流向泄油通路。此时针阀在盛油槽内高压油的作用下克服弹簧预紧力而开启喷油。

（1）电控高压共轨系统的特点

电控高压共轨系统的特点可以归纳为以下几点。

① 自由调节喷油压力（共轨压力控制）。

通过控制共轨压力而控制喷油压力。利用共轨压力传感器测量燃油压力，从而调整供油泵的供油量，调整共轨压力。此外，还可以根据发动机转速、喷油量的大小与设定了的最佳值（指令值）始终一致地进行反馈控制。

② 自由调节喷油量。

以发动机的转速及油门开度信号为基础，计算机计算出最佳喷油量，并控制喷油器的通断电时间。

③ 自由调节喷油率形状。

根据发动机用途的需要，设置并控制喷油率形状，如预喷射、后喷射、多段喷射等。

④ 自由调节喷油时间。

根据发动机的转速和喷油量等参数，计算出最佳喷油时间，并控制电控喷油器在适当的时刻开启，在适当的时刻关闭等，从而准确控制喷油时间。

（2）电控高压共轨系统的优缺点

① 优点如下。

a. 喷油压力与高压燃油泵转速无关，只取决于共轨腔的压力；因而，解决了传统燃油泵高、低速时压差过大，综合性能不稳的矛盾。

b. 高压燃油泵峰值时所需转矩小，驱动损失小。

c. 共轨压力可调节，电磁阀升程灵活可控，可完全实现喷油压力和喷油速率的柔性控制。

d. 系统的结构尺寸较紧凑。

② 缺点如下。

a. 高压油的连接管路与连接处较多，密封性能要求高，燃油泄漏的概率增大。

b. 对燃油品质要求相对较高，系统的技术与生产成本及售价较高。

c. 最高喷射压力现尚难与电控泵喷嘴、电控单体泵相媲美。

由于重型柴油机共轨管路相对较长，直径和共轨腔较大；要使共轨腔充满燃油并始终保持高压，必须有非常强大的高压油泵，而现有的技术水平难以满足和确保；即使为满足和保证重型柴油机得到相对较好的综合性能，勉强维持共轨系统在很高的喷射压力下长期工作，则其可靠性、耐久性将面临严峻挑战。所以电控共轨系统目前使用在重型柴油机上的条件尚不成熟。

2. 电控泵喷嘴系统

电控泵喷嘴（Electronic Unit Injecion，EUI）由机械式泵喷嘴发展而来，将喷油泵、喷油嘴和电磁阀组合为一体，没有高压油管，每缸一组泵喷嘴，靠安装在汽缸盖上的凸轮轴来驱动和工作，结构紧凑，如图5.6所示。

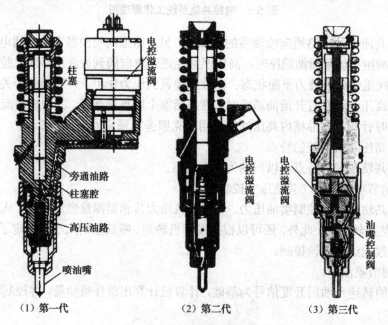

|（1）第一代|（2）第二代|（3）第三代|

图5.6 电控泵喷嘴结构

特点：由于没有高压油管，在所有油泵中，具有最高的机械和液力刚度，能够承受200MPa以上的喷射压力。

电控泵喷嘴可应用于轿车、轻型车、中型车、重型车和部分特重型车新开发设计的柴油机上，比如一汽大众生产的宝来TDI采用的就是电控泵喷嘴。对于单缸排量大于2.2L的特重车用柴油机，因汽缸盖上气门数较多，且机构复杂，体积过于庞大等，一般不适宜再在汽缸盖上布置驱动泵喷嘴的凸轮轴，故电控泵喷嘴一般不适合应用于大的特重型柴油机。

3. 电控单体泵

如图 5.7 所示，电控单体泵（Electronic Unit Pump，EUP）技术成熟、先进，在欧、美等发达国家和地区广泛应用。据统计数据表明：B10 发动机 100 万公里使用免维修，并有 160 万公里免维修的潜力；且在整个使用寿命范围内其排放、比油耗的一致性好。所以，欧洲大部分厂商经大量的应用和使用对比后，认识到在重型车用柴油机上采用电控单体泵（或泵喷嘴）系统更具优越性和竞争力，其产品已采用电控单体泵（或泵喷嘴）系统而不采用高压共轨系统。

电控单体泵特点如下。

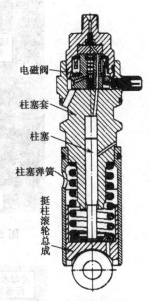

图 5.7 电控单体泵

① 高达 25MPa 的高压喷射能力；双电磁阀系统（溢流+油嘴控制），喷油干脆，断油迅速灵活。可以获得低油耗、低 NO_x 和低微粒排放。

② 在整个工作速度范围内可根据转速、负荷、瞬态工况的不同，实现喷油压力、速率编程控制与调节（可燃混合气的混合比），即在同一喷油循环的不同喷射段有不同的喷射压力和速率，可实现工作过程的优化。

③ 可进行早喷（初期预喷）、预喷（二次预喷）。

④ 喷油速率可编程控制，确保滞燃期内低喷油压力和低喷油量，使初期放热率降到最低，由此获得低燃烧噪声和低 NO_x 排放。

⑤ 可有效进行预喷后紧跟大油量高压主喷射，并迅速突然断油，有效控制汽缸峰值压力，避免过高的峰值温度。

⑥ 可进行高压后喷射（或晚喷）与控制。

⑦ 各喷射段（早喷、预喷、主喷、后喷、晚喷等）均可进行程序控制，并具有最优的液压效率。

⑧ 快速响应，阀体重量轻，安装位置可选。

⑨ 拥有独立喷油系统的电子特性，小的控制器 EUP 安装壳体。

一般可运用于单缸排量为 1.2～2.6L 的柴油机上。

顺应时代发展和市场的需求，玉柴机器股份有限公司为提高其产品的可靠性、耐久性、动力性与经济性，从而提高产品的市场竞争能力，在 YC4112、YC6112、YC6L 系列柴油机的基础上，采用德尔福电控单体泵系统，研究和开发了排放达到欧Ⅲ标准的 YC4G180-30、YC4G210-30、YC6G240-30、YC6G270-30、YC6L280-30、YC6L310-30、YC6L330-30、YC6L350-30 系列电控柴油机，非常适合各种公交车辆、各种公路客车、各种自卸车、牵引车、专用车和各种运输车辆配套使用。

博世共轨系统（CP3.3 泵）发动机的布置如图 5.8 所示。

博世共轨系统（CP2.2 泵）发动机的布置如图 5.9 所示。

玉柴 YC6G 电控柴油机如图 5.10 所示。

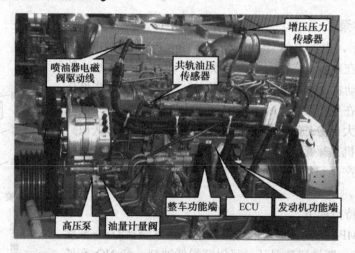

图 5.8 博世共轨系统（CP3.3 泵）发动机的布置示例

图 5.9 博世共轨系统（CP2.2 泵）发动机的布置示例

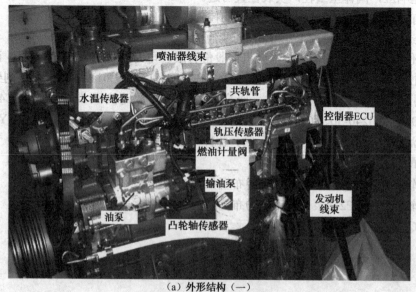

（a）外形结构（一）

水温传感器

曲轴传感器

增压压力与温度传感器

曲轴信号盘

（b）外形结构（二）

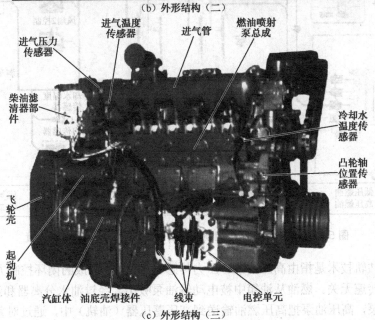

进气压力传感器

进气温度传感器

进气管

燃油喷射泵总成

柴油滤清器部件

冷却水温度传感器

凸轮轴位置传感器

飞轮壳

起动机

汽缸体　油底壳焊接件

线束

电控单元

（c）外形结构（三）

图 5.10　玉柴 YC6G 电控柴油机的外形结构

5.2　博世高压共轨系统的基本工作原理

目标

通过学习，使学生熟悉博世高压共轨系统的组成、电子控制系统等各部分的组成和工作原理。

1. 博世高压共轨系统高低压油路部分；
2. 电子控制系统的组成和主要控制功能。

博世电子控制高压共轨系统由电子控制部分（包括电子控制单元和电控喷油器）和燃油供给部分组成，其中燃油供给部分又分为高、低压部分，如图 5.11 所示。

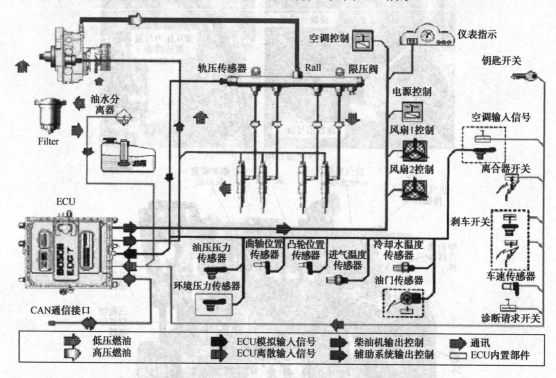

图 5.11　玉柴 6J 系列中型国 3 柴油机 Bosch 系统燃油管路布置

电控高压共轨技术是指由高压油泵、压力传感器和 ECM 组成的闭环控制方式，喷油压力大小与发动机转速无关。燃油从油箱中被电动输油泵吸出，经过油水分离器和滤清器过滤后，被送往高压油泵，高压油泵把高压燃油输送到高压蓄压器（油轨）中，通过对蓄压器内油压调整实现精确控制，使最终高压油管压力与发动机转速无关。正常工作压力为 135MPa，最高允许压力为 150MPa。

在电控高压共轨系统中，传感器收集发动机转速、发动机负荷等各种传感器信息、各种开关的信号送入电控单元（ECM）。ECM 根据这些信息，经过预先编制好的计算处理程序、经计算处理后向供油泵、喷油器等执行器发出控制指令，从而实现对燃油喷射过程进行最佳控制。

电子控制系统与电控汽油机控制原理基本一样，主要是由 ECM、传感器和执行器组成，在电控高压共轨系统中，通过传感器采集发动机不同工况下的信号，输入给 ECM，ECM 经过比较、运算、分析、处理后，得出最佳喷油量和喷油时间，然后向执行器发出指令，控制喷油器上电磁阀的开启和关闭，从而精确控制喷油时刻和喷油量，使发动机达到最佳工作状态。

1．高压共轨燃油喷射系统组成及原理

高压共轨燃油供给系统分为低压部分和高压部分，如图 5.12 所示。

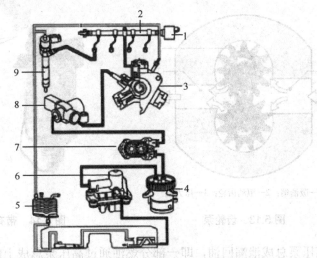

1—压力控制阀；2—共管；3—高压泵；4—燃油滤清器；5—燃油冷却器；
6—燃油预热器；7—输油泵；8—停车阀；9—喷油器

图 5.12　共轨燃油喷射系统图

（1）低压部分

其主要由燃油箱、粗滤器、电动输油泵、柴油滤清器、低压油管、高压油泵低压端、ECM、回油管等构件组成。

主要任务：燃油的吸入、过滤，并给高压油泵提供足够量的 0.2～0.7MPa 的低压燃油。

① 进油系统。

燃油箱中的燃油在电动输油泵的吸力作用下，经过油水分离器和滤清器过滤后，被送往高压油泵。

a．电动输油泵。

电动输油泵为齿轮式燃油泵，是为共轨高压油泵提供燃油的，如图 5.13 所示。齿轮泵主要由两个在旋转时相互啮合的反转齿轮组成，当齿轮旋转时，燃油被吸入泵体和齿轮形成的密闭空腔内。在齿轮旋转过程中，两个齿轮与泵体间的空腔容积随转子的转动发生变化，在容积由小变大的一侧燃油被吸入，在容积由大变小的一侧燃油被压出。

b．燃油滤清器。

燃油中如果过滤效果不好，将导致杂质等物体进入燃油供给系统，将加剧油泵柱塞的磨损和出油阀的磨损，喷油器的堵塞，严重将造成偶件的损坏，若燃油中含有水分，将会造成偶件的锈蚀，因此，在供油系统中必须装用带油水分离装置的滤清器。否则柴油机燃油供给系统无法正常工作，相关元件使用寿命无法保证。如图 5.14 为带有预滤器的燃油滤清器。

在现代发动机上安装的燃油滤清器，带有报警装置，当滤清器内水分达到一定程度时，报警灯就会点亮，提示需要进行排水操作。

② 回油系统。

回油系统由三部分组成。

a．喷油器回油，主要是喷油器在喷油期间针阀导向部分和控制套筒与柱塞缝隙处泄漏的

燃油，一般情况下较少，燃油通过喷油器回油总管并流经燃油分配器返回油箱。

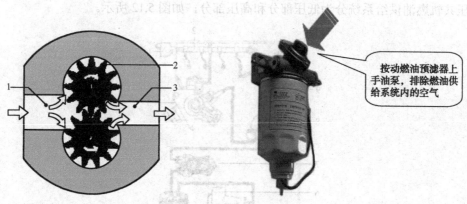

1—吸油端；2—驱动齿轮；3—压力端

图 5.13　齿轮泵

按动燃油预滤器上手油泵，排除燃油供给系统内的空气

图 5.14　带有预滤器的燃油滤清器

b．高压泵总成泄漏回油，即一部分燃油通过高压泵总成上的燃油压力控制阀进入油泵的润滑和冷却油路后，流回油箱。

c．高压蓄压器回油，当油轨压力限定值超出时，安装在油轨上的限压器打开溢流口来限制油轨中的燃油压力，在正常工作压力（135MPa）时，限压器的阀体通道的柱塞锥形头部与阀体的密封底座保持关闭，蓄压器也关闭。当油轨中的燃油压力超出限定值时，燃油压力克服弹簧的弹力，使弹簧压缩，通道打开，高压燃油溢出，油轨压力下降。油轨中限压阀允许的最大燃油压力为 150MPa。

（2）高压部分

其主要组成有：高压油泵、高压蓄压器、高压油管、喷油器、ECM、压力控制阀、流量限制阀、限压阀、油压传感器等（图 5.15）。

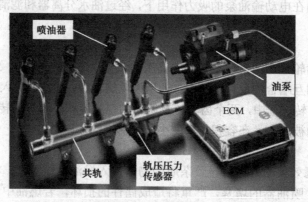

图 5.15　高压部分

主要任务：将燃油加压、保压和喷射。

① 高压油泵。

玉柴发动机采用的是博士公司 CP 系列高压油泵。本节主要讲解 CP3 型高压油泵的工作原理。如图 5.16 所示为 CP3 型高压油泵纵断面图。

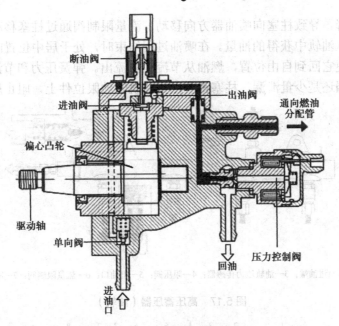

图 5.16　CP3 型高压油泵纵断面图

　　CP3 型高压油泵由三个径向排列、互相呈 120° 的柱塞组成。CP3 型油泵通过联轴器，由凸轮轴上的油泵驱动齿轮带动旋转，油泵的转速是发动机转速的一半。分配泵总成中的三个泵油柱塞由驱动轴上的凸轮驱动进行往复运动，每个泵油柱塞有弹簧对其施加作用力，目的是减少柱塞振动，并且使柱塞始终与驱动轴上的偏心凸轮接触。当柱塞向下运动时，为吸油行程，吸油阀将会开启，允许低压燃油进入泵腔，而当柱塞到达下止点时，进油阀将会关闭，泵腔内的燃油在向上运动的柱塞作用下被加压后输送到蓄压器中，高压燃油被存储在蓄压器油轨中等待喷射。在高压油泵上安装有燃油压力控制阀。ECM 通过控制压力控制阀可以精确地保持泵油压力，保持油轨中的燃油压力。压力控制阀是电磁控制球形阀，弹簧向球阀施加作用力，电磁铁也对球阀施加作用力，压力控制阀施加作用力，压力控制阀与分配泵连接处有 O 形密封圈保持密封，球阀承受着油轨中的燃油高压作用，高压燃油作用力由弹簧力和电磁力共同作用，而电磁力大小由 ECM 和 PWM 调制信号电流进行控制，所以，通过电磁铁电流的大小将决定油轨中燃油压力的高低。当油轨中的燃油压力超过发动机运转状态下的期望设定值时，球阀将会关闭，允许高压油泵增大油轨中的燃油压力。由此 ECM 通过压力控制阀实现对系统的闭环控制。

　　② 高压蓄压器（油轨）。

　　高压蓄压器（油轨）是一根锻造钢管，内径为 10mm，长度范围为 280～600mm，各缸上的喷油器通过各自的油管与油轨连接。

　　在油轨上安装有燃油压力传感器、限压阀、流量限制阀，如图 5.17 所示。

　　限压阀结构如图 5.18 所示。限压阀的作用是调整高压蓄压器中燃油的压力，当油轨中燃油压力超出允许压力值 150Mpa 时，限压阀的柱塞在燃油压力的作用下克服弹簧弹力打开，燃油溢出，油轨中燃油压力下降，从而保证油轨中维持一定的供油压力。

　　流量限制阀的作用是当油轨输出的油量超过规定值时，流量限制阀关闭通往喷油器的油路。正常工作时活塞处于自由位置，即活塞靠在流量限制阀的共轨端。燃油喷射时，喷油器端的喷油压力下降，导致柱塞向喷油器方向移动，流量限制阀通过柱塞移动而产生的排油量用来补偿喷油器从油轨中获得的油量。在喷油过程结束时，处于居中位置的活塞并未及时关闭出油口。弹簧使它回到自由位置，燃油从节流孔内流出。弹簧压力和节流孔都经过计算，无论燃油大量泄漏还是少量泄漏，柱塞都会回到油轨侧的限位件上，阻止燃油进入喷油器。

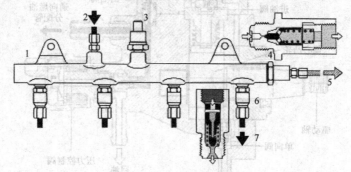

1—油轨；2—高压泵进油端；3—油轨压力传感器；4—限压阀；5—出油口；6—流量限制阀；7—喷油器端连接油管

图 5.17 高压蓄压器（油轨）

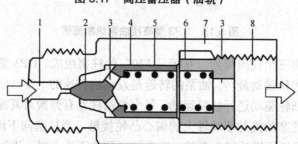

1—高压接头；2—锥形阀头；3—通流孔；4—活塞；5—压力弹簧；6—限位件；7—阀体；8—回油孔

图 5.18 限压阀结构图

③ 喷油器。

组成：喷油器结构如图 5.19 所示。主要零件有喷油嘴、针阀、电磁阀、控制活塞和球阀等。

电磁喷油器的工作过程分为三个阶段：喷油预备期、喷油开启、喷油结束。

喷油预备期：喷油器电磁阀没有通电，喷油器关闭，泄油孔也关闭。阀的弹簧使电枢的球阀压向泄油孔座，这样在阀控制腔内建立共轨高压，同时在喷油嘴的承压腔内也建立共轨高压。作用于控制柱塞末端面的共轨压力和喷嘴弹簧的压力与高压燃油作用在针阀锥形面上的开启压力相平衡，喷油嘴保持在关闭位置。

喷油开启：当喷油器的电磁阀通电，产生的电磁力超过作用在阀上的弹簧力，泄油孔打开，燃油从阀控制室流到上方的空腔中，经回油管流回油箱。泄油孔泄油破坏了绝对压力平衡，最终在阀控制腔内的压力下降，由于阀控制腔的压力减少，导致作用在控制柱塞上的力减少，最终喷油器针阀被打开，开始喷油。

喷油结束：一旦电磁阀断电，阀弹簧使电枢轴向下运动，球阀将关闭泄油孔。泄油孔关闭后，燃油经进油孔进入控制腔建立压力，该压力为共轨压力，该压力作用在控制柱塞端面上的力增加，这个力加上弹簧力大于油嘴内承压腔燃油的压力，针阀关闭。针阀关闭的速度取决于进油孔的流量。

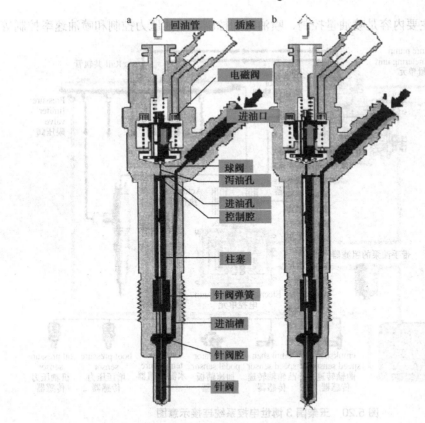

图 5.19 喷油器剖面图

2. 高压共轨电子控制系统的组成及控制功能

（1）电控系统组成

电控系统是玉柴电控国 3 系列柴油机的"神经中枢"，包括传感器、控制单元、执行器，如图 5.20 所示。

① 传感器。

传感器的作用是实时采集柴油机、车辆的运行信息并传递给控制器（ECU）。玉柴电控国 3 系列柴油机配置的传感器包括：曲轴转速传感器、凸轮轴位置传感器、加速踏板位置传感器、进气压力传感器、进气温度传感器、燃油温度传感器、冷却水温度传感器，同时还有空调、排气制动、怠速控制等开关信号。

② 控制单元。

ECU 是电气控制部分的核心，通过接受各种传感器和发动机各种工况的信息，进行计算、分析、判断，根据控制器中存储的发动机控制策略和程序，向执行器（单体泵电磁阀等）发出驱动信号，实现对喷油正时和喷油量的控制。另外它还具有故障自诊断等功能。

③ 执行器。

执行器包括 6 个单体泵电磁阀、排气制动阀、风扇控制、水温过高指示灯、故障指示灯等。

（2）电控系统的主要控制内容

① 燃油喷射控制。

低排放高压共轨柴油机喷射系统的基本任务是：根据柴油机输出功率的需要，在每一循环中，把经过计算的燃油量按喷油正时以很高的喷射压力，将柴油喷入发动机燃烧室。因此，柴油机的喷射控制的主要内容是喷油量控制、喷油时间控制、喷油压力控制和喷油速率控制等。

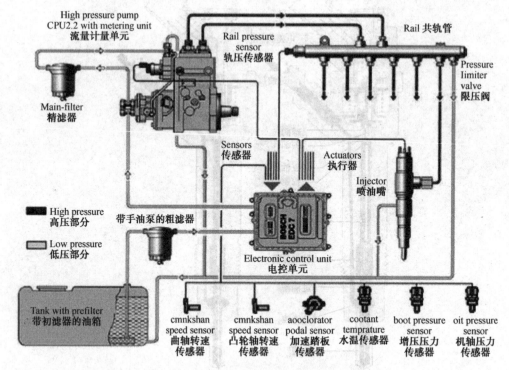

图 5.20　玉柴国 3 博世电控系统连接示意图

博世燃油喷射系统燃油油路如图 5.21 所示，适用于 CP3.3 油泵。

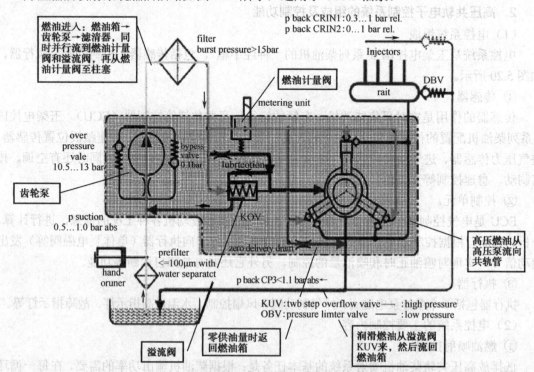

图 5.21　博世燃油喷射系统燃油油路

博世燃油喷射系统燃油油路实物如图 5.22 所示，适用于 CP3.3 油泵。

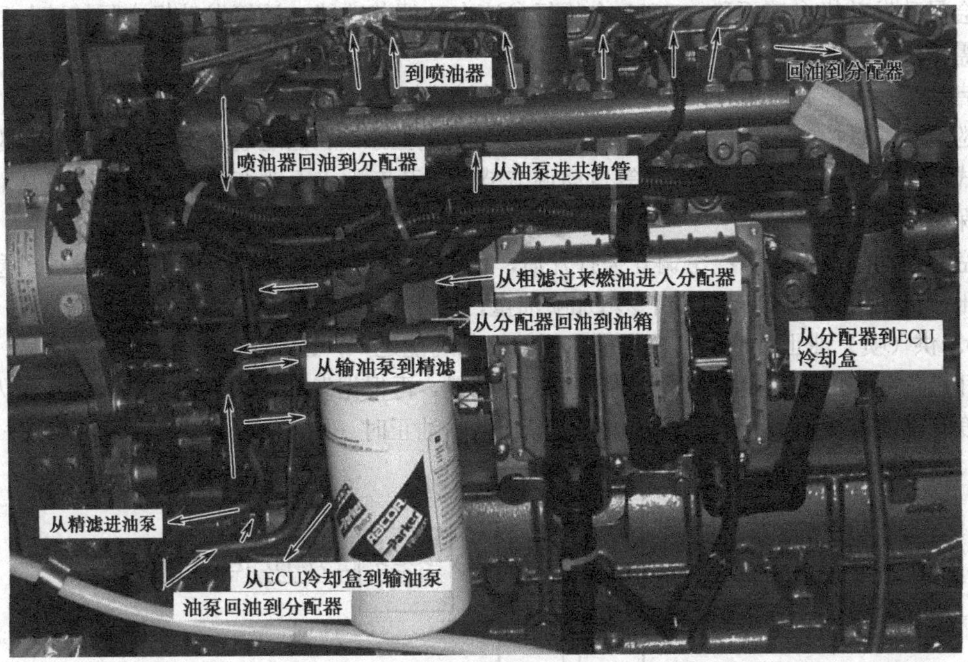

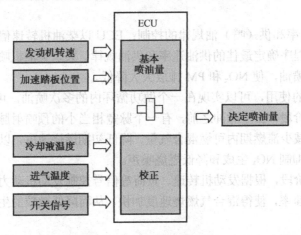

图 5.22　油路实物

a. 供（喷）油量控制：最主要的控制功能之一，在起动、怠速、正常运行等各种工况下，ECU 根据发动机转速信号、负荷信号和内存控制模型来确定基本供油量，ECU 通过控制电磁阀的通、断电时刻及通、断电持续时间长短直接控制喷油量，再根据冷却液温度信号、进气温度信号、起动开关信号、空调开关信号、反馈信号等对供油量进行修正，使发动机维持在最佳工作状态。燃油量控制又可分：基本喷油量控制、怠速喷油量控制、启动喷油量控制、不均匀油量补偿控制、巡航喷油量控制、空调启动喷油量控制（图 5.23）。

图 5.23　燃油喷射量控制

基本喷油量控制：由发动机转速和加速踏板位置决定。

怠速喷油量控制：在怠速工况下，由于发动机温度低，润滑油黏度大，摩擦阻力大等原因，可能会导致发动机怠速不稳，ECU 会执行怠速自动调节功能，计算发动机实际转速与目标转速所需喷油量的差值，进行调节控制。

启动喷油量控制：由发动机转速、加速踏板位置和冷却水温度决定。

巡航喷油量控制：带有巡航控制功能的柴油机电控系统，当通过巡航控制开关选定巡航控制模式后，ECU 将根据车速信号等自动调节节气门开度大小而改变喷油时间长短，从而控制汽车保持恒定车速。

空调启动喷油量控制：空调开关打开后，ECU 接收到空调开关信号，提高发动机怠速。空调压缩机工作后，ECU 发出指令增加喷油量，防止因发动机怠速过低而失火。

b. 供（喷）油正时控制：也是最主要的控制功能之一，ECU 根据发动机转速信号、加速踏板开启角度和内存的控制模型来确定基本供油量，再根据发动机水温、进气温度和压力、燃油温度和压力等反馈信号进行修正，得出最佳的喷油正时（图 5.24）。

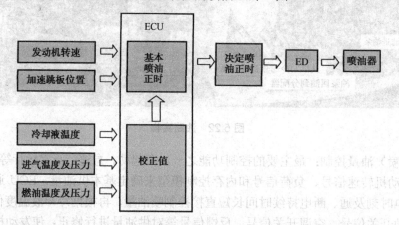

图 5.24　喷油正时确定

由于喷油始点和喷油延续时间由指令脉冲决定，与转速及负荷无关，因此，ECU 可以自由控制喷油时间。

c. 供（喷）油速率和供（喷）油规律的控制：ECU 以柴油机转速信号、负荷信号作为主控制信号，按预设的程序确定最佳的供油速率和供油规律。共轨柴油机喷油速率得到优化，实现每个做功循环多次喷油，使 NO_x 和 PM 排放大大降低。

由于高速电磁阀的使用，可以实现在一个做功循环内的多次喷油，可分为三个阶段。

第一阶段：预喷阶段，在主脉冲之前，有一个脉宽相当小的预喷射脉冲。根据缸内温度控制柴油起燃。目的是减少滞燃期内可燃混合气量，降低初期燃烧速度，以达到降低最高燃烧温度和压力升高率，来抑制 NO_x 生成和降低燃烧噪声。

第二阶段，主喷阶段，根据发动机转速、负荷等信号控制发动机动力。主喷阶段主要采用高喷油压力和高喷油速率，使得混合气燃烧速度加快，从而降低微粒的生成和热效率，达到降低排放的要求。

第三阶段，后喷阶段，在排气门打开时的喷射。目的是降低缸内温度，降低 NO_x 的产生；在排气管中燃烧，有利于颗粒物的消除。

d. 喷油压力的控制：ECU 以柴油机转速信号、负荷信号作为主控制信号，按预设的程序确定最佳的喷油压力。ECU 根据安装在油轨上的压力传感器的电信号计算实际的喷油压力，将其值和目标值比较，然后发出指令控制高压油泵的升高压力或降低压力，实现对喷油压力进行闭环控制。

　　e. 柴油机低油压保护：柴油机机油压力过低时，ECU 根据机油压力传感器信号减少供油量，降低转速并报警；当机油压力降到一定值以下时，则切断燃油供给，强制使发动机熄火。

　　f. 增压器工作保护：ECU 根据增压压力信号适当调节供油量，并在增压压力过高或过低时报警。

　　② 怠速控制（图 5.25）。

　　ECU 根据各传感器的信号，按驱动状态计算目标速度，再将目标与发动机转速信号进行比较，并控制喷油时间，调节喷油量，以校正怠速。当发动机暖机或空调运行期间，ECU 为防止 A/C 开关断开时发生的因发动机动力不足而产生的怠速不稳,在发动机转速波动前自动提高喷油量。

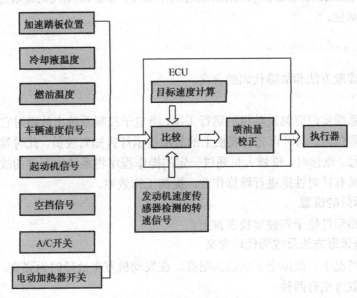

图 5.25　怠速控制

　　③ 进气控制。

　　其主要包括进气节流控制、可变进气涡流控制和可变配气正时控制。

　　④ 增压控制。

　　柴油机的增压控制主要是由 ECU 根据柴油机转速信号、负荷信号、增压压力信号等，通过控制废气旁通阀的开度或废气喷射器的喷射角度、增压器涡轮废气进口截面大小等措施，实现对废气涡轮增压器工作状态和增压压力的控制，以改善柴油机的扭矩特性，提高加速性能，降低排放和噪声。

　　⑤ 排放控制。

　　柴油机的排放控制主要是废气再循环（EGR）控制。ECU 主要根据柴油机转速和负荷信号，按内存程序控制 EGR 阀开度，以调节 EGR 率。

　　⑥ 故障自诊断和失效保护。

　　柴油机电控系统中也包含故障自诊断和失效保护两个子系统。柴油机电控系统出现故障时，自诊断系统将点亮仪表盘上的"故障指示灯"，提醒驾驶员注意，并储存故障码，检修时可通过一定的操作程序调取故障码等信息；同时失效保护系统启动相应保护程序，使柴油能够继续保持运转或强制熄火。

⑦ 柴油机与自动变速器的综合控制。

在装用电控自动变速器的柴油车上，将柴油机 ECU 和自动变速器 ECU 合为一体，实现柴油机与自动变速器的综合控制，以改善汽车的变速性能。

5.3 故障自诊断系统

使学生了解电控系统的故障自诊断系统的工作原理，掌握故障代码读取方法，并能根据故障代码查找故障部位。

故障代码的读取方法和故障代码的含义。

故障自诊断系统实时监测发动机的运行工况，当电子控制系统出故障时它以故障代码的形式记录系统的故障信息，同时点亮仪表板上的故障指示灯告知驾驶员，此时驾驶员应尽快将车辆开到维修站维修。维修时，维修人员通过一定的操作程序将系统中存储的故障信息调取出来从而便于维修人员有针对性地进行维修作业，提高工作效率。

1. 故障指示灯的位置

发动机故障指示灯位于驾驶室仪表盘上。

2. 故障代码读取方法及故障代码含义

在无故障的情况下，故障指示应该为暗亮，在发动机发生故障时为强亮。

故障代码读取方法有两种：

① 使用专用的故障诊断仪读取。

② 通过故障指示灯读取。具体操作：首先把点火开关置于 ON 挡，然后把怠速功能开关置于 ON 挡，即可进入故障诊断模式，此时故障指示灯将会以一定的闪烁规律将当前存在存储器中的故障代码闪烁出来，供维修人员识别读取。

故障代码的闪烁规律为：故障代码由四位 16 进制数字组成，故障代码的输出首先是把故障代码的每一位都转化为二进制码，然后一位一位地闪烁输出。比如，图 5.26 所示的故障代码为 0113。

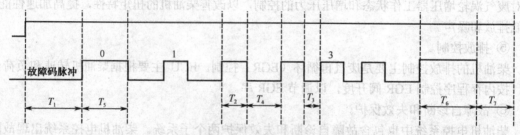

图 5.26　故障代码显示示意图

故障代码各个时间段的定义见表5.2。

表5.2 故障代码各个时间段的定义

时间段	定义
T_1	进入诊断模式到故障码开始闪烁的延迟时间为3000ms
T_2	每个二进制码高电平的保持时间为500ms
T_3	每个二进制码低电平的保持时间为500ms
T_4	故障码中位与位之间的间隔时间1500ms
T_5	故障码中"0"值的高电平保持时间为3000ms
T_6	一个故障闪烁结束后保持高电平的时间延迟为0ms
T_7	一个故障闪烁结束后保持低电平的时间延迟为5000ms

3. 读取故障码的操作流程（图5.27）

在进入故障模式后，故障指示灯会自动连续地闪烁来输出故障代码，直到把所有当前的故障码都输出完毕为止。当所有的故障代码都输出一遍之后，如果要再一次读取，可关掉怠速功能开关，然后再打开即可。

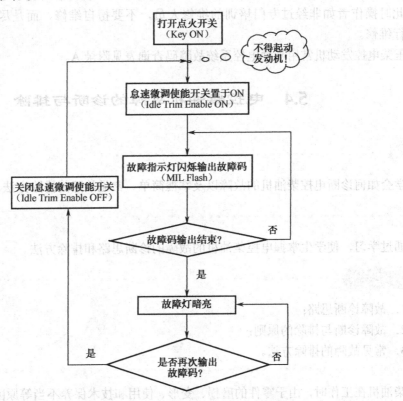

图5.27 故障码读取流程

4. 故障码的清除

当需要清除ECU存储器中的故障码时，可用专用仪器清除，也可采用将保险盒中ECU的保险拆下或拆除电瓶负极使 ECU 断电 10 秒以上的方法清除。但需要注意的是当采用拆除电瓶负极的方法清除故障码时，诸如时钟、音响等附加用电器也会丢失所其存储信息。

5．故障指示灯变亮后的处理

在驾驶的过程中发现故障指示灯变亮，在条件允许的情况下，改变一下油门开度使柴油机缓慢地加速和减速，如果驾驶感觉与正常情况下的感觉差别不大，那么说明引起故障灯闪亮的故障不属于严重故障，驾驶员可以根据情况决定是否立即维修，但时间不要拖太久，以免故障程度的进一步加重；如果在做柴油机加速和减速的测试中，发现转速过渡不平顺、变化速率比平时慢甚至油门不受控制，首先把车辆靠边停下，然后关闭点火开关，下车仔细观察柴油机的油路、气路和电路，看看是否有明显的漏油、漏气和线束的接插件脱落的现象。如果明显存在以上现象，可以把这些管路重新上紧和插上脱落的线束接插件，最后关闭柴油机仓，重新起动柴油机，原地测试怠速和加减速，如果问题依然存在，请及时到专业维修站进行维修。

如果没有发现明显的故障，请不要自行拔插和拆卸有关部件，应该立即把车辆开到维修站进行专业维修。

注意：电控柴油机的故障并不一定是电子或电路的问题，在大多数情况下，故障仍然是与常规柴油机相同的机械和燃油管路方面的故障，此时故障指示灯不会点亮，操作者可根据自身的经验进行处理。但当故障指示灯强亮时，一般表示出现了电子或电气方面的故障。此时操作者如非经过专门培训的维修人员，不要擅自维修，而是尽快到玉柴特约维修站进行维修。

玉柴电控发动机常用几种电控系统故障码查询表见附录 A。

5.4　电控柴油机故障的诊断与排除

学会如何诊断电控柴油机的故障以及掌握简单、常见故障的排除方法。

通过学习，使学生掌握电控柴油机的故障的诊断思路和排除方法。

知识要点

1．故障诊断思路；
2．故障诊断与排除的原则；
3．常见故障的排除方法。

柴油机在工作时，由于零件的磨损、变形、使用和技术保养不当等原因，各部分的技术状态逐渐恶化，当某些技术指标超出允许限度时，就表明柴油机已有了故障。当柴油机出现故障时，如不及时予以排除，则可能使柴油机不能正常工作，不仅动力性及经济性下降，适用操作性能变坏，还会引起零件早期磨损，甚至导致事故性损坏。

柴油机有些故障，如燃油系统中存有气体、燃油滤清器堵塞、传动皮带过松等，进行必要的保养和调整后，故障即可消除。有些故障，由于机构存在缺陷，用一般保养、调整方法不能排除，如汽缸垫损坏、活塞环严重磨损、气门锥面磨损、轴瓦过度磨损等，这些故障，必须对柴油机进行拆卸修理或更换零件才能排除。电控柴油机电控系统部分的故障，要通过故障诊断仪的诊断，对相应部分进行处理后才能排除。

1. 故障诊断、排除原则

柴油机的故障常常是由于操作不当或是缺乏保养造成的。当出现故障时，应首先检查是否严格执行了操作和维护、保养规定。

柴油机出现故障时应进行故障原因分析。

① 询问使用者与维修人员了解该机的使用保养及维修过程（包括换件）情况，初步判断故障属自然故障或人为故障。

② 对柴油机现场实地进行以下几方面的观察：

a. 观察柴油机三漏情况，以确定三漏形式（紧固力矩不足、密封垫或机件损坏）。

b. 倾听异响模式及其部位，以确定故障根源。

c. 观察排放烟色，以便分析故障原因。

d. 检查柴油机转速变化情况，可觉察柴油机性能好与坏，有利于故障的判断。

丰富的国 2 柴油机维修知识和经验对国 3 柴油机的维修非常重要，出现机械类故障时按欧Ⅱ机的维修方法就可以修复。

电控系统出现故障后故障指示灯会点亮（威特系统一般故障为慢闪烁），对于德尔福共轨、博世共轨、南岳系统（威特系统为严重故障快闪烁），出现严重故障后故障灯会闪烁。电控系统故障需要通过读故障闪码或借助故障诊断仪来检测电控元件的故障。

故障诊断仪只能检测到电控元件出的故障，并不能直接检测到机械故障，可通过相关参数变化来推断大致故障部位（电喷系统自诊断功能不仅能够诊断出电喷系统故障，同时可以判断出一些机械系统故障，例如转速信号盘的加工错误、正时系统安装错误等）。

只有通过电控系统专业知识培训的维修及服务人员才能从事电控柴油机的故障诊断及维修工作。

通过拆解检测，确定其故障原因。

2. 故障诊断、排除注意事项

① 没有接通蓄电池不要启动柴油机。

② 柴油机运行时不要从车内电路拆卸蓄电池。

③ 蓄电池的极性和控制单元的极性不能接反。

④ 给车辆蓄电池充电时，须拆下蓄电池。

⑤ 电控线路的各种接插件只能在断电状态（点火开关关闭）下进行拔插。

3. 故障诊断思路

故障诊断流程如图 5.28 所示。

4. 几种电控柴油机电控系统常见故障及排除方法

① BOSCH 高压共轨电控系统柴油机常见故障及排除方法。

柴油机侧常见故障及排除方法见表 5.3。

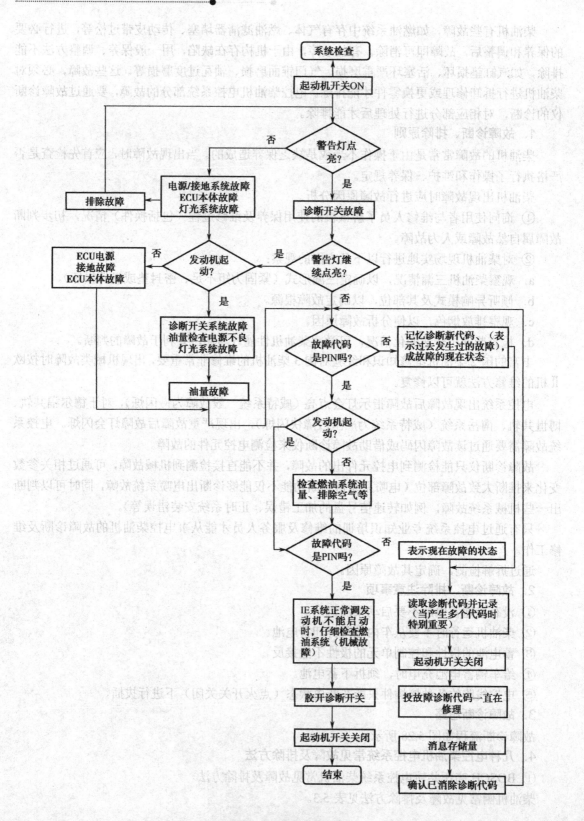

图 5.28　故障诊断流程

表 5.3　柴油机侧常见故障及排除方法

故 障 现 象	故障可能原因及常见表现	维 修 建 议
柴油机无法起动、难以起动、运行熄火	电喷系统无法上电 通电自检时故障指示灯不亮 诊断仪无法连通 油门接插件没有 5V 参考电压 开钥匙时故障灯是否会自检（亮 2 秒）	检查电喷系统线束及熔丝，特别是点火开关方面（包括熔丝，改装车还应看点火钥匙那条线是不是接在钥匙开关 2 挡上）
	蓄电池电压不足 万用表或诊断仪显示电压偏低 专用工具测电瓶起动时的电压降 启动机拖转无力 大灯昏暗 打马达时，马达声音是否运转有力	更换蓄电池或充电、跟别的车并电瓶
	无法建立工作时序 诊断仪显示同步信号故障 示波器显示曲轴/凸轮轴工作相位错误 诊断仪显示凸轮信号丢失 诊断仪显示曲轴信号丢失	① 检查曲轴/凸轮轴信号传感器是否完好无损 ② 检查其接插件和导线是否完好无损 ③ 检查曲轴信号盘是否损坏/脏污附着（通过传感器信号孔） ④ 检查凸轮信号盘是否损坏/脏污附着（通过传感器信号孔） ⑤ 如果维修时进行过信号盘等组件的拆装，检查相位是否正确
	预热不足 高寒工况下，没有等到冷启动指示灯熄灭就启动 万用表或诊断仪显示预热过程蓄电池电压变动不正常	① 检查预热线路是否接线良好 ② 检查预热隔栅电阻水平是否正常 ③ 检查蓄电池电容量是否足够
	ECU 软/硬件或高压系统故障 监视狗故障 A/D 转换错误 多缸停喷 ECU 计时处理单元错误 点火开关信号丢失 轨压超高泄压阀不能开启 EEPROM 错误 油轨压力持续超高（例如轨压持续 2s 超过 1600bar）	故障确认后，更换 ECU 或通知电控专业人员
	喷油器不喷油 怠速抖动较大 高压油管无脉动 诊断仪显示怠速油量增高 诊断仪显示喷油驱动线路故障	① 检查喷油驱动线路（含接插件）是否损坏/开路/短路 ② 检查高压油管是否泄漏 ③ 检查喷油器是否损坏/积炭

181

续表

故 障 现 象	故障可能原因及常见表现	维 修 建 议
柴油机无法起动、难以起动、运行熄火	高压泵供油能力不足 诊断仪显示轨压偏小	① 检查高压油泵是否能够提供足够的油轨压力 ② 检查燃油计量阀是否损坏
	轨压难以建立 高压连接管与喷油器连接处密封不严，泄漏严重等	检查高压连接管与喷油器连接处密封面压痕是否规则
	轨压持续超高 诊断仪显示轨压持续 2s 高于 1600 bar 轨压传感器损坏，艰难起动后存在敲缸、冒白烟等现象	① 检查燃油计量阀是否损坏 ② 燃油压力泄放阀是否卡滞
	机械组件等其他故障： ① 活塞环过度磨损 ② 气门漏气 ③ 供油系统内有空气 ④ 供油管路堵塞 ⑤ 燃油滤清器堵塞 ⑥ 燃油中水分太多，排烟呈灰白色 ⑦ 油箱缺油	① 更换活塞环 ② 检查气门间隙，气门弹簧，调整更换；检查气门导管及气门座密封性 ③ 排除油路空气 ④ 检查供油管路是否畅通 ⑤ 检查更换燃油滤清器的滤芯 ⑥ 更换正规加油站的燃油 ⑦ 检查油箱是否有足够燃油，燃油不足的情况下，请立刻加油
跛行回家模式 （故障指示灯亮）	仅靠曲轴信号运行 诊断仪显示凸轮信号丢失 对启动时间的影响不明显	① 检查凸轮传感器信号线路 ② 检查凸轮传感器是否损坏 ③ 检查凸轮信号盘是否有损坏或脏污附着
	仅靠凸轮信号运行 诊断仪显示曲轴信号丢失 起动时间较长（例如 4s 左右），或者难以起动	① 检查曲轴传感器信号线路 ② 检查曲轴传感器是否损坏 ③ 检查曲轴信号盘是否有损坏或脏污附着
油门失效，且柴油机无怠速（转速维持在 1100 rpm 左右）	油门故障 怠速升高至 1100rpm，油门失效 诊断仪显示第一/二路油门信号故障 诊断仪显示两路油门信号不一致 诊断仪显示油门卡滞	① 检查油门线路（含接插件）是否损坏/开路/短路 ② 检查油门电阻特性 ③ 油门踏板是否进水
功率/扭矩不足，转速不受限	① 水温过高导致热保护 ② 水温传感器/驱动线路故障进气温度过高导致热保护 ③ 增压后管路漏气 ④ 增压器损坏（例如旁通阀常开） ⑤ 油路阻塞 ⑥ 高原修正导致 ⑦ 进排气路堵塞 ⑧ 诊断仪显示油门无法达到全开	① 检查柴油机冷却系 ② 检查水温传感器本身或信号线路是否损坏 ③ 检查柴油机气路 ④ 检查增压器 ⑤ 检查油路 ⑥ 视具体情况处理 ⑦ 检查气路 ⑧ 检查电子油门

续表

故障现象	故障可能原因及常见表现	维修建议
功率/扭矩不足转速受限，故障指示灯亮。	① 轨压传感器损坏/MeUN 驱动故障 ② 燃油温度传感器/驱动线路故障，诊断仪报告故障 ③ 进气温度传感器/驱动线路故障：诊断仪报告故障 ④ 油轨压力传感器信号飘移，诊断仪报告故障 ⑤ 高压油泵闭环控制类故障	① 对于轨压传感器/MeUN 故障： 　a. 诊断仪显示轨压位于 700～760bar 左右，随转速升高而升高，则可能是燃油计量阀/驱动线路损坏 　b. 诊断仪显示轨压固定于 720bar，可能为轨压传感器或线路损坏 ② 检查油温传感器信号线路，检查油温传感器是否损坏 ③ 检查气温传感器信号线路，检查气温传感器是否损坏 ④ 更换油轨压力传感器 ⑤ 检查高压油路是否异常，更换高压油泵
机械系统原因导致功率/扭矩不足	① 进排气路阻塞，冒烟限制起作用 ② 增压后管路泄漏，冒烟限制起作用 ③ 增压器损坏（例如旁通阀常开） ④ 进排气门调整错误 ⑤ 油路阻塞 ⑥ 燃油滤清器堵塞 ⑦ 喷油器雾化不良，卡滞等	① 检查进排气系统 ② 检查进气管路 ③ 更换增压器 ④ 重新调整 ⑤ 检查高压/低压燃油管路 ⑥ 更换滤芯 ⑦ 更换喷油器
运行不稳，怠速不稳	信号同步间歇错误 诊断仪显示同步信号出现偶发故障	① 检查曲轴/凸轮轴信号线路 ② 检查曲轴/凸轮传感器间隙 ③ 检查曲轴/凸轮信号盘
	喷油器驱动故障，诊断仪显示喷油器驱动线路出现偶发故障（开路/短路等）	检查喷油器驱动线路
	油门信号波动 诊断仪显示松开油门后仍有开度信号 诊断仪显示固定油门位置后油门信号波动	① 检查油门信号线路是否进水或磨损导致油门开度信号飘移 ② 更换电子油门
	机械方面故障： ① 进气管路泄漏 ② 低压油路阻塞 ③ 油路进气 ④ 缺机油等导致阻力过大 ⑤ 喷油器积炭、磨损等 ⑥ 气门漏气	① 检查进气系统 ② 检查检查高压/低压燃油管路 ③ 排除油路空气 ④ 检查润滑系统，加机油 ⑤ 清理、更换喷油器 ⑥ 检查气门间隙、气门弹簧，调整更换；检查气门导管及气门座密封性
冒黑烟	喷油器雾化不良、滴油等 诊断仪显示怠速油量增大 诊断仪显示怠速转速波动	① 根据机械经验进行判断，例如断缸法等 ② 确认后拆检

故 障 现 象	故障可能原因及常见表现	维 修 建 议
冒黑烟	油轨压力信号飘移（实际>检测值），诊断仪显示相关故障码	更换传感器/共轨管
	机械方面故障：例如气门漏气、进排气门调整错误等诊断仪显示压缩测试结果不好	参照机械维修经验进行
加速性能差	前述各种电喷系统故障原因导致扭矩受到限制，诊断仪显示相关故障代码	按故障代码提示进行维修
	负载过大 各种附件的损坏导致阻力增大 缺机油/机油变质/组件磨损严重 排气制动系统故障导致排气受阻	① 检查风扇等附件的转动是否受阻 ② 检查机油情况 ③ 检查排气制动
	喷油器机械故障：积炭/针阀卡滞/喷油器体开裂/安装不当导致变形	拆检并更换喷油器
	① 进气管路泄漏 ② 油路进气	① 检查、上紧松脱管路 ② 排除油路中空气
	油门信号错误：诊断仪显示油门踩到底时开度达不到100%	① 检查线路 ② 更换电子油门

后处理端常见故障及排除见表 5.4。

表 5.4 后处理端常见故障及排除

故 障 现 象	故障可能原因及常见表现	维 修 建 议
尿素压力建立不起来	尿素管路接错	检查管路
	尿素管路进流管路太长或者打折	检查从尿素罐到计量泵的管路的长度和管路是否畅通
	压力管路、进流管路泄漏	检查管路
	计量泵建压力能力弱	调换无故障车辆的计量泵确认后更换
CAN 接受故障（AT1OG1）	NO_X 传感器不通电	检查供电线路
	NO_X 传感器损坏	更换传感器
	NO_X 传感器和和 DCU 之间的 CAN 线接故障	检查线路
尿素喷嘴堵塞或卡死	尿素质量问题	清理尿素罐内的沉积物，更换喷嘴
	尿素管路中没有尿素循环冷却	检查管路是否打折或者接错，更换喷嘴
排放超标	尿素罐中掺水	检查尿素罐中是否混水或者用水代替尿素的情况出现
	柴油机故障导致柴油机排放恶化	检查柴油机故障
	后处理工作不正常导致尾气 NO_X 转化效率偏低	检查后处理部件的工作情况

② 德尔福共轨系统柴油机常见故障及排除方法见表5.5。

表5.5 德尔福共轨系统柴油机常见故障及排除方法

故 障 现 象	故障可能原因及常见表现	维 修 建 议
柴油机无法起动、难以起动、运行熄火	电喷系统无法上电 通电自检时故障指示灯不亮 诊断仪无法连通 油门接插件没有5V参考电压 开钥匙时故障灯是否会自检（亮2秒）	检查电喷系统线束及熔丝，特别是点火开关方面，特别是主继电器及点火开关方面
	蓄电池电压不足 万用表或诊断仪显示电压偏低 专用工具测电瓶在起动的时候的电压降 启动机拖转无力 大灯昏暗 打马达时，马达声音是否运转有力	更换蓄电池或充电，跟别的车并电瓶
	无法建立工作时序 诊断仪显示同步信号故障 示波器显示曲轴/凸轮轴工作相位错误 诊断仪显示凸轮信号丢失 诊断仪显示曲轴信号丢失	① 检查曲轴/凸轮轴信号传感器是否完好无损 ② 检查其接插件和导线是否完好无损 ③ 检查曲轴信号盘是否损坏/脏污附着（通过传感器信号孔） ④ 检查凸轮信号盘是否损坏/脏污附着（通过传感器信号孔） ⑤ 如果维修时进行过信号盘等组件的拆装，检查相位是否正确
	预热不足 高寒工况下，没有等到冷启动指示灯熄灭就起动 万用表或诊断仪显示预热过程蓄电池电压变动不正常	① 检查预热线路是否接线良好 ② 检查预热塞/预热隔栅电阻水平是否正常 ③ 检查蓄电池电容量是否足够
	ECU软/硬件或高压系统故障 监视狗故障 轨压超高故障 轨压漂移故障 模数转换故障 燃油计量阀驱动故障 参考停机保护策略	更换ECU或通知专业人员
	喷油器不喷油 怠速抖动较大 高压油管无脉动 诊断仪显示怠速油量增高 诊断仪显示喷油驱动线路故障	① 检查喷油驱动线路（含接插件）是否损坏/开路/短路 ② 检查高压油管是否泄漏 ③ 检查喷油器是否损坏/积炭

故障现象	故障可能原因及常见表现	维修建议
柴油机无法起动、难以起动、运行熄火	高压泵供油能力不足：诊断仪显示轨压偏小	① 检查高压油泵是否能够提供足够的油轨压力 ② 检查燃油计量阀是否损坏 ③ 检查低压油路是否供油畅通、喷油器是否卡死、高压油管是否裂等
	轨压持续超高： 诊断仪显示轨压持续 2s 高于 2000 bar	① 检查燃油计量阀是否损坏 ② 泵体压力泄放阀损坏
	机械组件等其他故障： ① 活塞环过度磨损 ② 气门漏气 ③ 供油系统内有空气 ④ 供油管路堵塞 ⑤ 燃油滤清器堵塞 ⑥ 燃油中水分太多，特征为排烟呈灰白色 ⑦ 油箱缺油	① 更换活塞环 ② 检查气门间隙，气门弹簧，调整更换；检查气门导管及气门座密封性，密封不好 ③ 排除油路空气 ④ 检查供油管路是否畅通 ⑤ 检查更换燃油滤清器的滤芯 ⑥ 更换正规加油站的燃油 ⑦ 检查油箱是否有足够燃油；燃油不足的情况下，请立刻加油
跛行回家模式 油门失效，且柴油机无怠速（转速维持在 1300 rpm 左右）	喷油器修正码故障： 怠速升至 1300rpm，油门失效 诊断仪显示 C2I 修正码故障	检查喷油器修正是否正确
	油门故障： 怠速升高至 1300rpm，油门失效 诊断仪显示双路油门信号故障 诊断仪显示油门卡滞	① 检查油门线路（含接插件）是否损坏/开路/短路 ② 检查油门电阻特性 ③ 油门踏板是否进水
功率/扭矩不足	① 水温过高导致热保护 ② 诊断仪报告水温传感器/驱动线路故障 ③ 燃油温度过高导致热保护 ④ 诊断仪报告燃油温度传感器损坏/驱动线路故障 ⑤ 诊断仪报告油轨压力信号漂移故障 ⑥ 诊断仪报告油门信号 1 路/2 路故障 ⑦ 诊断仪报告蓄电池电压信号故障 ⑧ 参考减扭矩失效策略	① 检查柴油机冷却系 ② 检查水温传感器本身或信号线路是否损坏 ③ 检查油温传感器本身或信号线路是否损坏 ④ 检查油轨压力传感器本身或信号线路是否损坏 ⑤ 检查油路/气路 ⑥ 检查增压器 ⑦ 检查电子油门 ⑧ 检查油水分离器开关，放水

续表

故障现象	故障可能原因及常见表现	维修建议
机械系统原因导致功率/扭矩不足	① 进排气路阻塞，冒烟限制起作用 ② 增压后管路泄漏，冒烟限制起作用 ③ 增压器损坏（例如旁通阀常开） ④ 进排气门调整错误 ⑤ 油路阻塞/泄漏 ⑥ 低压油路：有空气或压力不足 ⑦ 机械阻力过大 ⑧ 喷油器雾化不良，卡滞等 ⑨ 其余机械原因	① 检查高压/低压燃油管路 ② 检查进排气系统 ③ 检查喷油器 ④ 参照机械维修经验进行
运行不稳，怠速不稳	信号同步间歇错误： 诊断仪显示同步信号出现偶发故障	① 检查曲轴/凸轮轴信号线路 ② 检查曲轴/凸轮传感器间隙 ③ 检查曲轴/凸轮信号盘
	喷油器驱动故障： 诊断仪显示喷油器驱动线路出现偶发故障（开路/短路等）	检查喷油器驱动线路
	油门信号波动： 诊断仪显示松开油门后仍有开度信号 诊断仪显示固定油门位置后油门信号波动	① 检查油门信号线路是否进水或磨损导致油门开度信号飘移 ② 更换油门
	机械方面故障： ① 进气管路泄漏 ② 低压油路阻塞 ③ 油路进气 ④ 缺机油等导致阻力过大 ⑤ 喷油器积炭、磨损等 ⑥ 气门漏气	① 检查进气系统 ② 检查检查高压/低压燃油管路 ③ 排空 ④ 检查润滑系统，加机油 ⑤ 清理、更换喷油器 ⑥ 检查气门间隙、气门弹簧，调整更换；检查气门导管及气门座密封性
冒黑烟	喷油器雾化不良、滴油等 诊断仪显示怠速油量增大 诊断仪显示怠速转速波动	① 根据机械经验进行判断，例如断缸法等 ② 确认后拆检
	油轨压力信号飘移（实际>检测值）： 诊断仪显示相关故障码	更换传感器/轨
	机械方面故障：例如气门漏气，进排气门调整错误等 诊断仪显示压缩测试结果不好	参照机械维修经验进行。
加速性能差	前述各种电喷系统故障原因导致扭矩受到限制 诊断仪显示相关故障码	按故障代码提示进行维修

续表

故 障 现 象	故障可能原因及常见表现	维 修 建 议
加速性能差	负载过大 各种附件的损坏导致阻力增大 缺机油/机油变质/组件磨损严重 排气制动系统故障导致排气受阻 整车动力匹配不合适	① 检查风扇等附件的转动是否受阻 ② 检查机油情况 ③ 检查排气制动
	喷油器机械故障 积炭/针阀卡滞/喷油器体开裂/安装不当导致变形	拆检并更换喷油器
	进气管路泄漏 油路进气	① 检查、上紧松脱管路 ② 排除油路中空气
	油门信号错误： 诊断仪显示油门踩到底时开度达不到100%	① 检查线路 ② 更换油门

诊断说明如下。

电控发动机的故障并不一定是电喷系统的问题。

在大多数情况下，故障仍然是与常规发动机相同的机械和燃油管路方面的故障。

当故障指示灯不点亮时，主要检查机械故障。

当故障指示灯点亮时，说明出现了电喷系统方面的故障，可读取故障码，进行相应的检测工作。

如非经过专门培训的维修人员，建议不要试图维修，应尽快通知专业人员进行维修。

基本诊断基础知识：

● 要求维修人员熟悉常规发动机的故障判断。

● 要求维修人员熟悉博世共轨系统工作原理。

● 要求维修人员熟悉发动机线束和电控系统诊断原理。

故障诊断示例如图 5.29 所示。

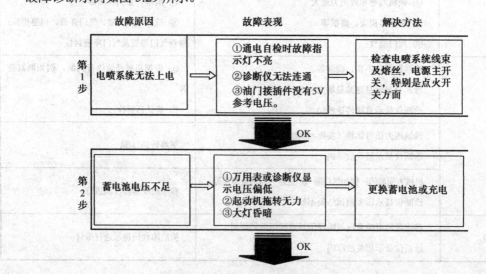

图 5.29　故障诊断示例

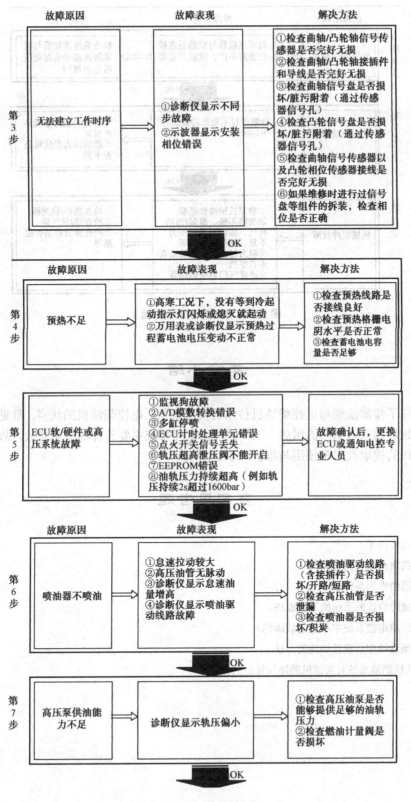

图 5.29　故障诊断示例

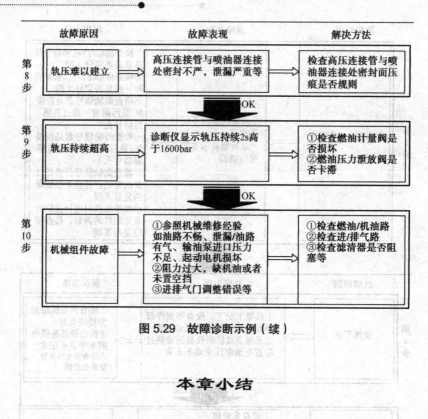

故障原因	故障表现	解决方法
第8步 轨压难以建立	高压连接管与喷油器连接处密封不严，泄漏严重等	检查高压连接管与喷油器连接处密封面压痕是否规则
第9步 轨压持续超高	诊断仪显示轨压持续2s高于1600bar	①检查燃油计量阀是否损坏 ②燃油压力泄放阀是否卡滞
第10步 机械组件故障	①参照机械维修经验如油路不畅、泄漏/油路有气、输油泵进口压力不足、起动电机损坏 ②阻力过大，缺机油或者未置空挡 ③进排气门调整错误等	①检查燃油/机油路 ②检查进/排气路 ③检查滤清器是否阻塞等

图 5.29　故障诊断示例（续）

本章小结

本章介绍了排放法规与电控柴油机技术的发展现状、电控柴油机的优点，常见的电控博士高压共轨系统燃油喷射系统的组成、工作原理，电控系统主要元件的技术参数，故障自诊断系统，故障代码的提取及日常使用与维护知识。

复习思考题

1. 何谓共轨技术？
2. 电控共轨系统有何特点？
3. 传感器的作用是什么？
4. 简述故障自诊断系统的工作原理。
5. 如何清除电控系统中存储的故障码？
6. 简述柴油抽空后重新加注的方法。
7. 分析共轨燃油系统对柴油机的尾气排放的作用。

附录 A

1. BOSCH 共轨系统的故障灯及故障代码

故障灯状态说明：

① 该灯位于仪表板上；

② 颜色为红色；

③ 电喷系统出现故障后点亮；

④ 打开点火开关后，系统对故障灯的线路进行自检，点亮故障灯，如无故障，则故障灯在 2s 后熄灭。

故障代码、故障闪码与故障码解释如下。

序　号	故障代码	故障闪码	故障码解释
1	P0647/ P0646/ P0645/ P0645	11	空调压缩机驱动电路故障 （对电源短路/对地短路/开路/超温）
2	P2519	12	空调压缩机请求开关信号故障
3	P2299	13	油门与制动踏板信号逻辑不合理
4	P060B	14	控制器模/数（A/D）转换不正确
5	P0113/ P0112	15	进气温度传感器信号范围故障 （超高限/超低限）
11	P1020/ P1021	25	电压信号变动范围故障-进气预热开关接合 （超高限/超低限）
12	P1022/ P1023	26	电压信号变动范围故障-进气预热开关断开 （超高限/超低限）
13	P0540	31	进气预热执行器黏滞（永久结合）
14	P0123/ P0122/ P2135	32	第一路油门信号范围故障 （超高限/超低限/相关性）
15	P0223/ P0222/ P2135	33	第二路油门信号范围故障 （超高限/超低限/相关性）
16	P2229/ P2228/ P0000/ P2227	34	环境压力传感器信号范围故障 （超高限/低限/CAN 信号/与增压压力不合理）

续表

序 号	故 障 代 码	故 障 闪 码	故 障 码 解 释
17	P0542/ P0541	35	进气加热执行器驱动电路故障 （对电源短路/对地短路）
18	P0649	36	最大车速调节指示灯电路故障（开路/短路）
19	P0563/ P0562	41	蓄电池电压信号范围故障 （超高限/超低限）
24	P0235/ P0236/ P0237/ P0238	46	增压压力传感器信号故障 （CAN 信号/不合理/超低限/超高限）
25	P0571/ P0504	51	制动踏板信号故障 （失效/不合理）
26	P022A/ P022B/ P022C	52	中冷旁通阀驱动电路故障 （对电源短路/对地短路/开路）
27	P0116	53	冷却水温信号动态测试不合理
28	P0116	54	冷却水温信号绝对测试不合理
29	P2556/ P2557/ P2558/ P2559	55	冷却液位传感器信号范围故障 （超高限/超低限/开路/不合理）
37	P161F	111	压缩测试试验报告故障
38	P0704	112	离合器开关信号故障
39	P0856	113	牵引力控制系统的输出扭矩干涉超过上限
40	P0079/ P0080/ P1633/ P1634	114	减压阀驱动线路故障 （对电源短路/对地短路/开路/对接短路）
41	P1635/ P1636/ P1637/ P1638	115	冷启动指示灯线路故障 （对电源短路/对地短路/开路/对接短路）
42	P0115/ P0116/ P0117/ P0118	116	冷却水温传感器信号范围故障 （CAN 信号/不合理/超低限/超高限）
43	P0217	121	冷却水温超高故障

序　号	故障代码	故障闪码	故障码解释	
44	P0071/ P0072/ P0073	122	环境温度传感器信号故障 （CAN 信号/超低限/超高限）	
51	P0008	141	仅采用凸轮相位传感器信号运行	
52	P0340/ P0341	142	凸轮信号故障 （信号丢失/信号错误）	
53	P0335/ P0336	143	曲轴转速信号故障 （信号丢失/信号错误）	
54	P0016	144	凸轮相位/曲轴转速信号不同步	
55	P0219	145	柴油机超速	
56	P0478	146	排气制动驱动线路对电源短路故障	
57	P0477	151	排气制动驱动线路开路故障	
58	P0476	152	排气制动驱动线路对地短路故障	
66	P2267	164	油水分离开关指示信号超上限	
67	P2266	165	油水分离开关指示信号超下限	
69	P2269	211	油中含水指示信号	
70	P1007	212	油量-扭矩转换趋势错误	
73	UC158	215	仪表板信号故障	
74	P0000	216	CAN 网络上得到的电控制动信号不正确	
75	UC113	221	CAN 网络上得到的 EGR 率信号不正确	
76	UD100	222	CAN 网络上得到的缓速器信号不正确	
77	UC103	223	CAN 网络上得到的自动变速箱信号不正确	
78	UD101	224	CAN 网络上的车辆行驶里程信号不正确	
79	UC156	225	CAN 网络上的环境条件信号不正确	
80	UC104	226	CAN 网络上的巡航控制/车速信号不正确	
82	UC157	232	CAN 网络上的转速表信号不正确	
83	UD103	233	CAN 网络上的传输速率信号不正确	
84	UD114	234	CAN 网络上的时间/日期信号不正确	
85	UD104/ UD105	235	CAN 网络上的制动系统控制-速度限制信号不正确（激活/不激活）	
86	UD106/ UD107	236	CAN 网络上的制动系统控制-扭矩限制信号不正确（激活/不激活）	
87	UD108/ UD109	241	CAN 网络上的制动系统控制-扭矩限制信号不正确（激活/不激活）	
88	UD10A/ UD10B	242	CAN 网络上的缓速器控制-扭矩限制信号不正确（激活/不激活）	

序 号	故障代码	故障闪码	故障码解释
89	UD10C/ UD10D	243	CAN 网络上的动力输出信号不正确 （激活/不激活）
90	UD10E/ UD10F	244	CAN 网络上的变速箱控制-速度限制信号不正确（激活/不激活）
91	UD13A/ UD13B	245	CAN 网络上的变速箱控制-扭矩限制信号不正确（激活/不激活）
92	UD110/ UD111	246	CAN 网络上的车身控制-速度限制信号不正确（激活/不激活）
93	UD112/ UD113	251	CAN 网络上的车身控制-扭矩限制信号不正确（激活/不激活）
94	UD115	252	CAN 网络上的轮速信号不正确
95	UC001	253	CAN 网络上周期性发出信号不正确
96	P0182/ P0183	254	燃油温度传感器信号范围故障 （超低限/超高限）
97	P1623/ P1624/ P1625/ P1626	256	预留指示灯 1 驱动线路故障 （对电源短路/对地短路/开路/对接短路）
98	P1627/ P1628/ P1629/ P162A	261	预留指示灯 2 驱动线路故障 （对电源短路/对地短路/开路/对接短路）
99	P162B/ P162C/ P162D/ P162E	262	预留指示灯 3（燃油有水报警灯）驱动线路故障 （对电源短路/对地短路/开路/对接短路）
100	P160C	263	高压试验报告故障
101	P060A	264	通信模块受到干扰
102	P062F	265	电可擦除存储器出错
103	P0607	266	控制器硬件恢复功能被锁
104	P150B/ P150C	315	空气湿度传感器信号范围错误 （超高限/超低限）
105	P0097/ P0098/ P0099	316	空气温度传感器信号错误 （超低限/超高限/CAN 信号错误）
106	P1300/ P1301/ P1302	321	燃油喷射功能受到限制

序 号	故障代码	故障闪码	故障码解释	
107	P1203/ P1204	322	喷油器驱动线路故障-组 1 短路，低端对地短路	
108	P1209	323	喷油器驱动线路故障-组 1 开路	
109	P120B/ P120C	324	喷油器驱动线路故障-组 2 短路，低端对地短路	
110	P1211	325	喷油器驱动线路故障-组 2 开路	
111	P062B	326	喷油器驱动芯片故障模式 A	
112	P062B	331	喷油器驱动芯片故障模式 B	
113	P0261/ P0262	332	喷油器 1 驱动线路故障-短路 （低端对电源/对接）	
114	P0201	333	喷油器 1 驱动线路故障-开路	
115	P0264/ P0265	334	喷油器 2 驱动线路故障-短路 （低端对电源/对接）	
116	P0202	335	喷油器 2 驱动线路故障-开路	
117	P0267/ P0268	336	喷油器 3 驱动线路故障-短路 （低端对电源/对接）	
118	P0203	341	喷油器 3 驱动线路故障-开路	
119	P0270/ P0271	342	喷油器 4 驱动线路故障-短路 （低端对电源/对接）	
120	P0204	343	喷油器 4 驱动线路故障-开路	
121	P0273/ P0274	344	喷油器 5 驱动线路故障-短路 （低端对电源/对接）	
122	P0205	345	喷油器 5 驱动线路故障-开路	
123	P0276/ P0277	346	喷油器 6 驱动线路故障-短路 （低端对电源/对接）	
124	P0206	351	喷油器 6 驱动线路故障-开路	
125	P1225	352	多缸喷油系统出现故障	
126	P025C/ P025D	353	燃油计量阀信号范围故障 （超高限/超低限）	
127	P0251/ P0252	354	燃油计量阀输出开路 （开路/对接短路）	
128	P0254	355	燃油计量阀输出对电源短路	
129	P0253	356	燃油计量阀输出对地短路	
130	P0564	361	巡航控制开关组信号不合理	
131	P0650	362	MIL 指示灯驱动线路故障	
132	P160E	363	主继电器线路故障-对电源短路	
133	P160F	364	主继电器线路故障-对地短路	

序　号	故障代码	故障闪码	故障码解释
134	P060C	365	硬件故障导致停机-监视狗或控制器
135	P0686/ P0687	366	主继电器线路故障 （对电源短路/对地短路）
136	P154A/ P154B/ P154C	411	多状态开关驱动电路故障 （对电源短路/对地短路/信号不合理）
137	UC029	412	CAN A BUS OFF
138	UC038	413	CAN B BUS OFF
139	UC047	414	CAN C BUS OFF
140	P250A/ P250B/ P250C/ P250D	415	机油液位传感器信号范围故障 （CAN 信号错误/不合理/超低限/超高限/）
141	P250A/ P250B P250C P250D	421	机油压力传感器信号范围故障 （CAN 信号错误/不合理/超低限/超高限）
142	P0524	422	机油压力信号过低故障
143	P0195/ P0197/ P0198 P100D	423	机油温度传感器信号范围故障 （CAN 信号错误/不合理/超低限/超高限）
144	P0196	424	机油温度信号不合理故障
145	P2263	432	增压压力控制偏差超过上限
146	P2263	433	增压压力控制偏差超过下限
147	P1010/ P100E/ P100F	434	轨压泄放阀驱动故障 （无法打开/永久开/被冲开）
148	P0192/ P0193	441	轨压传感器信号范围故障 （低限/高限）
149	P0191	442	轨压传感器信号飘移故障
150	P1011	443	轨压控制偏差故障-轨压正偏差超高
151	P1012	444	轨压控制偏差故障-轨压正偏差超高
152	P1018	445	轨压控制偏差故障-轨压泄露
153	P1019	451	轨压控制偏差故障-供油量过大
154	P1013	452	轨压控制偏差故障-轨压负偏差超高
155	P0087	453	轨压控制偏差故障-轨压超低限

序 号	故障代码	故障闪码	故障码解释
156	P0088	454	轨压控制偏差故障-轨压超高限
157	P101A	455	轨压控制偏差故障-轨压下降速率过大
158	P1014	511	轨压控制偏差故障-overrun 状态供油量过大
159	P1615	512	加速测试报告故障
160	P1621	513	断缸测试报告故障
161	P1616/ P1617/ P1618	514	冗余断缸测试报告故障
162	P0642/ P0643	515	参考电压 1（用于增压压力及温度传感器等）故障 （超高限/超低限）
163	P1636/ P1637	521	12V 传感器参考电压故障 （超高限/超低限）
164	P0652/ P0653	522	参考电压 2（用于油门等传感器）故障（超高限/超低限）
165	P0698/ P0699	523	参考电压 3（用于油轨压力传感器等）故障 （超高限/超低限）
166	P0616/ P0617	524	起动电动机开关故障-高端 （对电源短路/对地短路）
167	P1638/ P1639/ P163A	525	起动电动机开关故障-低端 （对电源短路/对地短路/开路）
168	P1619/ P161A/ P161B/ P161C	531	系统灯（故障指示灯）驱动线路故障 （对电源短路/对地短路/开路/对接短路）
169	P2533	532	点火开关信号故障
170	P2530	533	起动电动机信号故障
171	P0607	534	控制器计时模块故障
172	P2142	535	进气节流阀驱动电路故障-对电源短路
173	P2141	541	进气节流阀驱动电路故障-对地短路
174	P0487/ P0488	542	进气节流阀驱动电路故障-开路/超温
175	P0501/ P1510/ P0500/ P0501	544	车速信号故障 1 （超速/信号错误/不合理）

续表

序　号	故障代码	故障闪码	故障码解释	
176	P2157/ P2158/ P2159/ P2160	545	车速信号故障 2-超范围 （信号超高限/超低限/CAN 信号错误/信号不合理）	
177	P1511/ P1512/ P1513	551	车速信号故障 3-脉宽故障 （脉宽超高限/超低限/频率错误）	
178	P0607	552	通信模块故障	
179	P162F/ P1630/ P1631/ P1632	553	警告指示灯驱动线路故障 （对电源短路/对地短路/开路/超温）	

BOSCH 后处理如下。

序　号	故障代码	部件/系统	监测策略
1	P0600	CAN 总线	超时错误
			总线过载
			接收的柴油机负荷率异常
			接收的柴油机扭矩异常
			接收的柴油机转速异常
			CAN 1 总线中断
			CAN2 总线中断
2	P203F	尿素箱液位	尿素箱液位信号低于 10%
			尿素箱液位信号低于 20%
	P203D		尿素箱液位传感器电压值超出上限
	P203C		尿素箱液位传感器电压值低于下限
	P203A		传感器供电电压上限或低于下限
3	P205B	尿素箱温度传感器	尿素箱尿素温度超出上限或低于下限
	P205D		尿素箱尿素温度传感器电压超过上限
	P205C		尿素箱尿素温度传感器电压低于下限
	P20B2		尿素箱加热控制阀卡在打开位置
4	P2043	供给模块内尿素温度传感器	供给模块内尿素温度高于上限或低于下限
	P2045		供给模块内尿素温度传感器电压超过上限
	P2044		供给模块内尿素温度传感器电压低于下限
	P0634		供应模块内尿素温度超高
5	P0426	催化剂下游温度传感器	催化剂下游温度异常，柴油机开始运转 12 分钟后温度仍低于限值

续表

序 号	故障代码	部件/系统	监测策略
5	P042D	催化剂下游温度传感器	催化剂下游温度传感器电压超过上限
	P042C		催化剂下游温度传感器电压低于下限
	P0426		催化剂下游温度传感器动态检查不可信，低于下限
			催化剂下游温度传感器动态检查不可信，超过上限
			催化剂下游温度传感器静态检查不可信
6	P208B	供应模块尿素压力泵	泵马达被堵住
	P208B		泵转速超过限制
	P208D		泵马达被移除或泵与控制单元连接损坏
	P208C		霍尔传感器故障
7	P204B	尿素压力	尿素压力超常
			正常运行时尿素管压力段堵塞
	P204D		尿素压力超过上限
	P204C		尿素压力低于下限
	P0651		尿素压力传感器电压异常
	P204B		尿素压力传感器动态检查不可信
	P208B		尿素压力建立失败
8	P2048	尿素喷射阀	尿素喷射阀供电模块短路到地
	P2049		尿素喷射阀供电模块短路到电源
			尿素喷射阀在打开位置卡住
	P2047		尿素喷射阀电路短路
	P202F		尿素喷射阀卡在未知位置
			尿素喷射阀卡在关闭位置
			尿素喷射阀卡在打开位置
9	P0659	电池	电池反馈信号短路到电源
	P0657		电池反馈信号短路
	P0563		电池电压超过上限
	P0562		电池电压低于下限
10	P2203	氮氧传感器	氮氧传感器短路故障
			氮氧传感器加热器短路故障
	P2202		氮氧传感器开路故障
			氮氧传感器加热器开路故障
	P2201		氮氧传感器信号不可信
			氮氧浓度超出上限
			其他氮氧传感器加热器错误
			氮氧传感器加热信号异常
	P2200		氮氧传感器供电异常

序　号	故障代码	部件/系统	监测策略
11	P062F	控制单元硬件诊断	EEPROM 识别故障
			错误的 EEPROM 大小
			EEPROM 通信故障
			写 EEPROM 故障
			控制单元数据错误
			EEPROM 功能开关存储不正确
12	P30D5	尿素加热部件	尿素入口管解冻失败
			尿素压力管解冻失败
			尿素建压失败
			尿素回流管解冻失败
13	P0643	传感器供电电压	传感器供电电压 1 超过上限
	P0642		传感器供电电压 1 低于下限
	P0653		传感器供电电压 2 超过上限
	P0652		传感器供电电压 2 低于下限
14	P2000	NO_x 排放	排放超过 5g/kwh
			排放超过 7g/kwh

2. 德尔福共轨系统的故障灯及故障代码

故障指示灯说明：

① 该灯位于仪表板；

② 颜色为红色；

③ 形状为 💡；

④ 电喷系统出现一般故障后点亮，严重故障后闪烁；

⑤ 打开点火开关后，系统对故障灯的线路进行自检，点亮；

⑥ 故障灯，如无故障，则故障灯在 2s 后熄灭；

⑦ 电喷系统故障消失后，故障指示灯熄灭。

故障代码与故障码解释如下。

序　号	故障代码	故障码解释
1	P1101	进气质量流量信号故障
2	P1693	电子风扇 2 驱动故障-开路
3	P0694	电子风扇 2 驱动故障-短路
4	P0693	电子风扇 2 驱动故障-对地短路
5	P1678	预热驱动故障-开路
6	P1679	预热驱动故障-短路
7	P1680	预热驱动故障-对地短路
8	P0400	EGR 控制故障
9	P0299	VGT 控制故障

序　号	故 障 代 码	故障码解释
10	P0254	轨压超高
11	P1256	燃油计量阀闭环控制修正故障
12	P1257	燃油计量阀闭环控制修正故障
13	P1258	燃油计量阀闭环控制修正故障
14	P1259	燃油计量阀闭环控制修正故障
15	P0088	轨压超高
16	P0087	轨压无法建立
17	P0325	爆震传感器解码错误
22	P1685	电源管理故障
23	P1102	进气质量流量信号不合理-偏低
24	P1103	进气质量流量信号不合理-偏高
25	P1107	环境压力信号错误
26	P0571	制动踏板信号错误
27	P1572	制动灯信号错误
28	P1571	制动安全开关信号错误
29	P0116	水温信号不合理
30	P0115	水温信号故障
31	P0120	油门 limp home 故障
32	P1121	油门减扭矩故障
33	P2299	油门卡滞
34	P0500	车速信号故障
35	P0104	进气质量流量信号变化-梯度故障
36	P0102	进气质量流量信号故障-超低
37	P0103	进气质量流量信号故障-超高
38	P1100	进气质量流量信号故障-参考电压
39	P0107	环境压力信号-超低
40	P0108	环境压力信号-超高
41	P1105	环境压力信号-参考电压
42	P0109	环境压力信号-梯度故障
43	P0562	电池电压信号故障-超低
44	P0563	电池电压信号故障-超高
45	P1560	电池电压信号故障-模数转换
46	P1237	增压压力信号漂移-低
47	P1238	增压压力信号漂移-高
48	P0237	增压压力信号故障-低
49	P0238	增压压力信号故障-高

续表

序 号	故 障 代 码	故障码解释
50	P1235	增压压力信号不合理-参考电压
51	P1236	增压压力信号不合理-梯度故障
52	P0236	增压压力信号不合理
53	P0118	水温传感器信号故障-对高短路
54	P0117	水温传感器信号故障-对低短路
55	P1115	水温传感器信号故障-参考电压
56	P0119	水温传感器信号故障-梯度故障
57	P0183	油温传感器信号故障-对高短路
58	P0182	油温传感器信号故障-对低电压
59	P1180	油温传感器信号故障-参考电压
60	P0113	进气温度传感器信号故障-对高短路
61	P0112	进气温度传感器信号故障-对低电压
62	P1110	进气温度传感器信号故障-参考电压
63	P1123	油门相关性故障
64	P1223	油门相关性故障
65	P0122	油门信号故障-第1路超低
66	P0123	油门信号故障-第1路超高
67	P1120	油门信号故障-第1路参考电压
68	P0222	油门信号故障-第2路超低
69	P0223	油门信号故障-第2路超高
70	P1220	油门信号故障-第2路参考电压
71	P0192	轨压信号故障-超低
72	P0193	轨压信号故障-超高
73	P1190	轨压信号故障-参考电压
74	P0194	轨压信号故障-下降过快
75	P1192	轨压信号漂移故障-超低
76	P1193	轨压信号漂移故障-超高
77	P1191	轨压信号漂移故障
78	P0642	5V参考电压故障-1超低
79	P0643	5V参考电压故障-1超高
80	P1641	5V参考电压故障-1模数转换
81	P0652	5V参考电压故障-2超低
82	P0653	5V参考电压故障-2超高
83	P1651	5V参考电压故障-2模数转换
84	P0698	5V参考电压故障3超低
85	P0699	5V参考电压故障-3超高

序　号	故障代码	故障码解释
86	P1697	5V 参考电压故障-3 模数转换
87	P0340	凸轮信号丢失
88	P0341	信号不同步
89	P0335	曲轴信号故障
90	P0371	曲轴信号故障-early
91	P0336	曲轴缺齿信号丢失 -
92	P0372	曲轴信号丢齿
93	P0704	离合器信号故障
94	P0503	车速信号故障-超速
95	P1503	车速信号故障-里程计算
96	P0606	硬件监视狗故障
97	P1607	硬件监视狗故障
98	P1608	硬件监视狗故障
99	P1600	硬件监视狗故障
100	P1601	硬件监视狗故障
101	P1602	硬件监视狗故障
102	P1286	喷油器回路故障
103	P1287	喷油器回路故障
104	P1290	喷油器回路故障
105	P1291	喷油器回路故障
106	P1292	喷油器回路故障
107	P1293	喷油器回路故障
108	P1288	喷油器回路故障
109	P1289	喷油器回路故障
110	P2147	喷油器驱动故障-bank1 超低
111	P2148	喷油器驱动故障-bank1 超高
112	P2150	喷油器驱动故障-bank2 超低
113	P2151	喷油器驱动故障-bank2 超高
114	P0201	喷油器驱动故障-1 开路
115	P0203	喷油器驱动故障-3 开路
116	P0204	喷油器驱动故障-4 开路
117	P0202	喷油器驱动故障-2 开路
118	P1201	喷油器驱动故障-1 短路
119	P1203	喷油器驱动故障-3 短路
120	P1204	喷油器驱动故障 4 短路
121	P1202	喷油器驱动故障-2 短路

序　号	故障代码	故障码解释
122	P0216	定时处理单元（TPU）故障-0
123	P1216	TPU 故障-1
124	P0488	EGR 执行器故障-开路
125	P0489	EGR 执行器故障-对低短路
126	P0490	EGR 执行器故障-对高短路
127	P1691	风扇驱动 1 故障-开路
128	P0692	风扇驱动 1 故障-短路
129	P0691	风扇驱动 1 故障-对地短路
130	P0255	燃油计量阀驱动故障-开路
131	P0251	燃油计量阀驱动故障-短路
132	P0253	燃油计量阀驱动故障-对地短路
133	P0245	VGT 驱动故障-对地短路
134	P0246	VGT 驱动故障-对电源短路
135	P1614	非易失存储器故障
136	P1615	非易失存储器故障
137	P1616	非易失存储器故障
138	P1606	非易失存储器故障
139	P1617	非易失存储器故障
140	P1620	非易失存储器故障
141	P1621	非易失存储器故障
142	P1622	非易失存储器故障
143	P1603	内存故障
144	P1604	内存故障
145	P1605	内存故障
146	P1171	最小驱动脉宽故障-1 缸
147	P1173	最小驱动脉宽故障-3 缸
148	P1174	最小驱动脉宽故障-4 缸
149	P1172	最小驱动脉宽故障-2 缸
150	P1254	轨压闭环控制偏差故障-超高
151	P1253	轨压闭环控制偏差故障-超低
152	P0685	主继电器卡滞故障
153	P2269	油中存水过多故障
154	P2268	油水分离信号丢失
155	P0502	车速信号丢失
156	P0501	车速信号不合理
157	P1650	柴油机检测灯故障

序　号	故障代码	故障码解释
158	P0650	故障指示灯故障
159	P1704	离合器信号故障-底部
160	P1705	离合器信号故障-相关性
161	P1706	离合器信号故障-顶部
162	P0601	模数转换模块故障
163	P0106	环境压力传感器信号故障

第 1 章　柴油机构造和拆装

1.1.1

一、填空题

1. 柴油发动机由_____、_____、_____、_____和_____组成。

2. 四冲程柴油机曲轴转两周，活塞在汽缸里往复行程_____次，进、排气门各开闭____次，汽缸里热能转化为机械能一次。

3. 柴油机的动力性指标主要有_____、_____，经济性主要指标是_____。

4. 柴油机每一次将热能转化为机械能，都必须经过_____、_____、_____和_____这样一系列连续过程，称为柴油机的一个_____。

二、解释术语

1. 上止点和下止点

2. 压缩比

3. 活塞行程

4. 柴油机排量

5. 柴油机有效转矩

6. 柴油机有效功率

7. 柴油机燃油消耗率

三、判断题（正确打√，错误打×）

1. 柴油机各汽缸的总容积之和，称为柴油机排量。 （ ）
2. 柴油机的燃油消耗率越小，经济性越好。 （ ）
3. 柴油机总容积越大，它的功率也就越大。 （ ）
4. 活塞行程是曲柄旋转半径的两倍。 （ ）
5. 发动机转速过高过低，汽缸内充气量都减少。 （ ）
6. 柴油机转速增高，其单位时间的耗油量也增高。 （ ）
7. 柴油机最经济的燃油消耗率对应转速在最大转矩转速与最大功率转速之间。（ ）

四、选择题

1. 柴油机的有效转矩与曲轴角速度的乘积称为（ ）。

A. 指示功率 B. 有效功率 C. 最大转矩 D. 最大功率

2. 燃油消耗率最低的负荷在（ ）。

A. 柴油机怠速时 B. 柴油机大负荷时
C. 柴油机中等负荷时 D. 柴油机小负荷时

五、问答题

1. 简述四冲程柴油机工作过程。

2. 试从经济性角度分析，为什么汽车发动机将会广泛采用柴油机（提示：外特性曲线）？

3. 简述柴油机与汽油机的异同点。

1.1.2

一、填空题

1. 曲柄连杆机构的工作条件是_____、_____、_____和_____。
2. 机体的作用是_____，安装_____，并承受_____。
3. 汽缸体的结构形式有_____、_____、_____三种。YC6105 和 YC6108 机型柴油机均采用_____。
4. YC6105QC 型和 YC6108QC 型柴油机采用的是_____燃烧室。
5. 曲柄连杆机构的主要零件可分为_____、_____和_____三个组。

6. 机体组包括_____、_____、_____、_____等，活塞连杆组包括_____、_____、_____、_____等，曲轴飞轮组包括_____、_____、_____等。

7. 汽缸套有_____和_____两种。

二、解释术语

1. 湿式缸套

2. 曲轴平衡重

三、判断题（正确打√、错误打×）

1. 活塞环的泵油作用，可以加强对汽缸上部的润滑，因此是有益的。（　　）

2. 偏置销座的活塞，其销座的偏移方向应朝向做功行程时受侧压力大的一侧。（　　）

3. 活塞顶是燃烧室的一部分，活塞头部主要安装活塞环，活塞裙部可起导向作用。（　　）

4. 活塞在汽缸内作匀速运动。（　　）

5. 气环的密封原理除了自身的弹力外，主要还是靠少量高压气体作用在环背产生的背压而起的作用。（　　）

四、选择题

1. 曲轴上的平衡重一般设在（　　）。

A. 曲轴前端　　　　　　B. 曲轴后端　　　　　　C. 曲柄上

2. YC6108ZLQB 柴油机其连杆与连杆盖的定位采用（　　）。

A. 定位套筒　　　　　　B. 止口定位　　　　　　C. 锯齿定位

3. 曲轴轴向定位点采用的是（　　）。

A. 一点定位　　　　　　B. 二点定位　　　　　　C. 三点定位

五、问答题

1. 简述活塞连杆组的作用。

2. 简述曲轴飞轮组的作用。

3. 简述气环与油环的作用。

1.1.3

一、简答题

1. 何谓配气相位？

2. 玉柴 YC6108 型柴油机配气机构的进、排气门提前开启和滞后角是多少？

3. 简述 YC6L 型柴油机的二进二排气门的结构特点。

二、判断题（正确打√、错误打×）

1. 为了提高气门与气门座的密封性能，气门与座圈的密封带宽度越小越好。（　　）

2. 由于采用增压技术进气门提前开启角度可以比自然吸气的小。（　　）

3. 采用双气门机构可以改善柴油机的燃烧性能，柴油机排放好。（　　）

三、选择题

1. 下述各零件不属于气门传动组的是（　　）。

A. 气门弹簧　　　　B. 挺柱　　　　C. 摇臂轴　　　　D. 凸轮轴

2. 增压柴油机的进气门锥角可以增大到（　　）。

A. 30°　　　　B. 120°　　　　C. 45°　　　　D. 60°

1.1.4

一、简答题

1. 简述进、排气系统的功用。

2. 简述增压器的工作原理。

3. 简述旁通阀的作用。

二、判断题（正确打√、错误打×）

1. 因为柴油的自燃点比汽油低，所以柴油不需要点燃，仅依靠压缩行程终了时气体的高温即可自燃。（　√　）

2. 一般情况下使用排气制动阀可以辅助汽车制动。（　√　）

3. 增压器润滑不但可以润滑轴承，还可以带走涡轮工作的热量。（　√　）

三、选择题

1. 影响增压与增压中冷柴油机工作的关键部件总成之一是（　　）。

A. 喷油器　　　　B. 增压器　　　　C. 喷油泵

2. 下面不属于蜗轮增压器的零件是（　　）。

A. 涡轮　　　　B. 涡轮壳　　　　C. 压缩机轮　　　　D. 泵体

1.1.5

一、简答题

1. 柴油机燃油供给系由哪些零件组成？它们各有什么作用？画出它们的相互连接图。

2. 简述喷油泵的作用。

3. 叙述柱塞式喷油泵的供油原理。

4. 简述 P 泵油量调节方法。

5. VE 型转子泵是如何实现压油和配油的？

6. 柴油机燃油供给系统放空气的操作步骤是什么？

二、解释术语

1. 燃烧室

2. 柱塞供油的有效行程

三、判断题（正确打√、错误打×）

1. 喷油器的主要作用是将柴油雾化，所以只要喷油嘴的孔径、压力相同就能相互更换。（　）
2. 喷油提前越早，柴油燃烧时间越早，燃烧越充分。（　）
3. 喷油器的作用是向进气歧管喷油。（　）
4. 柴油的雾化主要依靠高的喷油压力、很小的喷孔来实现。（　）
5. 直喷式燃烧室一般配用孔式喷油器。（　）
6. 输油泵的手油泵仅仅在人工启动发动机时给喷油泵供油。（　）
7. 柱塞与柱塞套是一对偶件，因此，必须成对更换。（　）
8. VE 泵的叶片式输油泵在 VE 泵正常工作时为柱塞供给低压油。（　）
9. VE 泵通过调整控制套筒的前后位置来调节泵油量。（　）
10. 柴油机的喷油量过多，则柴油燃烧不干净，会冒黑烟。（　）
11. 柴油机汽缸压力过低，会使发动机起动困难。（　）

四、选择题

1. 下列零件不属于柴油机燃料供给系的低压回路的是（　）。

A. 输油泵　　　　　B. 滤清器　　　　　C. 出油阀

2. 下面各项中，（　）是不可调节的。

A. 喷油压力　　　　　　　　　　　B. 汽缸压力
C. 输油泵供油压力　　　　　　　　D. 调速器额定弹簧预紧力

3. VE 型转子泵每工作行程的供油量大小取决于（　）。

A. 喷油泵转速　B. 凸轮盘凸轮升程　C. 溢流环位置　D. 调速弹簧张力

4. 柴油机之所以采用压燃方式是因为（　）。

A. 便宜　　　B. 自然温度低　　　C. 自然温度高　　　D. 热值高

5. 柴油机的供油提前角一般随发动机转速（　）而增加。

A. 升高　　　　　　B. 降低　　　　　　C. 不一定

6. 输油泵的输油压力由（　）控制。

A. 输油泵活塞　B. 复位弹簧　　　　　C. 喷油泵转速　D. 其他

7. 下列（　）不是喷油泵喷油压力的调节方法。

A. 调节螺钉　　B. 调节垫片　　　　　C. 调节安装位置

8. 直列式喷油泵不是通过（　）来调节喷油量的。

A. 转动柱塞　　B. 供油提前　　　　　C. 调速器控制　D. 供油拉杆

9. 发动机怠速时，若转速（　），则调速器控制供油量增加。

A. 升高　　　　B. 降低　　　　　C. 不变　　　　D. 都有可能

10. 下列不是 VE 泵的调节装置的是（　）。

A. 供油调节器　B. 调压阀　　　　　C. 调速螺钉　　　D. 断油电磁阀

11. VE 泵溢油阀上的小孔起（　）作用。

A. 防止泄压　　　　　　　　　　　　B. 区别进油螺钉

C. 保持泵腔压力　　　　　　　　　　D. 控制输油泵供油量

12. VE 泵的柱塞在工作时，其运动方式是（　　）。

A. 转动　　　　　　　　　　　　　　B. 前后往复运动

C. 既转动又往复运动　　　　　　　　D. 都不是

1.1.6

一、简答题

1. 润滑系统的功用有哪些？主要由哪几部分组成？

2. 润滑系统有几种机油滤清器？

3. 试用方框示意图表示 YC6108ZLQB 型柴油机润滑系统。

二、判断题（正确打√、错误打×）

1. 润滑系统主油道中压力越高越好。　　　　　　　　　　　　　　　　　　　（　　）

2. 装在粗滤器上旁通阀的功用是限制主油道的最高压力。　　　　　　　　　　（　　）

三、选择题

1. 转子式机油泵工作时（　　）。

A. 外转子转速低于内转子转速

B. 外转子转速高于内转子转速

C. 内、外转子转速相等

2. 柴油机润滑系统中，润滑油的主要流向是（　　）。

A. 机油集滤器→机油泵→粗滤器→细滤器→主油道→油底壳

B. 机油集滤器→机油泵→粗滤器→主油道→油底壳

C. 机油集滤器→机油泵→细滤器→主油道→油底壳

D. 机油集滤器→粗滤器→机油泵→主油道→油底壳

1.1.7

一、简答题

1. 冷却系统的功用是什么？主要由哪几部分组成？

2. 简述冷却系统的循环路线。

3. 试述离心式水泵的工作原理。

4. 简述具有蒸汽阀和空气阀的散热器盖的工作原理。

5. 简述硅油风扇离合器的工作原理。

6. 简述节温器的结构以及工作原理。

二、判断题（正确打√、错误打×）

1. 为防止柴油机过热，要求其工作温度越低越好。　　　　　　　　　　　　　（　　）

2. 冷却系统中的风扇离合器是调节柴油机正常工作温度的一个控制元件。　　　（　　）

三、选择题

1. 水冷却系中，冷却水的大小循环路线由（　　）控制。

A. 风扇　　　　　　B. 百叶窗　　　　　　C. 节温器　　　　　　D. 分水管

2. 硅油风扇离合器转速的变化依据（　　）。

A. 冷却水温度　　　　　　B. 柴油机机油温度　　　　　　C. 散热器后面的气流温度

3. 在柴油机上拆除原有节温器，则柴油机工作时冷却水（　　）。

A．只有大循环　　　　　　　　　　　　B．只有小循环

C．大、小循环同时存在　　　　　　　　D．将不循环

第2章　柴油机供油系统和增压装置的检修

判断题（正确打√，错打×）

1．油底壳内机油面增高，机油被乳化成白色，是机油有水所致。　　　　　　（　　）

2．汽缸磨损，测出直径长轴与短轴之差即是圆度误差。　　　　　　　　　　（　　）

3．修理缸盖时，检测气门座下沉量超过 2mm，应更换气门座圈和新气门。　（　　）

4．对弯扭并存的连杆校正的原则是先校正弯曲后校正扭曲。　　　　　　　　（　　）

5．气门工作面边缘厚度尺寸应不小于 1mm。　　　　　　　　　　　　　　　（　　）

6．同一台柴油机各缸喷油器的喷油压力差不得小于 245kPa。　　　　　　　　（　　）

7．机油泵齿轮磨损过大，必须成对更换。　　　　　　　　　　　　　　　　（　　）

8．节温器性能测试，当冷却水温达到 76±2℃时，大循环阀门应全开。　　　（　　）

9．柴油机一般装用两个 12V，大容量的铅酸蓄电池串联成 24V 电气系统。　　（　　）

10．废气涡轮增压器漏机油，多是由于转子轴与轴两端的密封环磨损所致，只要更换密封环即可。　　　　　　　　　　　　　　　　　　　　　　　　　　　　　　　　　（　　）

第3章　电控柴油机的使用与保养技术

1．柴油的牌号和选用的原则是什么？

2．机油的选用原则是什么？对换油期有何规定？

3．简述柴油机的起动、运行、停车操作程序。

4．柴油机维护保养有哪几个级别？日常维护、二级维护的作业项目和技术要求有哪些？

5．如何做好新机型或大修后的柴油机的走合保养？

第 4 章　柴油机故障诊断与排除

4.1

1. 针对柴油机故障应询问使用者（司机）哪些情况？

2. 判断并确定柴油机是否存在故障必须熟悉哪四点？

3. 故障排除的原则是什么？

4.2

1. 造成柴油机冷热起动困难的因素有哪些？

2. 柴油机冷机起动困难而热机起动不困难造成排气管不冒烟、冒白烟和冒黑烟的原因有哪些？

3. 排除排气管不冒烟的方法有哪些？

4. 排除排气管冒白烟的方法有哪些？

5. 排除排气管冒黑烟的方法有哪些？

4.3

1. 由供油系统造成柴油机功率不足的现象、原因主要有哪些？

2. 如何检查高压油路方面的故障？

3. 机械部分引起柴油机功率不足的主要原因有哪些？

4.4

1. 柴油机振抖故障的现象和原因有哪些？

2. 柴油机游车故障的原因有哪些？如何诊断与排除？

3. 如何紧急处理柴油机飞车故障？

4.5

1. 柴油机排气烟色不正常的现象有哪些？

2. 产生柴油机排黑烟的原因是什么？

3．产生柴油机排白烟的原因是什么？

4．产生柴油机排蓝烟的原因是什么？

5．全速时排烟不正常的诊断和排除方法是什么？

4.6

1．什么原因会造成自然性逐渐降压？

2．什么原因会造成突发性降压？

3．冷机正常，热机机油压力偏低的排除方法是什么？

4．主油道前段来油不足的排除方法是什么？

4.7

1．冷却循环效果不好，造成温度过高的原因是什么？

2．新机初用时水温不高，时间长后逐渐变高的原因是什么？

3. 水温突然升高故障的排除方法是什么？

4.8

1. 柴油机异响现象有哪些？

2. 如何诊断和排除气门异响故障？

3. 采用分区诊断法，各区域能诊断哪些故障？

第5章 电控共轨柴油机的构造与原理

1. 何谓共轨技术？

2. 电控共轨系统有何特点？

3. 传感器的作用是什么？

4. 简述故障自诊断系统的工作原理。

5. 如何清除电控系统中存储的故障码？

6．排除油路中空气的操作程序和注意事项是什么？

7．简述电控柴油机故障诊断、排除的注意事项。

习题答案

第1章 柴油机构造和拆装

1.1.1

一、填空题

1. 柴油发动机是由 曲柄连杆机构 、 配气机构 、 燃料供给系 、 冷却系 、 润滑系和 起动系 组成。

2. 四冲程柴油机曲轴转两周,活塞在汽缸里往复行程 四 次,进、排气门各开闭 一 次,汽缸里热能转化为机械能一次。

3. 柴油机的动力性指标主要有 有效扭矩(M_e) 、 有效功率(N_e) ,经济性主要指标是 有效燃油消耗率(g_e) 。

4. 柴油机每一次将热能转化为机械能,都必须经过 进气 、 压缩 、 做功 和 排气 这样一系列连续过程,称为柴油机的一个 工作循环 。

二、解释术语

1. 上止点和下止点

答:上止点是指活塞离曲轴回转中心的最远位置,下止点是指活塞离曲轴旋转中心的最近位置。

2. 压缩比

答:压缩比是指汽缸总容积与燃烧室的比值,即$\varepsilon=V_a/V_C=1+V_h/V_C$。

3. 活塞行程

答:活塞行程是指上下止点间的距离,即$S=2r$。

4. 柴油机排量

答:柴油机的排量(活塞总排量V_H)是多缸柴油机所有汽缸工作容积之和,若汽缸数为i,则$V_H=i \cdot V_h$。

5. 柴油机有效转矩

答:柴油机通过飞轮对外输出的扭矩,称为有效扭矩(M_e),单位为 N·m。有效扭矩与负荷施加在柴油机曲轴上的阻力矩相平衡。

6. 柴油机有效功率

答:柴油机在单位时间内对外做功的量,又叫做功的速率,单位为 kW。它等于有效扭矩与曲轴转速的乘积,即$N_e=2\pi n M_e \times 10^{-3}/60$,其中$n$为转速(r/min)。

7. 柴油机燃油消耗率

答：柴油机每发出 1kW 有效功率，在 1 小时内所消耗的燃料质量，单位为 g/（kW·h）。

即：$g_e = G_T \times 10^3 / N_e$，其中 G_T 为每小时的燃油消耗量（kg/h）。

三、判断题（正确打√，错误打×）

1. 柴油机各汽缸的总容积之和，称为柴油机排量。　（×）
2. 柴油机的燃油消耗率越小，经济性越好。　（√）
3. 柴油机总容积越大，它的功率也就越大。　（×）
4. 活塞行程是曲柄旋转半径的两倍。　（√）
5. 发动机转速过高过低，汽缸内充气量都减少。　（√）
6. 柴油机转速增高，其单位时间的耗油量也增高。　（√）
7. 柴油机最经济的燃油消耗率对应转速是在最大转矩转速与最大功率转速之间。（√）

四、选择题

1. 柴油机的有效转矩与曲轴角速度的乘积称为（B）。

A．指示功率　　B．有效功率　　C．最大转矩　　D．最大功率

2. 燃油消耗率最低的负荷在（C）。

A．柴油机怠速时　　　　　　B．柴油机大负荷时
C．柴油机中等负荷时　　　　D．柴油机小负荷时

五、问答题

1. 简述四冲程柴油机工作过程。

答：柴油机将热能转变为机械能的过程，是进气、压缩、做功和排气四个连续的过程，每进行一次这样的过程叫做一个工作循环，无数个工作循环连续不断，使柴油机曲轴得以连续旋转，对外输出功率。每个工作循环的工作过程如下。

① 进气行程：进气门打开，排气门关闭，活塞从上止点移动到下止点，吸入新鲜空气。

② 压缩行程：进排气门都关闭，活塞从下止点移动到上止点，空气被压缩，温度升高。

③ 做功行程：进排气门都关闭，喷油器喷入汽缸的柴油在高温的空气中着火燃烧，汽缸内压力升高，推动活塞往下运动，通过连杆带动曲轴旋转，对外做功。

④ 排气行程：进气门关闭，排气门打开，活塞从下止点移动到上止点，排出汽缸内的废气。

2. 试从经济性角度分析，为什么汽车发动机将会广泛采用柴油机（提示：外特性曲线）？

答：从柴油机外特性曲线可知，柴油机转矩 M_e 随柴油机转速 n 增加而缓慢增加，在转速 1400r/min 左右时转矩最大；柴油机转速在（1300～1600）r/min 区间运行，是比较经济的，开车时只要勤换挡，使各挡车速控制在最低比油耗转速区间运行，可以获得较好的节油效果。由于这段范围油耗较低，而且较为平坦，这使柴油机不仅有最高的经济性，且在较大的负荷变化范围内都较经济地工作，故汽车发动机将会广泛采用柴油机。

3. 简述柴油机与汽油机的异同点。

答：汽油机和柴油机比较如下。

比 较 内 容	汽 油 机	柴 油 机	比 较 内 容	汽 油 机	柴 油 机
燃料	汽油	柴油	转速	高	低
混合气形成	一般为缸外	缸内	工作平稳性	柔和	粗暴
点火方式	点燃	压燃	起动性	容易	较难
压缩比	低	高	主要排放物	CO、HC、NO	炭烟

续表

比 较 内 容	汽 油 机	柴 油 机	比 较 内 容	汽 油 机	柴 油 机
热效率	20%~30%	30%~40%	造成本	低	高
燃料消耗率	高	低	使用寿命	短	长

1.1.2

一、填空题

1．曲柄连杆机构的工作条件是 高温 、 高压 、 高速 和 有腐蚀 。

2．机体的作用是 作为发动机的基础件 ，安装 发动机大部分零部件 ，并承受 较大的机械负荷和较复杂的热负荷 。

3．汽缸体的结构形式有 平分式 、 龙门式 、 遂道式 三种。YC6105 和 YC6108 机型柴油机均采用 龙门式 。

4．YC6105QC 型和 YC6108QC 型柴油机采用的是 直喷式花瓣形 燃烧室。

5．曲柄连杆机构的主要部件可分为 机体组 、 活塞连杆组 和 曲轴飞轮组 三个组。

6．机体组包括 汽缸体 、 曲轴箱 、 汽缸盖 、 汽缸套 等，活塞连杆组包括 活塞 、 活塞环 、 活塞销 、 连杆 等，曲轴飞轮组包括 曲轴 、 飞轮 、 减振器 等。

7．汽缸套有 湿式 和 干式 两种。

二、解释术语

1．湿式缸套

答：湿式缸套是直接与冷却水接触的缸套。

2．曲轴平衡重

答：为了平衡连杆大端、连杆轴颈和曲柄等产生的离心力及其力矩，以及部分往复惯性力，使柴油机运转平稳，须对曲轴进行平衡。为了减轻主轴承的负荷，改善其工作条件，一般都在曲柄的相反方向设置平衡重。

三、判断题（正确打√、错误打×）

1．活塞环的泵油作用，可以加强对汽缸上部的润滑，因此是有益的。 （×）

2．偏置销座的活塞，其销座的偏移方向应朝向做功行程时受侧压力大的一侧。 （√）

3．活塞顶是燃烧室的一部分，活塞头部主要安装活塞环，活塞裙部可起导向作用。（√）

4 活塞在汽缸内作匀速运动。 （×）

5．气环的密封原理除了自身的弹力外，主要还是靠少量高压气体作用在环背产生的背压而起的作用。 （√）

四、选择题

1．曲轴上的平衡重一般设在（C）。

A．曲轴前端 B．曲轴后端 C．曲柄上

2．YC6108ZLQB 柴油机其连杆与连杆盖的定位采用（C）。

A．定位套筒 B．止口定位 C．锯齿定位

3．曲轴轴向定位点采用的是（A）。

A．一点定位 B．二点定位 C．三点定位

五、问答题

1．简述活塞、连杆的作用。

答：活塞用来封闭汽缸，并与汽缸盖、汽缸壁共同构成燃烧室，承受汽缸中气体压力并通过活塞销和连杆传给曲轴。连杆的功用是将活塞承受的力传给曲轴，使活塞的往复运动转变为曲轴的旋转运动。

2．简述曲轴飞轮组的作用

答：曲轴的作用是把活塞连杆组传来的气体压力转变为转矩并对外输出，另外，曲轴还用来驱动柴油机的配气机构和其他各种辅助装置。

飞轮的主要功用，是通过贮存和释放能量来提高柴油机运转的均匀性，改善柴油机克服短暂超负荷的能力，与此同时，又将柴油机的动力传给离合器。

3．简述气环与油环的作用。

答：气环的功用是保证活塞与汽缸壁间的密封，防止汽缸中的气体窜入曲轴箱；同时还将活塞头部的热量传给汽缸，再由冷却水或废气带走；另外，还起到刮油、布油的辅助作用。

油环的功用是在汽缸壁上均匀地布油，并辅助将汽缸壁上多余的机油刮回油底壳，这样既可以防止机油窜入燃烧室，又可以减小活塞、活塞环与汽缸的摩擦力和磨损；此外，油环也兼起辅助密封作用。

1.1.3

一、简答题

1．何谓配气相位？

答：配气相位就是用曲轴转角表示进、排气门的开闭时刻和开启持续时间。

2．玉柴 YC6108 型柴油机配气机构的进、排气门提前开启和滞后角是多少？

答：数据如下。

机型	进气提前角	进气滞后角	排气提前角	排气滞后角
YC6108	17°	43°	61°	18°

3．简述 YC6L 型柴油机的二进二排气门的结构特点。

答：YC6L 型柴油机二进二排气门的结构特点如下。

① 采用了独特的气门槽设计，气门转动灵活，无须增加气门旋转机构，结构简单可靠。

② 采用双气门弹簧结构，工作性能好，可靠性提高。

③ 整个配气机构各运动件摩擦副零件采用强制式压力润滑，有效减小了摩擦损失，延长了相关零件的使用寿命。

④ 采用优质材料的凸轮轴，凸轮和轴径均经高频淬火处理，耐磨性好。

二、判断题（正确打√、错误打×）

1．为了提高气门与气门座的密封性能，气门与座圈的密封带宽度越小越好。　　（×）

2．由于采用增压技术进气门提前开启角度可以比自然吸气的小。　　（√）

3．采用双气门机构可以改善柴油机的燃烧性能，柴油机排放好。　　（√）

三、选择题

1．下述各零件不属于气门传动组的是（A）。

A．气门弹簧　　　　　　B．挺柱　　　　　　C．摇臂轴　　　　　　D．凸轮轴

2．增压柴油机的进气门锥角可以增大到（B）。

A．30°　　　　　　　　B．120°　　　　　　C．45°　　　　　　　D．60°

1.1.4

一、简答题

1. 简述进、排气系统的功用。

答：进、排气系统的功用是向柴油机各工作汽缸提供新鲜、清洁、密度足够大的空气，使柴油机能充分燃烧，性能得以充分发挥，同时确保其安全性和可靠性。

2. 简述增压器的工作原理。

答：采用废气涡轮增压的柴油机工作时，是将自柴油机排气管排出的废气引射进入涡轮，高温高速的废气气流推动涡轮高速旋转的同时，带动了与涡轮同轴的压气机同步高速旋转；压气机高速旋转时，将经过空气滤清器过滤的空气吸入并压缩，然后通过管道流经柴油机进气管并送入汽缸内，提高了汽缸内空气充量和密度。因此，在供油系统配合下，可向汽缸内喷射更多的燃料并得以较充分燃烧；从而提高了柴油机的动力性和经济性。所以，增压柴油机具有比自然吸气柴油机更高的动力性、经济性和更好的排放水平。同时，使得柴油机体积与非增压机相比，同等功率重量比更小，柴油机的噪声与振动将大大减少。

3. 简述旁通阀的作用。

答：旁通阀的作用是为了防止增压压力过高和增压器因过速而损坏，在增压器涡轮上特增设一个旁通阀，使其在增压压力超过限值时自动打开，让一部分排气废气被旁通掉（不通过涡轮），从而限制涡轮轴的转速和控制增压压力。

二、判断题（正确打√、错误打×）

1. 因为柴油的自燃点比汽油低，所以柴油不需要点燃，仅依靠压缩行程终了时气体的高温即可自燃。（ √ ）

2. 一般情况下使用排气制动阀可以辅助汽车制动。（ × ）

3. 增压器润滑不但可以润滑轴承，还可以带走涡轮工作的热量。（ √ ）

三、选择题

1. 影响增压与增压中冷柴油机工作的关键部件总成之一是（ B ）。

A. 喷油器　　　　　B. 增压器　　　　　C. 喷油泵

2. 下面不属于蜗轮增压器的零件是（ D ）。

A. 涡轮　　　　　B. 涡轮壳　　　　　C. 压缩机轮　　　　　D. 泵体

1.1.5

一、简答题

1. 柴油机燃油供给系由哪些零部件组成？它们各有什么作用？画出它们的相互连接图。

答：燃料供给系统由柴油箱、喷油器、喷油泵、滤清器、高压油管和调速器等组成。它们的作用如下。

喷油泵：对燃油进行加压、计量，并按照一定的次序将燃油供入各个汽缸所对应的喷油器中。

提前器：连接在柴油机驱动轴和喷油泵凸轮轴之间，由于其内部机构的作用，可改变喷油泵喷油时间。这是一个自动相位调节机构。

调速器：检测出柴油机的即时转速，并将即时转速和设定的转速进行比较，产生与两种转速差相对应的作用力，使柴油机的转速向设定转速逼近。调速器既是一种速度传感器，又是调节喷油量的执行器，是一种典型的速度自动调节装置。

喷油器：将喷油泵送来的高压燃油喷入燃烧室内。

输油泵：将油箱中的燃油吸出来，燃油经过柴油滤清器滤清后，送入喷油泵的低压腔中。

高压油管：无缝钢管，将喷油泵中的高压燃油送入喷油器中。

滤清器：将燃油中的杂物滤去，保证喷油嘴正常工作。

回油管：连接喷油器回油口，将多余的燃油送回油箱。

它们的连接图如下：

柴油箱→低压油路→输油泵→柴油滤清器→喷油泵→高压油路→喷油器→柴油喷入汽缸。

2．简述喷油泵的作用。

答：喷油泵的功用是定时、定量地向喷油器输送高压燃油。多缸柴油机的喷油泵应保证：

① 各缸供油次序符合柴油机的发火次序；

② 各缸的供油量均匀，不均匀度在标定工况不大于 3%～4%；

③ 各缸供油提前角一致，相差不大于 0.5° 曲轴转角。

为了避免喷油器的滴油现象，喷油泵还必须保证能迅速停止供油。

3．叙述柱塞式喷油泵的供油原理。

答：喷油泵凸轮轴的凸轮推动挺柱体部件在泵体导程孔内作上、下往复运动。柱塞依靠挺柱体部件驱动和柱塞弹簧回位，而得以在柱塞套内作直线往复运动，并按要求向喷油器提供高压燃油。

① 充油过程：当柱塞在下止点位置时，柴油通过柱塞套上的油孔充满柱塞上部的泵油腔。在柱塞自下止点往上止点的过程中，起初有一部分柴油被从泵腔挤出回到喷油泵低压油腔，直到柱塞将油孔关闭。

② 供油过程：柱塞将油孔关闭继续上移时，泵油腔内的柴油压力急剧增高，当压力大于出油阀开启压力时，出油阀打开，柴油进入高压油管中。柱塞继续向上移动，油压继续升高，当柴油压力高于喷油器的喷油压力时，喷油器则开始喷油。

③ 停油过程：当柱塞继续上移到斜槽与油孔接通时，泵腔内的柴油顺斜槽流出，油压迅速下降，出油阀在弹簧压力作用下立即回位，喷油泵供油停止。此后柱塞仍继续上行，直到凸轮达到最高升程为止，但不再泵油。

④ 凸轮继续转动，柱塞开始往下移动，开始下一个工作循环。

4．简述 P 泵油量调节方法。

答：油量调节机构的任务是根据柴油机负荷和转速的变化，相应改变喷油泵的供油量，且保证供油量一致。由泵油原理的分析可知，用转动柱塞以改变柱塞有效行程的方法可以改变喷油泵供油量。柱塞套右旋供油量增大，反之减小。

5．VE 型转子泵是如何实现泵油和配油的？

答：VE 分配泵的柱塞头部开有四个进油凹槽（进油槽数等于缸数），相隔 90°，柱塞上还有一个中心油道、一个配油槽和一个泄油槽。柱塞套筒上有一个进油道及四个出油道、四个出油阀。

① 进油过程。

当分配柱塞接近下止点位置（柱塞自右向左运动），柱塞头部四个进油槽中的一个凹槽与套筒上的进油孔相对时，燃油进入压油腔，此时溢流环关闭了泄油槽。

② 泵油、配油过程。

当燃油进入压油腔时，柱塞开始上行（右行），柱塞上行并旋转到进油孔关闭时，使压油腔内燃油油压增加，相应的柱塞上的配油槽与套筒上的出油道之一相连通时，分配油路打开，高压燃油经出油阀被压送到喷油器。

③ 泵油终止。

柱塞在凸轮作用下进一步上行，当柱塞上的泄油槽和泵室相通时，压油腔内的高压燃油经中心油道、泄油槽泄回泵室，压油腔内压力骤然下降，泵油结束。

6. 柴油机燃油供给系统放空气的操作步骤是什么？

答：①低压油路中的空气排除。先拆松柴油滤清器盖上的放油螺栓，用手抽压输油泵手泵泵油，先看到螺栓孔处有气泡冒出，直泵到无气泡冒出，而后冒出的全是柴油时，旋紧螺栓。随着柴油的流向，用同样的方法拆松喷油泵的放气螺栓（有些泵的限压阀有放气功能）排气。

② 拆松喷油器上的高压油管接头，用起动机转动柴油机数转，可将高压油路中的空气排除。高压油管有柴油滴出即表示没有空气，空气排完即可以起动。

二、解释术语

1. 燃烧室

答：按结构形式不同，柴油机燃烧室分成两大类：直接喷射式燃烧室和分隔式燃烧室。

① 直喷式燃烧室是由凹形活塞顶与汽缸盖底面所包围的单一内腔，几乎全部容积都在活塞顶面上。

② 分隔式燃烧室由两部分组成，一部分位于活塞顶与缸盖底面之间，称为主燃烧室，另一部分在汽缸盖中，称为副燃烧室。这两部分由一个或几个孔道相连。

2. 柱塞供油的有效行程

答：从柱塞关闭油孔上移开始，至柱塞斜槽与柱塞套油孔相通时为止的柱塞行程，即为柱塞供油有效行程。

三、判断题（正确打√、错误打×）

1. 喷油器的主要作用是将柴油雾化，所以只要喷油嘴的孔径、压力相同就能相互更换。 （×）

2. 喷油提前越早，柴油燃烧时间越早，燃烧越充分。 （×）

3. 喷油器的作用是向进气歧管喷油。 （×）

4. 柴油的雾化主要依靠高的喷油压力、很小的喷孔来实现。 （√）

5. 直喷式燃烧室一般配用孔式喷油器。 （√）

6. 输油泵的手油泵仅仅在人工启动发动机时给喷油泵供油。 （×）

7. 柱塞与柱塞套是一对偶件，因此，必须成对更换。 （√）

8. VE 泵的叶片式输油泵在 VE 泵正常工作时为柱塞供给低压油。 （√）

9. VE 泵通过调整控制套筒的前后位置来调节泵油量。 （√）

10. 柴油机的喷油量过多，则柴油燃烧不干净，会冒黑烟。 （√）

11. 柴油机汽缸压力过低，会使发动机起动困难。 （√）

四、选择题

1. 下列零件不属于柴油机燃料供给系的低压回路的是（C）。

A. 输油泵　　　　　　　B. 滤清器　　　　　　　C. 出油阀

2. 下面各项中，（B）是不可调节的。

A. 喷油压力　　　　　　　　　　　B. 汽缸压力

C. 输油泵供油压力　　　　　　　　D. 调速器额定弹簧预紧力

3. VE 型转子泵每工作行程的供油量大小取决于（C）。

A. 喷油泵转速　　　　　　　　　　B. 凸轮盘凸轮升程

C. 溢流环位置　　　　　　　　　　　D. 调速弹簧张力

4. 柴油机之所以采用压燃方式是因为（B）。

A. 便宜　　　　　　　　　　　　　　B. 自然温度低

C. 自然温度高　　　　　　　　　　　D. 热值高

5. 柴油机的供油提前角一般随发动机转速（A）而增加。

A. 升高　　　　　　B. 降低　　　　　　C. 不一定

6. 输油泵的输油压力由（B）控制，

A. 输油泵活塞　　　　　　　　　　　B. 复位弹簧

C. 喷油泵转速　　　　　　　　　　　D. 其他

7. 下列（C）不是喷油泵喷油压力的调节方法。

A. 调节螺钉　　　　　B. 调节垫片　　　　　C. 安装位置

8. 直列式喷油泵不是通过（B）来调节喷油量的。

A. 转动柱塞　　　　　　　　　　　　B. 供油提前

C. 调速器控制　　　　　　　　　　　D. 供油拉杆

9. 发动机怠速时，若转速（B），则调速器控制供油量增加。

A. 升高　　　　　　　　　　　　　　B. 降低

C. 不变　　　　　　　　　　　　　　D. 都有可能

10. 下列不是 VE 泵的调节装置的是（C）。

A. 供油调节器　　　　　　　　　　　B. 调压阀

C. 调速螺钉　　　　　　　　　　　　D. 断油电磁阀

11. VE 泵溢油阀上的小孔起（C）作用。

A. 防止泄压　　　　　　　　　　　　B. 区别进油螺钉

C. 保持泵腔压力　　　　　　　　　　D. 控制输油泵供油量

12. VE 泵的柱塞在工作时，其运动方式是（C）。

A. 转动　　　　　　　　　　　　　　B. 前后往复运动

C. 既转动又往复运动　　　　　　　　D. 都不是

1.1.6

一、简答题

1. 润滑系统的功用有哪些？主要由哪几部分组成？

答：润滑系统的功能是强制把压力润滑油不断地输送到各运动零件的摩擦表面，形成油膜，减少摩擦阻力，保证柴油机的正常使用。润滑系统除了润滑功能外，还具有散热、清洗、防锈和密封等作用。

润滑系统一般由油底壳、机油泵、机油滤清器和润滑油道等组成。

2. 润滑系统有几种机油滤清器？

答：按过滤能力不同，分为：机油集滤器，串装于机油泵进油口之间；机油粗滤器，串装于机油泵出口与主油道之间；机油细滤器，并装于主油道中。

3. 试用方框示意图表示 YC6108ZLQB 型柴油机润滑系统。

答：YC6108ZLQB 型柴油机润滑系统如下。

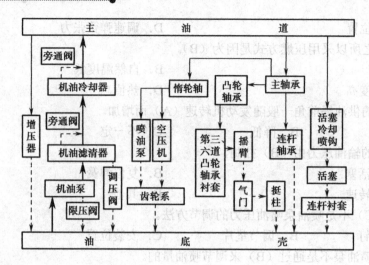

二、判断题（正确打 √、错误打 ×）

1. 润滑系统主油道中压力越高越好。 （×）

2. 装在粗滤器上旁通阀的功用是限制主油道的最高压力。 （×）

三、选择题

1. 转子式机油泵工作时（A）。

A. 外转子转速低于内转子转速　　　　B. 外转子转速高于内转子转速

C. 内、外转子转速相等

2. 柴油机润滑系统中，润滑油的主要流向是（B）。

A. 机油集滤器→机油泵→粗滤器→细滤器→主油道→油底壳

B. 机油集滤器→机油泵→粗滤器→主油道→油底壳

C. 机油集滤器→机油泵→细滤器→主油道→油底壳

D. 机油集滤器→粗滤器→机油泵→主油道→油底壳

1.1.7

一、简答题

1. 冷却系统的功用是什么？主要由哪几部分组成？

答：冷却系统的功用是对柴油机进行冷却，维持柴油机的正常工作温度（80～95℃），保证柴油机的正常运转。

水冷系主要由水泵、节温器、风扇和散热器等组成。

2. 简述冷却系统的循环路线。

答：当柴油机冷却水温低于 349K（76℃）时，节温器关闭通往散热器的通路，冷却水进行小循环，冷却水小循环路线是：水泵→汽缸体→汽缸盖→节温器→小循环连接管→水泵。

当柴油机冷却水温高于 359K（86℃）时，节温器关闭通往水泵小循环通路，从缸盖水套流出的冷却水全部进入散热器进行散热。冷却水大循环路线为：水泵→汽缸体→汽缸盖→节温器→散热器→水泵。

当柴油机冷却水温度位于 349～359K（76～86℃）之间时，节温器使两种循环都存在，这时只有部分冷却水流经散热器散热。

3．试述离心式水泵的工作原理。

答：当散热器内充满冷却水时，水泵壳体内也充满冷却水。当水泵叶轮随水泵轴转动时，水泵中的冷却水被轮叶带动一起旋转，并在本身的离心力作用下，向叶轮的边缘甩出，然后经外壳上与叶轮成切线方向的出水管被压送到柴油机水套内。

4．简述具有蒸汽阀和空气阀的散热器盖的工作原理。

答：蒸汽阀在弹簧作用下，紧紧地压在加水口，密封散热器。在蒸汽阀中央设有空气阀，弹簧使其处于关闭状态。当散热器中的压力升高到一定数值（一般为 26～37kPa，在此压力下冷却系的水沸点可达 108℃），蒸汽阀便开启，使部分水蒸汽顺管路排出。当水温下降，冷却系中产生的真空度达一定数值（一般为 10～20kPa），空气阀开启，空气经蒸汽管补充到冷却系内，以防止水管及水箱被大气压瘪。由于这两个阀门的作用，不但可以提高冷却水的沸点（达 108～120℃），还可防止当散热器内水量减少，或压力降低时冷却管被大气压瘪。

5．简述硅油风扇离合器的工作原理。

答：冷却液温度低时进油孔关闭，硅油不能从贮油腔流入工作腔，离合器空转，风扇不转或慢转。

冷却液温度升高时通过散热器的气流温度也升高，双金属感温器受热变形而带动阀片转动，打开了进油孔。于是硅油从贮油腔进入工作腔，离合器处于接合状态，风扇转速升高。

由于不同温度时双金属感温器受热变形量不同，因此，温度越高阀片转动角度越大时，进入工作腔的硅油就越多，风扇的转速也就越高。

6．简述节温器的结构以及工作原理。

答：蜡式节温器由反推杆、上支架、大循环阀门、下支架、石蜡、胶管、感应体、小循环阀门、弹簧等组成。

其工作原理是利用精制石蜡受热体积急剧膨胀的特性，当冷却液温度<76±2℃时，大循环阀门在弹簧力的压迫下处于关闭状态；当冷却液温度≥76±2℃时，节温器感应体受热使石蜡熔化，体积急剧膨胀，推动感应体外壳克服弹簧力的作用并向下移，开始逐渐关闭下部的小循环阀门并同时打开上部的大循环阀门。

冷却液温度达到约 86℃时，大循环阀门开度达到最大值，而小循环阀门完全关闭，冷却液全部流向散热器作大循环。冷却液温度<76℃时，石蜡体积收缩，在弹簧力的推动下，大循环阀门完全关闭，小循环阀门开度达最大值，冷却液仅作小循环。

二、判断题（正确打√、错误打×）

1．为防止柴油机过热，要求其工作温度越低越好。　　　　　　　　　　　　　　（×）

2．冷却系统中的风扇离合器是调节柴油机正常工作温度的一个控制元件。　　　（√）

三、选择题

1．水冷却系中，冷却水的大小循环路线由（C）控制。

A．风扇　　　　　　B．百叶窗　　　　　　C．节温器　　　　　　D．分水管

2．硅油风扇离合器转速的变化依据（A）。

A．冷却水温度　　　B．柴油机机油温度　　C．散热器后面的气流温度

3．在柴油机上拆除原有节温器，则柴油机工作时冷却水（C）。

A．只有大循环　　　　　　　　　　　B．只有小循环

C．大、小循环同时存在　　　　　　　D．将不循环

第2章 柴油机供油系统和增压装置的检修

判断题

1. √。
2. ×。
3. √。
4. ×。
5. √。
6. ×。
7. √。
8. ×。
9. √。
10. ×。

第3章 电控柴油机的使用与保养技术

1. 柴油的牌号和选用的原则是什么？

答：我国柴油的规格，按其质量分为优级品、一级品和合格品三个等级，每个等级的柴油按其凝点又分为 10，0，-10，-20，-35，-50 六种牌号，适用于全负荷转速不低于 960r/min 的高速柴油机使用。

柴油是依据柴油机使用地区和季节的气温来选用的。气温低的地区和季节，应选用凝点较低的柴油；反之，则应选用凝点较高的柴油。由于凝点低的柴油价格较高，为符合节约原则，并保证柴油机正常工作，在选用时，一般要求柴油的凝点比其使用的环境最低温度低 4～6℃。

2. 机油的选用原则是什么？对换油期有何规定？

答：机油的选用原则如下。

① 工作负荷大、转速低的柴油机（挖掘机、装载机、拖拉机、非公路重载车辆、船用等），应选用黏度较大的机油。工作负荷轻、转速高的柴油机（按标称质量载荷的公路与城市车辆、小型动力设备等），应选用黏度小些的机油。

② 应根据柴油机的强化与苛刻程度，以及活塞第一道环岸区温度的高、低程度选用机油。强化程度高（增压与增压中冷机型）、工作苛刻（持续、全速全负荷工作）、活塞第一道环岸区温度高（直喷式）的柴油机应选用质量级别高的机油。

③ 应根据柴油机的机油装入量与功率比选用机油。机油容量大（如固定式机型，且油量常保持在油标尺的上刻度线附近），单位体积机油负担的功率相对较小，对机油的质量要求低一些，换油期可长一些；机油容量小（车用机型），单位体积机油负担的功率大，对机油的质量要求高，换油期就短些。

④ 应根据地区、季节、气温选用不同黏度级别的机油。冬季寒冷地区（中国的东北、西北地区）应选用黏度小、凝点低的多级机油，以保证车辆冬季冷起动顺利，并有效、及时地供油到各润滑点、面。全年气温较高的地区（中国江南地区夏季），可选用黏度适当大些的机油。而在夏季沙漠地区则应选用黏度级别更高的机油，以确保有足够的机油压力。

⑤ 新发动机应选用黏度小一些的机油，使用时间较久、磨损间隙较大（如：车用机行驶 15～20 万公里后）的发动机则可选用黏度较大的机油。

要求废气排放指标达欧Ⅱ的车用柴油机，建议选用质量级别较高的机油。

更换机油的规则是：按该柴油机指定使用的最低一级机油正常使用时，车用柴油机每行驶 10000～11000km（工程机械每运行 150 小时）换油一次，选用的机油级别比该柴油机指定使用的级别每高 1 级，换油期允许适当延长和相应增加 1500～2000km（工程机械为 30 小时）。

3. 简述柴油机的起动、运行、停车操作程序。

答：柴油机起动的操作程序如下。

① 将控制燃油切断电磁阀开关（钥匙开关）拨转至起动位置，变速箱手柄置于空挡位，然后按下起动按钮，柴油机便可起动。起动后，松开起动按钮。

② 起动柴油机时，持续起动时间不能超过 10 秒钟；2 次起动的时间间隔不应少于 1 分钟；若连续三次均无法起动，则应检查原因，排除故障，再起动。

柴油机运行的操作程序如下。

柴油机起动后，禁止在大油门下高速运转，应在怠速或低速下运行 3～5min（夏季时间可略短些），并使润滑油压建立和增压器得到充分润滑后，再依次使柴油机在低、中速下空载暖机。当柴油机冷却液（水）温度大于等于 60℃，机油温度≥45℃时，才允许带负荷工作。

柴油机运转时必须注意以下几点：

① 不允许柴油机长期在怠速下运转。

② 允许带非独立空调的车在进站待客时带空调空挡长时间运转。

③ 柴油机怠速时机油压力必须大于等于 0.1MPa，中、高速运转时机油压力应大于等于 0.25～0.6MPa。

④ 柴油机运转期间的机油压力、机油温度及出水温度应正常。

⑤ 若发现柴油机有异响和振动，应立即停车检查与排除。

⑥ 注意油、气、水的密封情况，如有泄漏，应立即排除。

⑦ 新的柴油机或大修后的柴油机不允许一开始就在高速、重负荷工况下工作，在最初的 2500km（或 60h）之内，应降低功率使用，负荷应不超过 65%，以保证良好的磨合。

柴油机停车的操作程序如下。

① 柴油机应避免急速停车，停车前应先低速后怠速运转 3～5min，使增压器转速下降到最低转速并得到充分的润滑油冷却后再停车。

② 在环境气温低于 5℃以下长时间停车时，应注意柴油机冷却液如果是水，应及时把其排放干净，以免结冰胀裂机件。

4. 柴油机维护保养有哪几个级别？日常维护和二级维护的作业项目和技术要求有哪些？

答：柴油机维护保养的主要内容如下。

● 日常维护保养（每日的保养）。

● 一级维护保养（汽车每运行 2000～2500km 或每 50 小时）。

● 二级维护保养（汽车每运行 10000～11000km 或每 150 小时）。

日常维护的作业项目：日常维护是各级维护的基础，属于预防性的维护作业，由柴油车司机负责执行。起动柴油机前，应该仔细检查下列项目。

① 检查柴油箱油量并加足。

② 检查油底壳中机油平面，不足时应加足，过量时应查明原因。

③ 检查并消除漏水、漏油、漏气、漏电现象。

④ 检查各种仪表，观察读数是否正常，仪表损坏应及时修理或更换。

⑤ 检查各附件装置的稳固情况。

⑥ 检查散热器中冷却液（水）面高度，不足时应加足。

⑦ 保持柴油机清洁，特别是电气设备不得有油污。

⑧ 对在沙漠地区、沙尘暴天气地区、煤矿区、尘土飞扬的施工工地等恶劣大气环境下使用的柴油机，应检查与清洁空气滤清器。

技术要求是：通过日常维护，使柴油机的螺栓、螺母不缺不松，油、气、电、水不渗不漏，润滑良好，柴油机无异响等。

柴油机二级维护保养作业项目和技术要求如下。

二级维护由专业维修工负责执行。除一级维护保养的项目外，汽车每运行 10000～11000km（或每 150 小时）应增加下列项目，此工作主要以检查、调整和更换为中心内容。

① 检查喷油器开启压力，必要时加以调整。

② 检查静态供油提前角，必要时加以调整。

③ 检查水泵溢水孔的滴水情况，如滴水严重应更换水封。

④ 从水泵上的黄油嘴给水泵轴承腔加注满黄油。

⑤ 检查主要零部件的紧固情况，对主轴承螺栓、汽缸盖螺栓、连杆螺栓等进行检查，发现松动应重新拧紧至规定力矩。

⑥ 更换机油和机油滤清器滤芯，清洗细滤器。

⑦ 更换柴油滤清器滤芯。

⑧ 发现有水温过高的现象时（使用硬水作为冷却液），应进行除垢处理。

⑨ 清洗呼吸器滤网和机油集滤器滤网。

⑩ 检查电器线路各连接点的接头，确保接触良好。

5. 如何做好新机型或大修后的柴油机的走合保养？

答：对于新买机型或大修后的柴油机要进行走合保养，走合保养内容如下。

所谓走合是指柴油机运行初期，改善零件摩擦表面几何形状和表面层物理机械性能的过程。走合期保养时间是：柴油机运行 1500～2500km 或 50 小时后，柴油机应进行下列保养。

① 清理空气滤清器芯，更换机油粗滤清器芯和拆洗机油细滤器，更换柴油滤清器芯。

② 检查喷油器喷油压力及雾化情况。

③ 复查紧固三大力矩（主轴承螺栓、连杆螺栓、汽缸盖螺栓的力矩）。

④ 检查与清洗油底壳和集滤器。

⑤ 检查与调整气门间隙。

⑥ 检查与调整供油提前角。

⑦ 水泵、张紧轮等加润滑脂。

⑧ 高压油泵加机油和润滑脂。

⑨ 检查与调整皮带张紧程度。

⑩ 检查及调整底盘异常情况与试车。

⑪ 拆除二级油门（只用于走合保养且有二级油门）。

第 4 章   柴油机故障诊断与排除

4.1

1. 针对柴油机故障应询问使用者（司机）哪些情况？

答：询问使用者（司机）如下内容：

（1）询问使用者（司机），了解故障产生的情况

故障症状的发生是突发性还是使用时间较长而逐渐扩大的。比如，原新机时机油压力正常，现在因使用时间较长而出现油压偏低，多是机油泵磨损所致；如是突然油压降低，原因多为机件损坏，如机油泵垫损伤。

（2）询问使用者了解该机的使用与维修过程的情况

a. 机油压力和水温高低变化情况：变化时间、变化现象，是维修前还是维修后变？

b. 柴油机用油（机油、柴油）、用水出现的情况。

c. 何时何地何人做过哪些保养、维修调整或换件？

d. 什么时候，在什么情况柴油机出现过异响或异常烟色？

e. 柴油机动力（功率和转速）变化情况等。

2. 判断并确定柴油机是否存在故障必须熟悉哪四点？

答：判断并确定柴油机是否存在故障必须熟悉下面四点。

① 熟悉掌握柴油机各零部件配合（配套）参数及技术数据。这是判断零部件是否合格（或有故障）的依据，除此之外，即属于凭经验所为，不够确切。

② 掌握柴油机性能指标，例如，柴油机标定功率、最大扭矩及转速，全负荷最低燃油消耗率，排放温度及烟度（含烟色）等，在试验台架上进行检测，或凭实践经验相比较，可以判断柴油机是否合格或近似合格。

③ 柴油机异响的确认。柴油机里里外外及四周都会有响声源，哪些是自然（柴油机必然存在）的响声，哪些是异响，鉴定者必须有所了解，善于比较，懂得鉴别。

④ 柴油机转速稳定性。柴油机转速稳定与否，直接反映柴油机是否有故障，柴油机转速不稳定，多在低转速段，在高中速段转速不稳定的也有，但少见。在高中速段，加速不起倒是常见现象，转速不稳或加速不起，原因多在燃油供给系统上。

3. 故障排除的原则是什么？

答：故障排除应遵循由简到繁、由易到难、由外及里的原则。避免无谓的拆装解体，做到稳、准、快、省，一切为用户着想。

4.2

1. 造成柴油机冷热起动困难的因素有哪些？

答：造成柴油机起动困难的因素如下。

① 多为机械方面的原因，如活塞、活塞环与汽缸的磨损超过技术要求。

② 个别汽缸或数个汽缸活塞环出现"对口"现象。

③ 气门间隙过大，造成升程不足；间隙过小，气门关闭不严或烧伤工作面，导致汽缸的压缩压力降低，燃气难以自燃。

④ 喷油器喷油压力不足，或个别乃至多个喷油器工作不良。

⑤ 喷油泵不供油或供油量过小。

⑥ 调速器调整不当。

⑦ 低压油路有故障。

2. 柴油机冷机起动困难而热机起动不困难造成排气管不冒烟、冒白烟和冒黑烟的原因有哪些？

答：排气管不冒烟的原因如下。

① 低压油路中有空气，致使无油到喷油泵、喷油器。

② 喷油泵的断油电磁阀未处于供油位置，致使无法向喷油器供油。

起动转速正常，排气管冒白烟的原因如下。

① 柴油质量不良或油箱底部有水。

② 环境温度低造成机体温度低，柴油在汽缸内燃烧不完全或不燃烧即被排出。

③ 汽缸垫被冲了水孔位或缸套内进水。

④ 低温起动，热机后白烟消失是正常现象。

起动转速正常，排气管冒黑烟并带有半爆炸声的原因如下。

① 喷油器雾化不良，个别或多个喷油器工作不良。

② 喷油泵供油角度大，供油多，造成燃烧不完全。

③ 进气量不足。

3. 排除排气管不冒烟的方法有哪些？

答：排气管不冒烟的原因是油路有空气或喷油泵不供油，排除排气管不冒烟的方法如下。

① 排空气方法：

● 低压油路中的空气排除。先拆松柴油滤清器盖上的放油螺栓，用手抽压输油泵手泵泵油，先看到螺栓孔处有气泡冒出，直泵到无气泡冒出，而后冒出的全是柴油时，即旋紧螺栓。随着柴油的流向，用同样的方法拆松喷油泵的放气螺栓（有些泵的限压阀有放气功能）排气。

● 拆松喷油器上的高压油管接头，用起动机转动柴油机数转，可将高压油路中的空气排除，便于起动。

② 检查喷油泵供油提前角和断油电磁阀，调整至最佳供油位置。

4. 排除排气管冒白烟的方法有哪些？

答：根据冒白烟的原因进行排除。

① 确认柴油质量是否良好，油箱有无水，有水应放完水。

② 环境温度低于 5℃，且柴油机又暴露在室外，起动前应加注热水或开水人为热机，如有冷起动装置的则应检查是否起作用。

③ 起动或中低速运行，无论是低温或升温后都看到排气管冒白烟，且散热器又冒水泡，应拆检汽缸垫，检查缸套有无漏水现象，并针对故障修理。

5. 排除排气管冒黑烟的方法有哪些？

答：排气管冒黑烟排除方法如下。

① 检查喷油器喷油压力、喷油质量和有无滴油现象，调整至符合要求。

② 检查喷油泵供油提前角和断油电磁阀，调整至最佳供油位置。

③ 检查进气系统部件，如气门间隙是否正常，空气滤清器是否良好，进、排气道是否畅通。

4.3

1. 由供油系统造成柴油机功率不足的现象、原因主要有哪些？

答：由供油系统造成柴油机功率不足的现象、原因如下。

（1）现象

① 柴油机中低速运转均匀，但转速提不高，排烟过少。

② 急加速时，转速提不高，排气管排少量黑烟。

（2）原因

① 气路：空气滤清器和进、排气道堵塞或气道过长阻力增大，气流不畅。增压机的连接胶管破裂。

② 油路。

● 喷油器喷油量不足，有滴漏。

● 输油泵供油不足，低压油路有空气或柴油滤清器堵塞，来油不畅。

● 喷油泵油量调节齿杆达不到最大供油位置。

● 喷油泵柱塞磨损过量、黏滞或弹簧折断。

③ 机械：汽缸磨损过量，造成压缩压力过低燃烧不完全。

2. 如何检查高压油路方面的故障？

答：检查高压油路方面故障的方法如下。

① 拆下喷油泵边盖，查看供油齿杆是否能达到最高速位置。

② 查看喷油泵各柱塞或挺杆有否黏滞。

③ 检查柱塞、挺杆、滚轮、凸轮是否过量磨损，影响柱塞升程不足。

④ 查看柱塞弹簧是否折断。

⑤ 检查出油阀是否密封。

⑥ 检查调速器弹簧弹力是否符合规定标准。

⑦ 在喷油器试验台上检查喷油压力、喷油质量、喷油角及有无滴漏，必要时更换喷油嘴，重新调整喷油压力使之符合技术要求。

3. 机械部分引起柴油机功率不足的主要原因有哪些？

答：机械部分引起柴油机功率不足的主要原因如下。

① 活塞、活塞环与汽缸磨损过量，活塞环折断，密封性能变差，造成汽缸压缩压力变低，影响燃烧压力的升高。

② 连杆弯曲变形造成活塞偏缸、拉缸，曲轴轴瓦烧坏，致使柴油机内部摩擦损耗功率大，影响柴油机输出功率。

③ 润滑系统性能变坏，导致柴油机润滑不良，摩擦副故障内阻增大。

④ 冷却系统性能不好，导致柴油机温度过高，出现拉缸，影响柴油机输出功率。

4.4

1. 柴油机振抖故障的现象和原因有哪些？

答：柴油机振抖有先天性振抖和后天性振抖两种。

先天性振抖现象是：新柴油机起动后，即有振抖现象发生，转速越高，振抖越激烈，怎样努力都无法排除。原因如下：

　　柴油机旋转组件，如曲轴飞轮组、离合器总成动不平衡；往复运动组件，如活塞连杆组之间重量超差过大；怠速转速调整到低于额定转速，亦会造成振抖。一般来说，这种故障不应该发生在新出厂的柴油机上，出现新柴油机发生振抖现象，多为拼装企业的产品。一些修理厂，大修柴油机时，未按规定对新换的运动组件检验和修理，也有可能造成大修竣工的柴油机发生振抖故障。

　　另外，柴油机怠速调整过低，支承软垫太硬，与底盘发生共振，也会引起抖动，但调高怠速会消除。

　　后天性振抖现象是：

　　① 汽车上的柴油机，起动后振抖，加速时振抖更厉害，行驶时，有要散架的感觉。

　　② 柴油机发出清脆而又有节奏的金属敲击声，急加速时响声更大，排气管排黑烟。

　　③ 汽缸内发出没有节奏的、低沉的、不清晰的敲击声。

　　原因如下：

　　① 柴油机支架螺栓松动或支架断裂，胶垫老化破损剥落。

　　② 供油时间过早或过迟，喷油雾化不良或喷油器滴油。

　　③ 各缸供油不一致。

　　④ 柴油机机体温度太低，燃烧不充分，工作不均匀。

　　2. 柴油机游车故障的原因有哪些？如何诊断与排除？

　　答：柴油机游车故障的原因如下。

　　（1）喷油泵调速器的故障

　　① 调速器外壳的孔及喷油泵盖板孔松旷。

　　② 调速器内润滑油量少或胶洁、润滑不良。

　　③ 飞块销孔、座架磨损松旷、灵敏度不一致或收张距离不一致。

　　④ 调速器弹簧折断或变形，弹簧刚度小，或预紧力小。

　　（2）喷油泵本体的故障

　　① 供油量调节齿杆与调速器拉杆销子松动。

　　② 供油量调节齿杆或拨叉卡滞，不能运动自如。

　　③ 供油量调节齿杆与扇形齿轮齿隙过大或变形、松动。

　　④ 凸轮轴轴向间隙过大，造成来回窜动。

　　（3）柴油机怠速调整过低，低于原机标准，亦容易造成游车和振抖故障同时出现

　　游车的诊断与排除：

　　① 拆下喷油泵侧盖，用手轻轻前后移动供油量调节齿杆，必须运动自如，十分灵活，若移动时发现卡滞或仅能在小范围内移动，应找出卡滞点。判断方法是将供油齿杆与调速器拉杆拆离，若齿杆运动自如，卡滞点在调速器，若齿杆仍有卡滞，说明卡滞点在喷油泵。

　　② 用手移动供油量调节齿杆，查看齿杆与扇形齿轮啮合状态，查看柱塞调节臂与扇形小齿轮有无变形和松动，对症排除卡滞处。

　　③ 若卡滞点在调速器，应拆下解体检查润滑情况，检查拉杆、调速弹簧、飞块收张程度和距离等工作状态，并对症排除。

　　④ 检查喷油泵凸轮轴轴向间隙，若轴向间隙过大，应解体检修。

　　⑤ 如是怠速调整过低引起游车振抖，应将怠速调到原机规定值。

3．如何紧急处理柴油机飞车故障？

答：紧急处理柴油机飞车故障的方法如下。

① 立即将加速踏板拉回低速位置，并检查卡死踏板的地方，对应消除。

② 将供油齿杆或调速拉杆迅速拉回低速位置。

③ 用衣物堵塞空气滤清器或进气道，阻止空气进入汽缸。

④ 迅速松开各缸高压油管接头，停止供油。

注意：当飞车原因未找到并没有排除完，禁止再次起动柴油机。

4.5

1．柴油机排气烟色不正常的现象有哪些？

答：柴油机排气烟色不正常的情况一般分为三种，即黑烟、白烟（灰白色）、蓝烟（暗蓝色）。

2．产生柴油机排黑烟的原因是什么？

答：柴油机排气冒黑烟，是油、气比例失调，油多气少燃烧不完全所致。造成此故障的因素是多种的，应从气路、油路、机械乃至油品诸多影响因素中逐个分析诊断，对症排除。

（1）气路

① 空气滤清器堵塞或进气渠道不通畅；增压器出气口后管路破裂漏气，中冷器堵塞。

② 排气制动阀工作开度不够，造成排气渠道不通畅。

（2）油路

① 喷油器喷油压力过低，雾化不良。

② 喷油器喷油压力过高，喷油量过大。

③ 喷油器针阀关闭不严，针阀与阀座间泄漏。

④ 喷油泵烟度控制器初始油量控制螺钉处于最大供油位置。

⑤ 喷油泵供油正时过早。

⑥ 喷油泵调速器调整不当。

（3）机械

汽缸压力过低，导致柴油雾化不良或个别汽缸不工作。

（4）油品

柴油质量低劣。

3．产生柴油机排白烟的原因是什么？

答：柴油机排气冒白烟多是汽缸内有水，在高温下形成水蒸汽排出，可从环境、机械与油品三方面逐项分析排除。

（1）环境

① 周边环境温度低。

② 柴油机机体温度低造成柴油雾化不良，燃烧不完全。

（2）机械

① 汽缸垫的水套孔被高压燃气冲坏，冷却水窜入汽缸。

② 个别缸套有隐蔽沙眼裂纹或穴蚀现象，冷却水浸入汽缸。

③ 汽缸套有裂纹或喷油器铜套损坏，冷却水被吸入汽缸。

（3）油品

① 柴油质量低劣。

② 油箱底层有水。

4. 产生柴油机排蓝烟的原因是什么？

答：产生柴油机排蓝烟的原因如下。

① 主要是机械故障：

气门导管磨损严重，气门油封损坏，机油从气门导管吸入汽缸燃烧，但量少，蓝烟不很严重。

活塞环与环槽配合间隙不符合要求，造成卡死，导致机油容易往汽缸里窜。

活塞和活塞环严重磨损，某缸或多缸活塞环断裂密封不严，造成机油窜入汽缸。

增压柴油机的增压器进气端密封环损坏，使增压器机油泄漏入进气管。当空气滤清器维护不当时，进气阻力增大，冒蓝烟的现象更为严重。

② 机油品质和牌号选择不当，亦会出现此故障。

5. 全速时排烟不正常的诊断和排除方法是什么？

答：应本着由简到繁，先易后难，先外后内的原则进行诊断和排除。

排黑烟：

① 检查空气滤清器是否堵塞，堵塞则清洗空气滤清器；如是增压机，应检查增压器是否有故障，以致造成进气量不足，使油多气少，并对症排除。

② 然后检查喷油器工作状态，若喷油压力低则拆下压力较低的喷油器检测调整。

③ 若感到喷油压力普遍过低，则可初步诊断为喷油泵各柱塞磨损过量或挺杆凸轮过量磨损导致供油行程不足。应拆下喷油泵检修。

④ 若在各种工况下运转时有敲击声并冒黑烟，可以诊断为喷油时间过早；如果声音沉闷并冒白烟，则可能是喷油时间太迟，提前角太小。应调整柴油机供油正时。

⑤ 当上述各项检查均正常，柴油机仍难起动，起动后又冒黑烟，则应拆下喷油器检测各汽缸的压缩压力，直至拆下缸盖检查气门、气门座、汽缸、活塞、活塞环等零件的磨损情况。必要时对柴油机整机进行检修。

排白烟：

① 首先确定柴油的品质是否符合使用要求，并检查油箱是否有水，水比油重，水会沉底，拧开油箱底部的放油螺栓，即可排完积水。

② 冲汽缸垫会造成冒白烟。冷却水进入汽缸轻微时表现为柴油机起动后，在中、低速工况下冒白烟，严重时油底壳机油油面会升高，机油被乳化，呈乳白色。若汽缸内有积水，会导致连杆弯曲，严重时，曲轴将无法转动，造成较大的机械故障，因此对冒白烟故障处理不能掉以轻心，应解体检修。

③ 当喷油泵供油角度小时，亦会有白烟产生。此时柴油机将明显感觉动力不足，热机后现象一般会减轻。可检查调整供油提前角。

排蓝烟：

① 对柴油机在中、低速工况下运行出现的轻微蓝烟，可以通过问诊的形式了解，有助于正确诊断。如：了解该机使用时间、气门导管、活塞环更换等情况。若是新机或新换活塞环，出现轻微蓝烟是活塞、活塞环与汽缸磨合时间不够所致，随着走合期临近，故障即会消失；若气门导管（整车或某个缸盖）使用时间较长，且机油消耗量又不是特别多，可以初步判断导管间隙过大，须对汽缸盖进行拆检。

② 诊断增压器进气端密封环是否损坏的故障时，可以用人工"堵气"的方法，在进气道上模拟空气滤清器或进气阻力增大的现场，起动柴油机，让它在中、高速下运行，有助于正确

判断。

③ 当活塞、活塞环严重磨损折断，导致密封不严，机油减少量与日俱增，冒蓝烟情况越来越严重时，应当对柴油机拆检修理。

4.6

1. 什么原因会造成自然性逐渐降压？

答：造成自然性逐渐降压的原因如下。

① 由于机件逐渐磨损配合间隙过大，或机油使用时间过长或长期高温下工作，造成机油变质。

② 机油泵内外转子及端盖磨损，机油泵安全阀因机油过脏，活动不灵活或弹簧变弱等原因使回油过大。

③ 机油变脏变黏而堵塞机油滤芯，特别对于缸套活塞磨损严重的柴油机，更应该注意经常清洗或更换滤芯。

④ 集滤器滤网堵塞。如果是集滤器滤网及机油滤清器滤芯堵塞，当柴油机怠速或加速时，机油压力变化都很小，不像其他故障，油压随着柴油机速度提高而提高。有时甚至出现转速越高，机油压力越低的现象。

⑤ 主轴瓦、连杆轴瓦、凸轮轴衬套、惰轮轴铜套等磨损，泄漏过大造成油压偏低。

2. 什么原因会造成突发性降压？

答：造成突发性降压的原因如下。

① 机油滤清器垫片被冲击损坏造成机油短路。

② 机油冷却器壳体裂或焊接件脱焊，使机油泄漏，此时水箱中有机油。

③ 主油道有沙眼穿孔（此现象有，但不多见）。

④ 主轴承座上的机油射油嘴（塑胶件）老化腐蚀损坏或喷勾松脱而大量泄油。

⑤ 由于某种原因柴油机机油温度过高，机油变稀。

⑥ 机油泵的机油泵轴断裂或轴套松脱，机油泵失效，造成机油压力偏低。

3. 冷机正常，热机机油压力偏低的排除方法是什么？

答：冷机正常，热机机油压力偏低的排除方法如下。

① 机油量不足，加足机油。

② 机油质量差（稀），更换机油。

4. 主油道前段来油不足的排除方法是什么？

答：主油道前段来油不足的排除方法如下。

① 机油泵磨损泄油，更换机油泵。

② 集滤器堵塞，清理或更换集滤器。

③ 油管接头漏气、漏油，紧固油管接头。

④ 机油滤清器滤芯堵塞（变形），清洁机油滤清器滤芯或更换滤芯。

4.7

1. 冷却循环效果不好，造成温度过高的原因是什么？

答：① 水箱缺水、水箱散热管变形堵塞，机油冷却器水道不通畅，水箱结水垢造成严重散热不良（用手摸水箱上下方温差很大）。

② 节温器失灵，开度不足，水泵小循环管回水过大（用手指压小回水循环管感到水压较大）。

③ 水泵皮带过松或损坏，至使水泵转速不正常。

2. 新机初用时水温不高，时间长后逐渐变高的原因是什么？

答：新机初用时水温不高，时间长后逐渐变高（属于柴油机工作不良故障），原因如下。

（1）喷油嘴喷油压力变小、供油大（冒黑烟）。

（2）节温器失灵，小循环回水大。

（3）水管老化变形堵水。

（4）水箱积垢不通畅（上下温差大）。

（5）风扇皮带松、水泵转速不足。

3. 水温突然升高故障的排除方法是什么？

答：水温突然升高故障的排除方法如下。

① 超负荷工作，控制负载。

② 风扇损坏（硅油感应器失灵），更换风扇。

③ 冲缸床、缸套有裂纹（水箱冒气泡），更换汽缸套和汽缸垫。

④ 拉缸（包括汽缸、压气机），检修汽缸和活塞连杆组。

⑤ 喷油嘴卡死，供油量大，时间长（冒黑烟），更换喷油嘴。

⑥ 循环水道漏水，检查水道，修理或更换相应零件。

⑦ 水泵皮带松，风扇转速小，调整水泵皮带松紧度。

4.8

1. 柴油机异响现象有哪些？

答：柴油机异响现象可归纳为以下三种。

① 突发性异响（即柴油机原无此响声）。

② 自然渐增性异响（异响声由原来无声到小声，后逐渐扩大才听到响声）。

③ 人为性异响（安装不当和调整不当造成的响声）。

2. 如何诊断和排除气门异响故障？

答：若在气门部位出现异响，有可能是 A-A 区域（即缸盖部位）或 B-B 区域（即汽缸中上部位），在 A-A 区域可用长柄起子触试或用听诊器听诊安装在缸盖上的运动副异响声，在 B-B 区域可听到活塞连杆组的异响声。根据异响的部位，结合异响的现象，对柴油机进行解体和检修即可。

3. 采用分区诊断法，各区域能诊断哪些故障？

答：柴油机常见异响所引起的振动部位和区域，可以分为四个区域和两个部位。

① A-A 区域可诊断如气门间隙过大、气门座脱落、气门弹簧折断使气门关闭不严、摇臂轴或顶置凸轮轴缺油造成的干摩擦等异响故障。

② B-B 区域可诊断如由于气门弹簧折断造成气门与活塞打顶，活塞环与汽缸磨损配合间隙过大，活塞销与活塞销座、连杆小头衬套松旷造成敲缸等异响故障。

③ C-C 区域可诊断如凸轮轴颈与轴承间隙过大、顶柱与缸体承孔过度松旷，以及连杆大头与曲轴轴颈过度松旷（烧轴瓦），连杆螺栓松动或折断等异响故障。还可辅助听诊曲轴轴承烧坏，曲轴轴向窜动，或曲轴折断等隐蔽性很强的异响故障。

④ D-D 区域可诊断听察到曲轴轴承异响或曲轴窜动、断裂以及机油集滤器支架松断、机

油泵异响等故障。

⑤ 齿轮室部位。在该区域可听到齿轮室各齿轮的异响声。

⑥ 飞轮壳部位。在该区域可听到离合器的异响声和起动机齿轮与飞轮环齿的碰击声。

第5章　电控共轨柴油机的构造与原理

1．何谓共轨技术？

答：共轨技术是指在高压油泵、压力传感器和 ECU 组成的闭环系统中，将喷射压力的产生和喷射过程彼此完全分开的一种供油方式，由高压油泵把高压燃油输送到公共供油管，通过对公共供油管内的油压实现精确控制，使高压油管压力大小与发动机的转速无关，可以大幅度减小柴油机供油压力随发动机转速的变化，因此也就减少了传统柴油机的缺陷。

2．电控共轨系统有何特点？

答：共轨系统的特点如下。

① 自由调节喷油压力（共轨压力控制）。

② 自由调节喷油量。

③ 自由调节喷油率形状。

④ 自由调节喷油时间。

3．传感器的作用是什么？

答：实时采集柴油机、车辆的运行信息并传递给控制器（ECU）。

4．简述故障自诊断系统的工作原理。

答：故障自诊断系统实时监测发动机的运行工况，当电子控制系统出故障时，它以故障代码的形式记录系统的故障信息，同时点亮仪表板上的故障指示灯告知驾驶员，此时驾驶员应尽快将车辆开到维修站维修。维修时，维修人员通过一定的操作程序将系统中存储的故障信息调取出来，从而便于维修人员有针对性地进行维修作业，提高工作效率。

5．如何清除电控系统中存储的故障码？

答：当需要清除 ECU 存储器中的故障码时，可用专用仪器清除，也可采用将保险盒中 ECU 的保险拆下或拆除电瓶负极使 ECU 断电 10 秒以上的方法清除。但需要注意的是当采用拆除电瓶负极的方法清除故障码时，诸如时钟、音响等附加用电器也会丢失所其存储信息。

6．排除油路中空气的操作程序和注意事项

答：① 将柴油滤清器顶部的放气螺塞松开，以手泵连续泵油排除空气，直到燃油滤清器充满燃油，没有气泡冒出再上紧放气螺塞。

② 将单体泵泵室前端顶部的放气螺塞松开，用手泵连续泵油排除空气，直到将单体泵泵室充满燃油，没有气泡冒出再上紧放气螺塞。

③ 将各缸高压油管连接喷油器的接头松开，用手泵连续泵油将高压油管中的空气排出，直到燃油流出再上紧接头。

④ 空气排完后，将流到发动机和车架上的柴油擦拭干净，才能起动柴油机。

⑤ 禁止以起动机拖动柴油机来排除空气。

⑥ 在排除空气过程中应避免柴油溅到排气管、起动机、线束上（特别是接插件），若不小心溅到，则必须将柴油擦拭干净。

⑦ 在排除空气过程中必须保证柴油清洁，免受污染。

7. 简述电控柴油机故障诊断、排除的注意事项。

答：注意事项如下。

① 没有接通蓄电池不要启动柴油机。

② 柴油机运行时不要从车内电路拆卸蓄电池。

③ 蓄电池的极性和控制单元的极性不能接反。

④ 给车辆蓄电池充电时，须拆下蓄电池。

⑤ 电控线路的各种接插件只能在断电状态（点火开关关）下进行拔插。